Experimentando a terapia focada na compaixão de dentro para fora

A Artmed é a editora oficial da FBTC

E96 Experimentando a terapia focada na compaixão de dentro para fora : um manual de autoprática/autorreflexão para terapeutas / Russell L. Kolts... [et al.] ; tradução: Sandra Maria Mallmann da Rosa ; revisão técnica: Carmem Beatriz Neufeld. – Porto Alegre : Artmed, 2025.
xxi, 353 p. il. ; 25 cm.

ISBN 978-65-5882-265-3

1. Psicoterapia. 2. Terapia cognitivo-comportamental. 3. Compaixão. I. Kolts, Russel L.

CDU 615.851

Catalogação na publicação: Karin Lorien Menoncin – CRB 10/2147

Russell L. **Kolts**
Tobyn **Bell**
James **Bennett-Levy**
Chris **Irons**

Experimentando a terapia focada na compaixão de dentro para fora

um manual de autoprática/autorreflexão para terapeutas

Tradução
Sandra Maria Mallmann da Rosa

Revisão técnica
Carmem Beatriz Neufeld

Professora associada do Departamento de Psicologia da Faculdade de Filosofia, Ciências e Letras de Ribeirão Preto (FFCLRP) da Universidade de São Paulo (USP). Fundadora e coordenadora do Laboratório de Pesquisa e Intervenção Cognitivo-comportamental (LaPICC-USP). Mestra e Doutora em Psicologia pela Pontifícia Universidade Católica do Rio Grande do Sul (PUCRS). Bolsista produtividade do CNPq. Presidente da Federación Latinoamericana de Psicoterapias Cognitivas y Comportamentales (ALAPCCO — Gestão 2019-2022/2022-2025). Ex-presidente fundadora da Associação de Ensino e Supervisão Baseados em Evidências (AESBE). Representante do Brasil na Sociedad Interamericana de Psicología (2023-2025).

Porto Alegre
2025

Obra originalmente publicada sob o título *Experiencing Compassion-Focused Therapy from the Inside Out: A Self-Practice/Self Reflection Workbook for Therapists*, 1st Edition
ISBN 9781462535255

Copyright © 2018 The Guilford Press
A Division of Guilford Publications, Inc.

Coordenadora editorial
Cláudia Bittencourt

Editora
Paola Araújo de Oliveira

Capa
Paola Manica | Brand&Book

Preparação de originais
Marquieli Oliveira

Leitura final
Netuno

Editoração
AGE – Assessoria Gráfica Editorial Ltda.

Reservados todos os direitos de publicação, em língua portuguesa, ao
GA EDUCAÇÃO LTDA.
(Artmed é um selo editorial do GA EDUCAÇÃO LTDA.)
Rua Ernesto Alves, 150 – Bairro Floresta
90220-190 – Porto Alegre – RS
Fone: (51) 3027-7000

SAC 0800 703 3444 – www.grupoa.com.br

É proibida a duplicação ou reprodução deste volume, no todo ou em parte, sob quaisquer formas ou por quaisquer meios (eletrônico, mecânico, gravação, fotocópia, distribuição na Web e outros), sem permissão expressa da Editora.

IMPRESSO NO BRASIL
PRINTED IN BRAZIL

Para meus pais, John e Mary Kolts –
tudo o que há de bom em mim vem de vocês
R. L. K.

Para Alison, Joseph, meu pai, minha mãe e toda a minha família,
pelo seu amor e apoio
T. B.

Para Judy, com quem tanto aprendi
sobre a verdadeira natureza da compaixão
J. B. L.

Para meus avós, que a seu modo me mostraram
o que é sabedoria, força e cuidado com compromisso
C. I.

E para Paul Gilbert, que nos presenteou com a TFC,
e para a comunidade de instrutores e
praticantes – que lhes tenha boa serventia

Autores

Russell L. Kolts, PhD, é professor de Psicologia na Eastern Washington University. Instrutor internacionalmente reconhecido em terapia focada na compaixão (TFC), foi pioneiro na utilização da abordagem no tratamento da raiva problemática. É autor ou coautor de inúmeros artigos acadêmicos e livros, tanto para profissionais quanto para público geral, incluindo *Buddhist Psychology and CBT: A Clinician's Guide*. Kolts deu uma palestra no TEDx intitulada "Anger, compassion, and what it means to be strong" ("Raiva, compaixão e o que significa ser forte", em português) e é diretor fundador do Inland Northwest Compassionate Mind Center, em Spokane, Washington.

Tobyn Bell, MSc, é praticante da TFC e de terapia cognitivo-comportamental (TCC) em Greater Manchester, Reino Unido. É instrutor de TFC na Compassionate Mind Foundation e instrutor de TCC, supervisor e líder de programa no Greater Manchester CBT Training Centre (National Health Service), associado à Manchester University. Publicou pesquisas sobre imagem mental e compaixão, é enfermeiro de saúde mental e professor com formação em *mindfulness*.

James Bennett-Levy, PhD, é professor de Saúde Mental e Bem-estar Psicológico na University of Sydney, Austrália. Como instrutor de psicoterapia, ensinou em 22 países e é um dos pesquisadores mais publicados no campo do treinamento de terapeutas. Em particular, foi pioneiro e escreveu extensivamente sobre autoprática/autorreflexão. É coautor ou coorganizador de vários livros amplamente citados sobre TCC, incluindo *Experimentando a TCC de dentro para fora*.

Chris Irons, PhD, DClinPsych, é codiretor da Balanced Minds, uma organização que fornece serviços, treinamento e recursos de TFC em Londres, Reino Unido. É membro da diretoria da Compassionate Mind Foundation e professor visitante na University of Derby. Desde o início da década de 2000, tem trabalhado com Paul Gilbert e outros colaboradores em pesquisa e desenvolvimentos clínicos ligados à TFC. Publicou inúmeros artigos, capítulos de livros e livros sobre compaixão, apego, vergonha e autocriticismo e regularmente oferece ensino, treinamento, *workshops* e retiros de TFC em todo o mundo.

Apresentação

A psicoterapia é um processo por meio do qual usamos nossa própria mente para tentar compreender a mente do outro e criar interações que serão reveladoras, curativas e transformadoras. Nos primórdios da psicoterapia psicanalítica, foi reconhecido que o terapeuta tinha de ter percepção e consciência pessoal suficientes para evitar projetar e ficar preso em seus próprios mecanismos de defesa quando se envolve com a mente do cliente. A terapia pessoal e a experiência eram partes essenciais da formação (Ellenberger, 1970). Esse entendimento não era novo: por milhares de anos, as tradições contemplativas reconheceram que não podíamos "iluminar" os outros e ajudá-los a se envolverem com o sofrimento inerente à vida até que nós mesmos tivéssemos percorrido esse caminho. Para ambas as tradições, o conhecimento de si mesmo era considerado essencial.

Com o advento das terapias cognitivas e comportamentais, as intervenções se tornaram mais tecnológicas e focadas na técnica. A modificação do comportamento e a exposição, junto à reavaliação cognitiva, tornaram-se o foco das intervenções, e a mente do terapeuta passou para segundo plano. De fato, nos primórdios da terapia cognitivo-comportamental (TCC), uma pessoa podia se tornar terapeuta com pouquíssima percepção da sua própria mente – o terapeuta podia nunca ter experimentado pessoalmente as técnicas terapêuticas que estava aplicando ou defendendo, pois muitos na TCC não enfatizavam a importância de os profissionais experimentarem os tratamentos que estavam praticando. Essa é uma abordagem mais médica, em que o profissional não precisa ter câncer para tratá-lo e não precisa ter se submetido a uma cirurgia para se tornar um grande cirurgião. No entanto, aprender a fazer psicoterapia não é como aprender as habilidades técnicas exigidas dos cirurgiões. É mais como aprender a dirigir e ensinar as pessoas a dirigirem. Nessa analogia, a sua mente é como um carro. Você pode já ter andado em muitos carros, mas só verdadeiramente dirigindo um é que se tornará um bom motorista. É por meio da *experiência real* de dirigir que desenvolvemos a habilidade de responder, momento a momento, às condições variáveis da estrada. Dirigir é um comportamento extraordinário que envolve multitarefas: podemos mudar de velocidade, acelerar ou frear, talvez conversar com alguém e monitorar os outros motoristas, as condições da estrada e a direção da viagem.

Como terapeutas, também nos é exigido ter simultaneamente muitas experiências diferentes que são despertadas dentro de nós. Estamos detectando e respondendo automaticamente ao fluxo das interações, dando sentido ao que está ocorrendo com nossos clientes e determinando a melhor forma de sermos úteis. De fato, algumas vezes, podemos estar tão focados no que pensamos ser a coisa tecnicamente correta a ser feita que perdemos o contato empático com nossos clientes. Se você quisesse se tornar um motorista mais habilidoso, não bastaria fazer apenas um curso *on-line*. Você faria um curso avançado de direção em que realmente dirigiria em terrenos difíceis. Se você quer se tornar um terapeuta competente, as habilidades técnicas são essenciais, é claro, mas ter uma maior percepção do seu próprio processo, momento a momento, vai ajudá-lo imensamente. Isso levanta a questão do conhecimento declarativo *versus* conhecimento procedural, que, em muitos aspectos, é o foco deste livro.

A abordagem da psicoterapia "de dentro para fora" é a paixão principal de um dos autores (James Bennett-Levy), que articulou por que a competência técnica deve ser acompanhada pela aprendizagem por meio da autoprática e da autorreflexão de uma forma que é fundamental para o processo contínuo de desenvolvimento terapêutico. Em uma abordagem como essa, a mente permanece em um estado de curiosidade sobre o processo. Manter essa curiosidade só é possível com a utilização reflexiva de algumas das intervenções de uma determinada terapia em nós mesmos. Como resultado, adquirimos uma experiência interna das técnicas terapêuticas, identificando dificuldades inesperadas, medos, bloqueios e resistências – e, algumas vezes, simplesmente observando: "Ah, não tinha percebido isso". Mas, igualmente importante, com o cultivo da mente compassiva, começamos a observar o processo de mudança, o fortalecimento e o desenvolvimento das capacidades de tolerar, de empatizar, de nos sentirmos aterrados, de ter uma orientação mais suave para o mundo, de lidar com conflitos e contratempos de formas diferentes, de nos sintonizarmos com os medos por trás do autocriticismo e de os substituirmos por uma orientação compassiva em relação a nós mesmos e aos outros. Além disso, desenvolvemos uma dedicação corajosa. O cultivo de uma mente compassiva também permite nos sentirmos mais em paz e até mesmo alegres, vivendo mais atentos e apreciando e saboreando a complexidade sensorial do mundo à nossa volta.

Este livro foi concebido para ajudá-lo a aprender o treino da mente compassiva por meio de uma experiência genuína, que pode criar mudanças poderosas na forma como você aborda a vida e trabalha em consultório. O livro convida você a pensar em um modelo particular da mente humana e em uma forma de cultivar a mente para que possa abordar a vida a partir de uma orientação profundamente compassiva. Isso é um desafio. A terapia focada na compaixão (TFC) é uma psicoterapia integrativa que utiliza muitas intervenções terapêuticas bem estabelecidas – incluindo o monitoramento dos pensamentos e das emoções, a cadeia de inferências, a reavaliação, a exposição comportamental e o ensaio, para citar apenas algumas delas. Você vai conhecer essas práticas nas próximas páginas. Quando se trata de construir, explorar e cultivar um padrão particular a que chamamos de "*self* compassivo", você irá se engajar em técnicas de atuação que o levarão a imaginar como seria ser uma pessoa profundamente compassiva e como você se sentiria, pensaria e se comportaria segundo essa perspectiva. O treino da mente compassiva também compartilha muitas características encontradas nas tradições contemplativas orientais, como *mindfulness*, aterramento, tra-

balho corporal e o cultivo do *self* compassivo (no budismo, chama-se *cultivo de bodhicitta*).*
A prática pessoal com a determinação de criar uma autoidentidade particular anda sempre
de mãos dadas com a orientação de um guru ou mentor. Este livro foi escrito para ser uma
espécie de experiência de mentoria autoexploratória organizada em torno de processos de
descoberta guiada, experimentação pessoal, prática e reflexão.

A construção do *self* compassivo com as várias práticas que você encontrará nesta obra
também visa a estimular determinados tipos de padrões fisiológicos, como os que estão ligados ao nervo vago, aos padrões do sistema nervoso autônomo, ao córtex frontal e aos sistemas da ocitocina. Esse componente é importante porque usamos esses padrões fisiológicos
para nos envolvermos em coisas difíceis ou assustadoras. Na TFC, temos um modelo que é
concebido para criar o padrão fisiológico da compaixão, que é um regulador de base evolutiva do processamento de ameaças. Por exemplo, as crianças estão biologicamente preparadas para serem acalmadas pelos sinais compassivos e bondosos que recebem da mãe.
Por isso, a própria compaixão oferece uma experiência de aterramento, de modo que, se as
pessoas ficarem sobrecarregadas ou angustiadas, existe uma base segura para onde regressar. Além disso, os estados compassivos têm um impacto no córtex frontal, o que permite que os indivíduos tenham percepções diferentes que não necessariamente obteriam por
meio da dessensibilização direta.

TERAPIA FOCADA NA COMPAIXÃO

O foco central da TFC é abordar a essência da condição humana, que é a natureza do sofrimento: como e por que sofremos e o que podemos fazer a respeito disso (Gilbert, 2009, 2010,
2014). Essa também foi a principal busca de Sidarta no seu caminho para a iluminação e
para se tornar um Buda (que literalmente significa *o iluminado*) há mais de 2.500 anos. Naquela época, assim como agora, a orientação era olhar profundamente para a natureza da
existência e para o seu caráter flutuante e transitório. Ao fazê-lo, tornamo-nos testemunhas
do fato de que somos todos seres biológicos de vida curta, dirigidos pelos genes, que nascem, crescem, definham e morrem. Somos vulneráveis a doenças e lesões em um mundo de
grande interdependência – para o bem e para o mal. Além dessas novas e antigas percepções
sobre a natureza da existência humana, a TFC reacende algumas das primeiras questões
psicodinâmicas – por exemplo, como a nossa compreensão de nós mesmos como seres biológicos evoluídos afeta a natureza das nossa mente e a nossa vulnerabilidade ao mal-estar, e
o que fazemos em relação aos desafios que essa situação apresenta?

Assim, este livro apresenta um acesso bastante pessoal e, por vezes, desafiador à TFC.
Precisamos passar algum tempo refletindo sobre a nossa humanidade compartilhada e sobre aquilo com que estamos todos envolvidos, como o fato de que temos um cérebro capaz
de sentir medo, ódio, desejo, amor e tristeza. Levamos conosco em nossa mente, ao longo
do tempo, a história da vida dos mamíferos. Há 2 milhões de anos, um dos primatas da
natureza começou a desenvolver uma nova gama de competências que nos proporcionaram

---

* N. de R. T. No budismo, "mente da iluminação". É a aspiração de atingir a iluminação e empenhar-se em alcançar a empatia, a compaixão e a sabedoria para o benefício de todos os seres sencientes. Surya Das, L. (1998). *Awakening the Buddha Within: Tibetan Wisdom for the Western World*. Harmony.

as capacidades de pensar, imaginar e um tipo especial de *percepção do conhecimento* e consciência que nenhum outro animal tem. A natureza deu origem à mente humana. Somos uma consciência que pode se tornar conscientemente sabedora dos conteúdos da nossa própria mente. Enquanto algumas terapias falam sobre como nos fundimos com os nossos pensamentos, a TFC fala mais sobre como *confundimos* consciência com conteúdo, e podemos até mesmo chegar a acreditar que somos definidos por esse conteúdo – essa história de quem somos –, em vez de compreender o *self* em termos da consciência que pode observar essa história. Sou uma pessoa zangada ou sou uma consciência experimentando raiva? Sou uma pessoa traumatizada ou sou uma consciência que está experimentando as consequências de um cérebro que responde a um trauma?

O acadêmico budista Matthieu Ricard disse muitas vezes que uma mente é como a água – ela pode conter um veneno ou um remédio, mas não é nem veneno nem remédio, e ficará confusa se se identificar com qualquer um deles. A mente é como um holofote que pode iluminar muitas coisas, mas que não é definido pelas coisas que ilumina. Adotar uma abordagem evolutiva ajuda as pessoas a compreenderem a natureza dos conteúdos da mente e a não se identificarem excessivamente com qualquer aspecto particular desse conteúdo. Às vezes, as pessoas podem pensar em si mesmas como uma "pessoa zangada" ou uma "pessoa traumatizada" ou uma "pessoa triste... ou uma pessoa feliz... ou uma pessoa inteligente... ou uma pessoa estúpida". No entanto, todos esses são rótulos diferentes para padrões de experiência que podemos encontrar ou adotar em momentos distintos, mas que, em última análise, não nos definem. Parafraseando Daniel Siegel (2016), a psicoterapia é um processo de diferenciação gradual à medida que começamos a reconhecer esses diferentes processos dentro de nós sem identificação excessiva, permitindo a integração que dá origem à transformação. Na TFC, vemos a compaixão como o principal processo motivacional que permite que essa transformação aconteça, pois facilita o voltar-se para as dificuldades da mente e trabalhar com elas, em vez de identificar-se excessivamente ou fundir-se com elas, evitá-las ou ser oprimido por elas. Começamos a ver os estados mentais e os "estados de espírito" como padrões que nos prendem aos estados. Esse foi um tema que tentei abordar no livro *Depression: From Psychology to Brain State* (Gilbert, 1984). Portanto, não se trata apenas de mudar comportamentos, cognições, crenças ou emoções, embora tudo isso possa se tornar um foco; a TFC fornece o contexto para que surjam mudanças radicais, criando oportunidades para o cérebro (especialmente agora que sabemos sobre neuroplasticidade e epigenética) se organizar em padrões diferentes (Gilbert & Irons, 2005).

COMPREENDENDO A IMPORTÂNCIA DE ABORDAR O LADO SOMBRIO

É fácil ficarmos com a impressão de que a compaixão é focada unicamente em sermos bondosos com nós mesmos e em nos guiarmos de forma apoiadora e gentil ao longo da vida. Esse não é um mau objetivo, e, de fato, cultivar a amabilidade, a afiliação e as orientações gentis para nós mesmos e para com os outros pode ser extremamente importante. Tais qualidades constroem relações, e os estímulos associados à bondade, como o tom de voz e a expressão facial, têm impacto em estruturas fisiológicas, como a amígdala e o nervo vago.

A compaixão, no entanto, também requer que criemos coragem para lidar com o sofrimento. De fato, sabemos que, algumas vezes, as pessoas mais corajosas – por exemplo, aquelas que nos salvariam de uma casa em chamas – podem não ser as mais bondosas, do mesmo modo que as pessoas mais bondosas nem sempre são as mais corajosas. Com certeza, a compaixão não procura agir de forma indelicada, mas as emoções que sentimos dependem do contexto. Por exemplo, entrar em uma casa em chamas para salvar uma pessoa ou lutar contra a injustiça não seria necessariamente considerado como bondoso, mas como compassivamente corajoso. A bondade, por outro lado, sugere a expressão de um sentimento em relação aos outros. Ela ajuda as pessoas a nos acharem confiáveis, não ameaçadores e atenciosos, preocupados com elas de uma forma particular, sugerindo que "as temos na mente". Curiosamente, se pedirmos que as pessoas mostrem uma expressão facial de compaixão, geralmente elas mostrarão um rosto bondoso com um sorriso gentil e olhos sorridentes (McEwan et al., 2014). No entanto, as expressões faciais que envolvem sorrisos, embora gentis, não são consideradas compassivas quando alguém está sofrendo (Gerdes, Wieser, Alpers, Strack, & Pauli, 2012).

A compaixão tem, de fato, um significado preciso: *sensibilidade ao próprio sofrimento e ao dos outros, com o compromisso de tentar aliviá-lo e preveni-lo* (Gilbert, 2017a, 2017b). Como todas as motivações, precisamos detectar e responder aos sinais desse motivo. Assim, as competências de compaixão compreendem, em primeiro lugar, prestar atenção e envolver-se com o sofrimento, em vez de afastar-se ou dissociar-se dele. Em segundo lugar, a compaixão envolve fazer esforços sensatos para aliviar e prevenir o sofrimento, em vez de reagir impulsiva ou precipitadamente. Este livro vai orientá-lo no aprofundamento da sua compreensão do que é e do que não é compaixão e ajudá-lo a desenvolver a consciência interna e as experiências que tornam a compaixão possível.

A TFC reconhece a importância de também focar no lado sombrio da mente: os aspectos da mente que podem levar do desespero ao suicídio, da raiva ao assassinato, da vingança à tortura, da paranoia a esconder-se; uma mente que pode estar em tormento e pode criar tormento para os outros. Os terapeutas focados na compaixão consideram a mente humana no contexto da evolução como sendo facilmente apanhada e roteirizada por dramas conduzidos por processos arquetípicos que ajudaram os nossos ancestrais a sobreviver. Cada um de nós procura ser amado, pertencer, ser respeitado, ter relações sexuais satisfatórias, ter filhos que prosperem, viver uma vida longa e saudável – mas, igualmente, busca adquirir os recursos necessários para vencer aqueles que nos ameaçam. Queremos nos relacionar com algumas pessoas, mas não com outras, e queremos que algumas pessoas se relacionem conosco, e outras, não. A mente vem pronta com um conjunto de necessidades, preferências, desejos e anseios que são coreografados pelos ambientes, para o bem e para o mal. É devido a essa programação que, ao longo da história, os seres humanos têm demonstrado capacidades para realizações maravilhosas, mas também para ações verdadeiramente terríveis. A compaixão é uma das nossas motivações mais corajosas e dedicadas; ela pode nos ajudar a fazer o difícil trabalho de nos voltarmos para esses aspectos mais sombrios da nossa humanidade e assumirmos a responsabilidade de trabalhar com eles.

Também não é fácil reconhecermos que, se tivéssemos sido raptados quando bebês e criados por uma gangue de traficantes violentos, é praticamente certo que existiríamos agora como versões muito diferentes de nós mesmos. Caso isso tivesse acontecido comigo, a versão atual de Paul Gilbert não existiria: minhas expressões genéticas seriam diferentes, a arquitetura do meu cérebro seria diferente, os meus valores seriam diferentes, a minha prontidão para ser violento seria diferente. Então, onde está o *verdadeiro* Paul Gilbert? Essa percepção da nossa identidade e a constatação de que não existe um *"self"* único, apenas um conjunto variado de padrões biológicos, em grande parte moldados por contextos ambientais que dão textura à nossa consciência, é complicada para os terapeutas. Contudo, conduz diretamente à questão de por que boa parte do que acontece dentro de nós e entre nós não é nossa culpa – *é uma configuração*. Essa perspectiva também fornece uma orientação muito poderosa na terapia, porque mesmo que você esteja trabalhando com pessoas que fizeram coisas horríveis, é importante lembrar que cada uma delas é uma consciência, com uma textura criada por um conteúdo do qual elas podem ter muito pouca percepção e talvez ainda menos controle. Esse ponto levanta um debate interessante sobre o livre-arbítrio, que o espaço não nos permite aprofundar aqui. Contudo, também levanta um elemento muito central que é facilmente mal compreendido: quanto maior o conhecimento, maior a responsabilidade. A TFC tem muito a ver com a construção de uma orientação ética e moral para os graves problemas que a natureza nos apresentou em termos da forma como nossa mente funciona. De fato, quando começamos a verdadeiramente sintonizar com a realidade do sofrimento e com o quanto ele é endêmico na existência humana, descobrimos que a compaixão é a única resposta que faz algum sentido. Assim, a compaixão não é apenas uma questão de lidar com o sofrimento em nós mesmos e nos outros, mas também é de nos tornarmos cada vez mais motivados para *não* causar sofrimento intencionalmente, seja a nós mesmos ou aos outros. Assim, passamos da culpa e da vergonha para uma ética esclarecida de assumir a responsabilidade, sempre que possível, pelo nosso próprio comportamento.

O caminho do terapeuta focado na compaixão envolve o desenvolvimento da coragem de se envolver com o sofrimento e com as suas causas, de se posicionar genuinamente para dizer: "Assumirei a responsabilidade de abordar o sofrimento sempre que puder". Quando fazemos isso, vemos que as causas do sofrimento surgem porque fazemos parte do fluxo da vida, simplesmente porque passamos a existir, tentamos sobreviver e nos reproduzir e depois deixamos de existir. Desenvolver uma profunda ligação interna com o fluxo da vida afeta profundamente a forma como trabalhamos com nós mesmos e com nossos clientes, pois não mais nos vemos, ou a eles, como patologicamente perturbados ou simplesmente influenciados por esquemas ou atitudes desadaptativas (embora possamos ser ambos). Em vez disso, vemos a nós e aos outros como seres que estão lutando, que não escolheram estar aqui, não escolheram essa arquitetura genética particular ou a sua coreografia na dança da nossa vida pessoal e não escolheram sofrer e ter dificuldades. Quando se dão conta disso, as pessoas podem começar a abandonar o desejo de prejudicar a si próprias pelo autocriticismo ou de outras formas. Elas podem passar da vergonha para uma compreensão compassiva, que alimenta a motivação para ajudar.

O fato de nos unirmos em uma humanidade compartilhada e reconhecermos que todos fazemos parte do fluxo da vida nos mostra a realidade de que a compaixão é tanto um fluxo interpessoal quanto intrapessoal. Existe a compaixão que podemos cultivar *pelas* outras pessoas, mas também a nossa abertura para receber compaixão *das* outras pessoas. De fato, o treino da mente compassiva não tem a ver apenas com a autocompaixão, mas com o cultivo desses fluxos da compaixão. Atualmente, há pesquisas que mostram que podemos ter dificuldades se nos tornarmos excessivamente autossuficientes e não confiarmos nos outros ou tivermos medo de permitir que nos ajudem. Parte da sua jornada não é apenas desenvolver compaixão por você mesmo, mas reconhecer como o fluxo da compaixão organiza a sua mente. Quando você é compassivo com os outros, essa compaixão tem um impacto no seu cérebro e na forma como a sua mente está se desenvolvendo. Quando você está aberto, receptivo e responsivo à compaixão dos outros, talvez com um sentimento de gratidão, reconhecimento ou simplesmente segurança porque as pessoas à sua volta o ajudaram, esse estado de abertura terá um impacto no seu cérebro e na forma como a sua mente está se desenvolvendo. E, é claro, quando você for capaz de tratar genuinamente a sua própria mente com compaixão empática, isso também terá um impacto no seu cérebro e na forma como a sua mente está se desenvolvendo. Seguir esse caminho também significa que você terá de lidar com os muitos medos, bloqueios e resistências que podem impedir esses fluxos.

De certa forma, podemos ver a compaixão como uma espécie de gerador de campo que está ondulando não só na nossa mente, mas também na mente dos outros, criando padrões de consciência através da interconexão. Assim como podemos espalhar medo, preconceito e hostilidade à nossa volta pela forma como agimos e pelos valores que defendemos, também podemos criar campos de consciência compassivos. A nossa perspectiva pode ir além do que acontece em nossa mente quando começarmos a nos ver como participantes dentro de um campo interpessoal de influência mutuamente recíproca (Siegel, 2016).

ESTE LIVRO

Este livro foi inspirado pelo desejo de ajudar as pessoas interessadas na TFC a utilizarem em si mesmas algumas das práticas, percepções e orientações filosóficas da abordagem e a verem até onde isso as leva. Em vez de ser apenas uma leitura sobre a TFC com exemplos de casos e referências, este livro procura guiá-lo através de práticas e reflexões pessoais. Essa não é uma tarefa fácil, e os autores trazem uma riqueza de experiências para a jornada. Russell L. Kolts, autor de vários livros sobre TFC e compaixão, queria encontrar formas de levar os conceitos da TFC a indivíduos em contextos forenses, motivo pelo qual desenvolveu o True Strength Program, aplicando a TFC ao tratamento da raiva. Ele obteve conhecimentos extraordinários sobre como os indivíduos na prisão, alguns deles por crimes violentos, conseguiam desenvolver uma compreensão profunda da compaixão e começar a percorrer o caminho do cultivo da mente compassiva, depois de ultrapassadas as suas resistências. Essa mudança crucial começou com a capacidade de compreender a compaixão como uma forma de força que lhes deu coragem para enfrentar as partes mais sombrias da sua vida e da sua mente.

Tobyn Bell, um clínico muito experiente, apoia o treinamento, coordena grupos de supervisão em TFC e está realizando alguns estudos de doutorado fascinantes que exploram o impacto de algumas das práticas definidas, como os exercícios de múltiplos *selfs*, tanto nos clientes quanto nos terapeutas. James Bennett-Levy foi pioneiro na utilização da autoprática e da autorreflexão em outras terapias, como a TCC, e em alguns dos princípios que você verá aqui também. Chris Irons tem muitos anos de treinamento em TFC, e publicamos juntos muitos artigos e capítulos de livros. É um clínico muito competente e coordena grupos de supervisão de terapia em Londres e grupos de desenvolvimento pessoal com autoprática de treino da mente compassiva para o público geral. Todos os autores compartilham o desejo central de dar vida à compaixão por meio da prática.

Esses terapeutas muito experientes da TFC irão guiá-lo em meio a inúmeros conceitos fundamentais para o desenvolvimento de uma visão sobre como a nossa mente funciona e como podemos começar a mudar padrões dentro dela. Você vai aprender formas de pensar sobre a função evolutiva dos seus motivos e das suas emoções em termos da sua concepção e intenção básicas. Essa perspectiva irá colocá-lo no caminho para se afastar dos conteúdos da sua mente, sejam eles raiva ou ansiedade, vingança ou autocriticismo, e ver esses estados como padrões de experiência, separados de quem você é. A questão é se você gostaria de continuar com esse padrão ou começar a mudá-lo. Se quiser mudar o padrão, há formas de fazer isso. Os quatro temas mais importantes incluem o desenvolvimento de capacidades mentais específicas, como *mindfulness* – ou seja, tornar-se mais atento ao que surge em você à medida que surge, mas também aprender a viver mais no mundo sensorial, apreciando as qualidades dos sentidos. Um segundo tema é a *consciência da mente* – começar a compreender por que nossa mente faz o que faz, por que fica zangada ou ansiosa da forma como fica ou por que gosta de sexualidade ou de uma boa garrafa de vinho. Um terceiro tema é a *compaixão* – aprender sobre o que realmente é (e o que não é) a compaixão e as diferentes competências que a apoiam, como o desenvolvimento da empatia, a tolerância ao mal-estar, os diferentes tipos de sabedoria e a prática de determinados comportamentos. Você também aprenderá que a TFC não se trata (apenas) de mudar crenças, mas se concentra na criação de certa autoidentidade compassiva e na prática de viver a partir dela. Você pode imaginar que essa identidade organizaria a sua vida de forma muito diferente do que faria uma identidade construída em torno da experiência de raiva. Se todos os dias você praticasse o cultivo do seu *self* zangado para ter mais ataques de raiva na sua vida e, em cada oportunidade, praticasse ficar irritado, por menor que fosse o incômodo, então o resultado seria muito diferente. Seria um contraste distinto com a escolha deliberada de viver como o seu *self* compassivo, guiado por qualidades como coragem, sabedoria e motivação bondosa para aliviar e prevenir o sofrimento e para enfrentar as dificuldades da vida da melhor forma possível a partir desse padrão mental. Um quarto tema é a *intencionalidade* – como criamos intenções compassivas para que sejam colocadas em ação, momento a momento, nos acontecimentos e ocorrências da vida cotidiana? Como podemos incorporar nossa motivação e intenção compassiva aos hábitos da vida diária? Há cada vez mais pesquisas que mostram que, se transformarmos as nossas intenções em hábitos, eles se mantêm. De fato, temos dados que mostram que, quando as pessoas começam a se conectar com seu *self* compassivo na vida cotidiana para trabalhar com dificuldades particulares, isso pode ter efeitos poderosos, incluindo a variabilidade na frequência cardíaca (Matos et al., 2017). Ao longo deste livro, você encontrará muitos exercícios, fichas para práticas e oportunidades de autorreflexão sobre práticas concebidas para ajudá-lo a transformar essas capacidades de compaixão em hábitos.

Uma das questões centrais que os autores discutem é a preparação do corpo. Com frequência, usamos o lema: *respeite a prática, prepare o corpo*; ou seja, use o corpo para apoiar a mente. Se o seu corpo estiver em um estado de caos, será difícil manter a mente em um estado de calma. Aprender a aterrar seu corpo com técnicas específicas de respiração, postura, tons de voz e expressões faciais o ajudará na sua orientação para a compaixão. Isso não significa que a compaixão seja sempre uma questão de aterramento e tranquilização, pois, às vezes, envolve agir com base no medo, como, por exemplo, abordar assertivamente um problema ou uma ameaça, ou com base na raiva, como na luta contra a injustiça. No entanto, as práticas aqui oferecidas envolvem muitas vezes o aterramento e, se você seguir as práticas descritas, começará a se sentir mais aterrado.

Por fim, como os autores enfatizam, a jornada até a compaixão não é necessariamente um mar de rosas. Pode ser bem difícil, pois você vai ter de se envolver com o sofrimento. A TFC faz uma distinção muito clara entre segurança e proteção. A *segurança* é extremamente importante, mas está centrada na evitação de danos potenciais. Quando você entra em um carro, coloca o cinto de segurança; se for escalar uma montanha, você se certifica de que as cordas são fortes. Se for à academia, os funcionários lhe ensinam como utilizar o equipamento com segurança e a não começar a levantar pesos que os seus músculos não suportam. Segurança tem a ver com a prevenção de danos. Depois que os danos foram minimizados ou prevenidos, podemos focar na criação de *proteção* para podermos explorar, desenvolver, crescer e praticar. É exatamente o mesmo na terapia, ou em qualquer tipo de treinamento. Antes da sua jornada, desenvolva uma intenção clara na sua mente para ficar de olho no seu ritmo e não se envolver em coisas que possam ser excessivas para você até que esteja pronto. Algumas vezes, é muito útil fazer essas práticas com outras pessoas; por isso, talvez você queira encontrar alguns amigos para percorrerem o livro juntos, compartilhando suas experiências. No entanto, como os autores deixam muito claro, a sua jornada com eles é uma viagem de iluminação, crescimento e desenvolvimento, por isso esforce-se ao máximo para ter essa intenção em mente, mesmo que o caminho às vezes se torne um pouco complicado. Em última análise, é claro, para qualquer prática pessoal, você precisará cuidar do seu próprio bem-estar.

Tudo o que me resta agora é lhe desejar felicidades na sua jornada de exploração das práticas de compaixão. Tente ver isso como o início do caminho. Imagine como seria a sua vida, e como você seria como terapeuta, se aprofundasse a sua capacidade de viver a partir do seu *self* interior, corajoso, perspicaz e compassivamente sábio – ou, devo dizer, o seu *padrão cerebral*.

Paul Gilbert, PhD, FBPsS, OBE

REFERÊNCIAS

Ellenberger, H. F. (1970). *The discovery of the unconscious: The history and evolution of dynamic psychiatry*. New York: Basic Books.

Gerdes, A. B. M., Wieser, M. J., Alpers, G. W., Strack, F., & Pauli, P. (2012). Why do you smile at me while I'm in pain?: Pain selectively modulates voluntary facial muscle responses to happy faces. *International Journal of Psychophysiology, 85*, 161–167.

Gilbert, P. (1984). *Depression: From psychology to brain state*. Hove, UK: Erlbaum.

Gilbert, P. (2009). *The compassionate mind: A new approach to the challenge of life*. London: Constable & Robinson.

Gilbert, P. (2010). *Compassion focused therapy: Distinctive features*. London: Routledge.

Gilbert, P. (2014). The origins and nature of compassion focused therapy. *British Journal of Clinical Psychology, 53,* 6–41.

Gilbert, P. (2017a). Compassion: Definitions and controversies. In P. Gilbert (Ed.), *Compassion: Concepts, research and applications* (pp. 3–15). London: Routledge.

Gilbert, P. (2017b). Compassion as a social mentality: An evolutionary approach. In P. Gilbert (Ed.), *Compassion: Concepts, research and applications* (pp. 31–68). London: Routledge.

Gilbert, P., & Irons, C. (2005). Focused therapies and compassionate mind training for shame and self-attacking. In P. Gilbert (Ed.), *Compassion: Conceptualisations, research and use in psychotherapy* (pp. 9–74). London: Routledge.

Matos, M., Duarte, C., Duarte, J., Pinto-Gouveia, J., Petrocchi, N., Basran, J., et al. (2017). Psychological and physiological effects of compassionate mind training: A pilot randomised controlled study. *Mindfulness, 8*(6), 1699–1712.

McEwan, K., Gilbert, P., Dandeneau, S., Lipka, S., Maratos, F., Paterson, K.B., et al. (2014). Facial expressions depicting compassionate and critical emotions: The development and validation of a new emotional face stimulus set. *PLoS ONE, 9*(2), e88783.

Siegel, D. J. (2016). *Mind: A journey to the heart of being human*. New York: Norton.

Sumário

	Apresentação *Paul Gilbert*	ix

Preparando o cenário para autoprática/autorreflexão na terapia focada na compaixão

1	Apresentando *Experimentando a terapia focada na compaixão de dentro para fora*	3
2	Um breve roteiro para a terapia focada na compaixão	7
3	Por que fazer autoprática/autorreflexão?	11
4	Obtendo o máximo da autoprática/autorreflexão	19
5	Um trio de companheiros	31

PARTE I – Desenvolvendo a compreensão compassiva

Módulo 1	Avaliação inicial e identificação de um desafio	37
Módulo 2	Três sistemas da emoção	47
Módulo 3	Respiração de ritmo calmante	55
Módulo 4	Compreendendo o cérebro complicado	63
Módulo 5	Explorando os *loops* do cérebro antigo-cérebro novo	71
Módulo 6	Respiração consciente	77
Módulo 7	Moldados pelas nossas experiências	83

Módulo 8	Análise funcional compassiva	91
Módulo 9	Imagem mental de um lugar seguro	99
Módulo 10	Explorando o estilo de apego	107
Módulo 11	Explorando os medos da compaixão	117
Módulo 12	Formulação focada na ameaça na terapia focada na compaixão: influências históricas e medos principais	123
Módulo 13	Formulação focada na ameaça na terapia focada na compaixão: estratégias de segurança e consequências indesejadas	133
Módulo 14	Checagem consciente	145
Módulo 15	Desvendando a compaixão	153
Módulo 16	Diário de *mindfulness* do autocriticismo	161
Módulo 17	Avaliação na metade do programa	169

PARTE II – Cultivando formas compassivas de ser

Módulo 18	Diferentes versões do *self*: o *self* baseado na ameaça	181
Módulo 19	Cultivando o *self* compassivo	191
Módulo 20	O *self* compassivo em ação	199
Módulo 21	Aprofundando o *self* compassivo	207
Módulo 22	Experimentos comportamentais na terapia focada na compaixão	219

PARTE III – Desenvolvendo os fluxos da compaixão

Módulo 23	Compaixão do *self* pelos outros: desenvolvimento de habilidades usando a memória	231
Módulo 24	Compaixão do *self* pelos outros: desenvolvimento de habilidades usando imagem mental	237
Módulo 25	Compaixão do *self* pelos outros: comportamento compassivo	245
Módulo 26	Compaixão dos outros pelo *self*: desenvolvimento de habilidades usando a memória	253

Módulo 27	Compaixão dos outros pelo *self*: abrindo-se à bondade dos outros	259
Módulo 28	Compaixão fluindo para o *self*: escrita de carta compassiva	267

PARTE IV – Envolvendo-se compassivamente com os múltiplos *selves*

Módulo 29	Conhecendo nossos múltiplos *selves*	279
Módulo 30	Escrevendo a partir dos múltiplos *selves*	287
Módulo 31	Apego e o *self* profissional	297
Módulo 32	O supervisor interno compassivo	307
Módulo 33	Usando seu supervisor interno compassivo para trabalhar com uma dificuldade	315

PARTE V – Refletindo sobre sua jornada de autoprática/autorreflexão na terapia focada na compaixão

Módulo 34	Mantendo e aprimorando o crescimento compassivo	327
	Referências	337
	Índice	345

PREPARANDO O CENÁRIO PARA AUTOPRÁTICA/ AUTORREFLEXÃO NA TERAPIA FOCADA NA COMPAIXÃO

1

Apresentando
Experimentando a terapia focada na compaixão de dentro para fora

Se você quer que os outros sejam felizes, pratique a compaixão.
Se você quer ser feliz, pratique a compaixão.
  – Sua Santidade, o 14º Dalai Lama

Nós (Russell, Tobyn e Chris) ficamos entusiasmados quando James nos convidou para nos juntarmos a ele na criação de um livro de autoprática/autorreflexão (AP/AR) centrado na terapia focada na compaixão (TFC). Um crescente corpo de pesquisa científica apoia o valor da compaixão no trabalho com problemas de saúde mental e na construção de vidas felizes, por isso, naturalmente, ocorre também um rápido aumento dos clínicos que querem aprender a integrar práticas de compaixão ao seu trabalho com os clientes. Nos últimos anos, foram desenvolvidos recursos para ajudar os terapeutas a fazerem exatamente isso. No entanto, se você passar muito tempo conversando com terapeutas da TFC ou outros cujo trabalho focaliza na compaixão ou em *mindfulness*, vai ouvi-los dizer repetidamente: "Se vai ensinar compaixão ou *mindfulness*, você mesmo precisa praticar". Essa afirmação transmite um aumento da consciência – refletida na crescente literatura científica – de que a AP/AR do terapeuta pode aprofundar e melhorar o trabalho terapêutico de várias formas importantes em todos os modelos de terapia. O objetivo deste livro é exatamente este: ajudá-lo a aprender as experiências fundamentais da TFC *de dentro para fora*, cultivando, aplicando e refletindo sobre elas na sua própria vida.

UMA BREVE ORIENTAÇÃO PARA A TERAPIA FOCADA NA COMPAIXÃO

Quando você diz às pessoas que a sua área de especialização como terapeuta é a TFC, provavelmente terá uma das duas reações: a primeira (frequentemente dita com as sobrancelhas erguidas) é *"Compaixão... isso é bom. Todos nós precisamos de mais compaixão, não é?"*. O segundo tipo de resposta (muitas vezes dita com uma voz muito entusiasmada) soa mais como: "Terapia focada na compaixão! Eu também! Tenho feito isso durante *toda a minha carreira*. A compaixão é muitíssimo importante!". As duas respostas estão baseadas no pressuposto de que a terapia focada na compaixão, abreviadamente TFC, consiste simplesmente em fazer terapia *compassivamente*.

Embora incorporar a compaixão no consultório seja certamente uma parte da TFC (como esperamos que seja em qualquer terapia), ela é muito mais do que isso. A TFC foi desenvolvida por Paul Gilbert em resposta às observações de que muitos pacientes que lutavam para se beneficiar com as abordagens tradicionais da terapia cognitivo-comportamental (TCC) pareciam passar muito tempo presos a padrões de vergonha e autoataque. Podemos pensar na TFC como um "modelo de terapia", mas, na verdade, ela é mais uma tentativa de integrar o que a ciência nos diz sobre o que significa ser um ser humano, como e por que temos dificuldades e como podemos ajudar as pessoas a se relacionarem com as suas dificuldades de forma útil e eficaz. Ao fazer isso, a TFC baseia-se fortemente em vários corpos de ciência, bem como em tradições de sabedoria, como o budismo. Recorremos a abordagens da psicologia evolutiva para compreender as formas complicadas como a evolução moldou nosso cérebro – formas que nos preparam para certas dificuldades praticamente desde o início. Baseamo-nos em evidências que indicam que as experiências precoces de apego podem moldar de forma poderosa como nos desenvolvemos e como aprendemos a nos relacionar com nós mesmos e com as outras pessoas. Recorremos à pesquisa da neurociência dos afetos, que nos informa sobre como as nossas emoções e os nossos motivos operam no nosso cérebro e na nossa mente, moldando poderosamente a nossa experiência de vida. Recorremos a tradições comportamentais e cognitivas que informam poderosas tecnologias de mudança. E nos baseamos diretamente em tradições como o budismo, que passaram milhares de anos explorando a forma como as práticas de compaixão e *mindfulness* podem ser cultivadas a serviço da construção de vidas, comunidades e civilizações felizes e saudáveis (Gilbert, 2010).

NOSSA ABORDAGEM

Vários livros valiosos foram escritos sobre como essas várias influências se manifestam na TFC. A arte da TFC consiste em dar vida a essas influências sob a forma de percepções e compreensões humanas básicas, inspirando a coragem que nossos clientes precisam para se voltarem para as suas dificuldades com bondade e empenho e ajudando-os a cultivar um repertório de forças compassivas às quais podem recorrer no trabalho com os desafios inevitáveis de ter uma vida humana. Este é o foco deste livro: não lhe falar *sobre* a TFC, mas dar vida à TFC por meio da sua própria experiência da terapia. Você verá todas essas influências se revelando nos próximos módulos, de formas que, esperamos, se relacionem com a sua vida pessoal e profissional.

Como já mencionamos, o objetivo deste livro de exercícios é lhe proporcionar uma *experiência* de prática e de reflexão sobre as várias formas como a TFC procura ajudar nossos clientes a desenvolverem compaixão por si próprios e pelos outros. À medida que esse processo se desenrola, você será convidado a considerar certos aspectos da sua experiência e como a sua mente funciona. Também lhe será pedido para considerar as formas como você se relaciona consigo mesmo e com os outros, e como essas estratégias foram moldadas pelas suas experiências de vida. Você será exposto a uma variedade de práticas de compaixão que podem ser testadas no contexto da sua vida. Por fim, você terá a oportunidade de refletir sobre essas práticas.

COMO ESTE LIVRO ESTÁ ORGANIZADO

Os próximos quatro capítulos de *Experimentando a terapia focada na compaixão de dentro para fora* preparam e orientam o leitor para os módulos de AP/AR no restante do livro. O Capítulo 2 introduz alguns conceitos básicos da TFC. Ele não foi concebido para ser uma descrição abrangente – para isso, você deve ler outros livros, como os de Paul Gilbert (2009, 2010, 2014) e de outros autores da TFC (p. ex., Kolts, 2016; Welford, 2016; Irons & Beaumont, 2017). Em vez disso, o Capítulo 2 fornece uma amostra de alguns dos conceitos introduzidos nos módulos.

O Capítulo 3 apresenta a fundamentação e os antecedentes da abordagem de AP/AR. Não é necessário ler esse capítulo para utilizar o livro, mas, se quiser compreender por que optamos por concebê-lo de uma forma autoexperiencial, você encontrará as razões nele.

O Capítulo 4 é longo, mas importante. Sugerimos que você leia esse capítulo para tirar o máximo proveito do livro. Na primeira metade do capítulo, discutimos os prós e contras dos vários contextos em que a AP/AR pode ser realizada – sozinho, em grupo, em "pares de coterapia limitada", em supervisão e em *workshops*. Se estiver fazendo AP/AR sozinho, você pode saltar os outros contextos, mas, se tiver a possibilidade de se juntar a um colega ou grupo de colegas para fazer AP/AR, vale a pena considerar as diferentes formas de fazer isso. Na segunda metade do Capítulo 4, sugerimos uma variedade de estratégias, incluindo a criação de um forte sentimento de segurança, para garantir que você tire o máximo proveito da AP/AR.

O Capítulo 5 é breve, mas também importante. Ele o apresenta aos seus três terapeutas "companheiros", cujos exercícios de autoprática e autorreflexões estão dispostos pelos módulos. Todos esses terapeutas se debatem com questões que adaptamos a partir da nossa própria experiência como pessoas e terapeutas e daquelas que nossos colegas partilharam conosco.

Depois dos cinco capítulos iniciais, estão os módulos de AP/AR. Eles são intencionalmente breves – concebidos para levar cerca de 30 a 45 minutos cada um –, e você terá a oportunidade de trabalhar de dentro para fora, vendo como as várias práticas da TFC são aplicadas pelos seus terapeutas companheiros e, depois, experimentando-as você mesmo. Você pode achar que não tem tempo para fazer todos os módulos. O Capítulo 4 fornece algumas sugestões para selecionar os módulos se o seu tempo for limitado.

Ao preparar-se para a AP/AR, você pode pensar em questões da sua vida profissional ou pessoal para as quais pode ser útil trazer compaixão: por exemplo, pode haver contextos em que você tende a sentir vergonha, a se criticar, a experimentar emoções ameaçadoras ou talvez apenas ter falta de confiança. O objetivo é destacar uma área desafiadora ou difícil na sua vida, para a qual você pode se voltar com coragem, bondade e um compromisso compassivo de ajudar.

Também é importante ter em mente que, com AP/AR, o objetivo é usar a abordagem com nós mesmos como um veículo para aprender a terapia, de modo que possamos servir melhor aos nossos clientes. Dessa forma, pode ser útil escolher uma questão que esteja relacionada ao seu trabalho com os clientes. Isso também significa que, embora queira escolher uma questão que seja suficientemente significativa para "entender" os processos envolvidos, você não deve escolher um problema grave que possa ativar níveis intensos de mal-estar, como experiências de luto muito recentes e profundas. O Capítulo 4 o ajudará a selecionar uma questão que funcionará melhor no contexto deste livro de exercícios de AP/AR.

2
Um breve roteiro para a terapia focada na compaixão

DEFININDO COMPAIXÃO

Assim como às vezes há confusão sobre o que é a TFC, também pode haver uma falta de clareza sobre o que significa a palavra *compaixão*. Neste livro, trabalhamos a partir da definição padrão utilizada na TFC: sensibilidade ao sofrimento em si mesmo e nos outros combinada com o compromisso de tentar aliviá-lo e preveni-lo (Gilbert & Choden, 2013). Essa definição contém dois componentes fundamentais ou, como diz Paul Gilbert, duas "psicologias da compaixão". O primeiro componente é *sensibilidade e envolvimento*: ou seja, a capacidade de notar, prestar atenção e comover-se com o sofrimento, bem como a disposição de *voltar-se para o sofrimento*, tolerar o mal-estar associado a ele e examinar profundamente as causas e condições que o mantêm. Depois que estamos conscientes desse sofrimento e experimentamos uma resposta empática à pessoa que está sofrendo, essa sensibilidade pode dar origem à *motivação e ao compromisso* de agir para aliviar o sofrimento atual, seu e dos outros, e preveni-lo no futuro. A motivação e o compromisso contêm tanto um desejo de trabalhar para abordar o sofrimento quanto a decisão consciente e as habilidades necessárias para isso.

Ao considerar essa definição de compaixão, é importante observar que ela contém tanto bondade quanto coragem; na sua essência, a compaixão é definida pela disposição corajosa de *abordar* as coisas que nos assustam e nos deixam desconfortáveis – sobre o mundo e sobre nós mesmos (Gilbert, 2015). A abordagem compassiva é definida pelo motivo de ajudar e caracterizada pelo cuidado, pelo acolhimento e pelo compromisso, em vez de pelo julgamento e pela condenação. Para muitos dos nossos clientes (e para nós mesmos), essa simples definição representa uma forma muito diferente de nos relacionarmos com nós mesmos e com o sofrimento, particularmente se aprendemos a nos criticar quando nos vemos com dificuldades ou a manejar as emoções difíceis evitando-as ou distraindo-nos da dor ou do desconforto quando tomamos consciência deles.

Os praticantes da TFC também comumente falam sobre três *fluxos* da compaixão: a compaixão que direcionamos de nós para os outros, a compaixão que recebemos de outras pessoas e a compaixão que direcionamos para nós mesmos. Pesquisas recentes mostraram que esses diferentes fluxos parecem funcionar de maneiras um pouco distintas (Gilbert et al., 2017), o que aumenta a probabilidade de alguém ter um nível muito alto em uma forma de compaixão, mas ter muita dificuldade com outra forma. Por exemplo, a maioria dos terapeutas tem grande compaixão por seus clientes, mas alguns podem ser incapazes de se permitirem ser vulneráveis ao recebê-la dos outros ou de se relacionarem compassivamente consigo mesmos quando precisam.

CULTIVANDO A COMPAIXÃO: A PERSPECTIVA DA TERAPIA FOCADA NA COMPAIXÃO

Na TFC, a compaixão é vista como estando enraizada na *motivação* – a motivação para aliviar e prevenir o sofrimento (Gilbert, 2015). Essa experiência começa com a consciência do que significa ter uma vida humana atualmente. A ideia é que, quando olhamos profundamente para a realidade do que significa ter uma vida humana – a quantidade de lutas e dificuldades que todos nós enfrentamos eventualmente como resultado de simplesmente nascermos humanos –, *compaixão é a única resposta que faz sentido* (Gilbert, 2009). Se olharmos até mesmo para a vida de um ser humano relativamente privilegiado – que tem acesso regular a comida, abrigo, cuidados de saúde, educação e familiares e amigos atenciosos –, podemos ver quase incontáveis fontes de dor e sofrimento potencial. Todos nós ficaremos doentes. Todos morreremos eventualmente. Durante o caminho, perderemos pessoas que amamos, daremos o nosso melhor e falharemos e enfrentaremos decepções, tragédias e lutas repetidas vezes. Dependendo das condições do nosso nascimento – se nascemos com um corpo saudável ou vulnerável e se nascemos de pessoas que foram (ou não) capazes de cuidar de nós de forma a nos ajudar a crescermos felizes e saudáveis –, alguns de nós enfrentarão consideravelmente mais dor e dificuldades.

Alguns leitores podem ficar surpresos ao saber que, na TFC, não começamos imediatamente com as meditações de compaixão. Descobrimos que, para indivíduos com hábitos profundamente arraigados de vergonha e autocriticismo, promover a compaixão (e a autocompaixão, em particular) pode ser muito complicado, algumas vezes até estimulando sentimentos de ameaça. Para alguns de nós, até mesmo pensar em nos tratarmos com compaixão e bondade (ou sermos tratados dessa forma pelos outros) pode ser muito assustador e contrário a como aprendemos a existir no mundo. Na TFC, esforços têm sido feitos para avaliar e explorar esses "medos da compaixão" (Gilbert, McEwan, Matos, & Rivis, 2011), que têm sido associados a depressão, ansiedade, alexitimia e estilos de apego inseguro (Gilbert, McEwan, Catarino, Baião, & Palmeira, 2014).

Por essa razão, a TFC envolve "preparar o terreno", ajudando-nos e aos nossos clientes a chegar a certas constatações sobre o que significa ter uma vida humana – constatações que podem suavizar o terreno árido da vergonha e do autocriticismo, para que as sementes da autocompaixão possam criar raízes e crescer. Muitas dessas constatações têm a ver com os desafios apresentados pelos nossos sistemas cerebrais evoluídos e com a modelagem social que recebemos, particularmente nos nossos primeiros ambientes. Com essa reflexão, podemos começar a tomar consciência de que muitas das nossas lutas estão enraizadas em fatores que não escolhemos ou concebemos, e pode ser libertador perceber que eles *não são nossa culpa*. Na TFC, enfatizamos o reconhecimento dos fatores não escolhidos que nos moldaram de formas que não teríamos escolhido, para que possamos deixar de nos recriminar por coisas que não são nossa culpa e assumir a responsabilidade de trabalhar ativa e efetivamente para melhorar nossa vida no presente e no futuro.

Nessa perspectiva, a TFC enfatiza o cultivo da consciência atenta e receptiva, para que possamos aprender a observar os pensamentos, as emoções e as experiências que definem as nossas lutas sem julgamento. Essa consciência conduz então a outro componente central da TFC: aprender a cultivar diretamente a compaixão para aliviar e prevenir o sofrimento em nós mesmos e nos outros. Neste livro, você irá adquirir experiência com uma série de práticas de compaixão – algumas compartilhadas com outras abordagens e algumas exclusivas da TFC –, que o ajudarão a fazer isso.

Em suma, podemos considerar o processo da TFC como algo em que trabalhamos para desenvolver uma série de capacidades de compaixão. Queremos desenvolver a *motivação* cuidadosa e a *coragem* para trabalhar diretamente com as fontes de sofrimento em nossa vida. Queremos desenvolver a *sabedoria* para compreender as fontes desse sofrimento, enraizadas na interseção entre a nossa herança biológica e as nossas experiências. Queremos cultivar uma *consciência* crítica da forma como esse sofrimento se manifesta em nossa vida e em nossas experiências mentais. Por fim, queremos nos engajar em uma *ação compassiva* comprometida para trabalhar com esse sofrimento e as suas causas.

PREPARANDO O TERRENO PARA A COMPAIXÃO

Embora existam inúmeros programas que visam a ajudar as pessoas a cultivarem a compaixão – principalmente o programa de autocompaixão consciente (MSC) de Neff e Germer (Germer & Neff, 2017) e o treinamento de cultivo da compaixão de Stanford (Jazaieri et al., 2013) –, a TFC é o único *modelo de psicoterapia* com foco explícito na compaixão. Enquanto os outros modelos se concentram principalmente em práticas de cultivo da compaixão adaptadas das meditações budistas (que a TFC também utiliza), como mencionado anteriormente, a TFC também inclui um foco explícito em ajudar os clientes a desenvolverem uma maneira inerentemente livre de vergonha de entender a experiência humana. Uma forma de fazer isso é ajudá-los a compreenderem a sua experiência no contexto de como a evolução moldou o cérebro humano e, através disso, moldou os nossos motivos básicos e o nosso funcionamento emocional de formas que, por vezes, podem ser difíceis de manejar. Uma das principais conclusões da TFC é de que as nossas emoções e motivações não são defeitos, mas produtos de cérebros que evoluíram para ajudar nossos antepassados a sobreviver em um mundo que era muito diferente do que enfrentamos atualmente. No mundo dos nossos ancestrais, em que a maior parte das ameaças era de natureza física, a urgência sentida e o foco puro das emoções relacionadas à ameaça, como medo, ansiedade e raiva, faziam muito sentido – mesmo que não sejam muito adequados à maior parte das situações difíceis que enfrentamos na vida moderna.

Ao percorrer os módulos experienciais deste livro, você irá se familiarizar com vários desses conceitos, incluindo as interações complicadas entre os nossos "cérebros antigos", que são guiados por motivos básicos e produzem emoções poderosas, e os nossos "cérebros novos", que são muito sofisticados na sua capacidade de atribuir significado e criar pensamentos e imagens mentais com nuances, mas que podem ser dominados pelas nossas emoções de formas que podem criar problemas para nós (p. ex., pela geração do tipo de pensamento ruminativo que pode alimentar a ansiedade contínua). Você também irá explorar o modelo dos "três círculos" da motivação e da emoção, no qual os clientes aprendem a compreender suas emoções e seus motivos básicos – muitas vezes, eles podem ter dificuldade em aceitá-los ou se criticar por tê-los – através das lentes da função evolutiva. Nesse modelo, as emoções são organizadas em três sistemas. O primeiro é o sistema de ameaça e autoproteção ("sistema de ameaça", para abreviar), que produz emoções (p. ex., raiva, medo) e motivos organizados em torno da detecção e da resposta a ameaças percebidas e tem um efeito de estreitamento da nossa atenção, pensamento e processos motivacionais. O segundo é o sistema de aquisição de recursos e recompensa ("sistema *drive*", para abreviar), responsável por nos motivar a focar e a perseguir objetivos e por nos recompensar por atingi-los. Por último, temos o sistema calmante e de segurança ("sistema de segurança"), que está ligado a experiências de sentir-se seguro, satisfeito, calmo e em paz e que, nos humanos, tende a estar ligado a experiências de cuidado e conexão. Esse sistema é sustentado pelo sistema nervoso parassimpático e é focado na TFC como uma forma de equilibrar as experiências de ameaça e abrir caminho para a compaixão, já que está associado à flexibilidade da atenção, ao pensamento reflexivo e às tendências pró-sociais (Gilbert, 2009, 2010).

Quando os clientes conseguem compreender as emoções que enfrentam como tentativas do seu cérebro evoluído de protegê-los, a sua vergonha pode abrandar. Como você irá aprender, a TFC também ajuda os clientes a explorarem a forma como a sua vida atual está relacionada com as várias experiências socialmente moldadoras que tiveram, como uma forma de compreender melhor como as suas dificuldades fazem todo o sentido quando consideradas dentro do contexto de desenvolvimento da sua vida. Embora o restante deste livro esteja focado em uma exploração experiencial destes e de outros conceitos, há inúmeros recursos disponíveis para os leitores que gostariam de passar mais tempo explorando os fundamentos teóricos da TFC (p. ex., Gilbert, 2009, 2010; Kolts, 2016; Welford, 2016; Irons & Beaumont, 2017).

3
Por que fazer autoprática/autorreflexão?

São muitas as demandas que competem pelo tempo dos terapeutas ocupados. Como um possível participante de autoprática/autorreflexão (AP/AR), você pode estar se perguntando se vale a pena investir seu precioso tempo e recursos pessoais para fazer um programa de AP/AR na terapia focada na compaixão (TFC). O que a AP/AR pode fazer que não pode ser feito por outros meios de aprendizagem, como ler um manual de TFC, ir a um *workshop* ou procurar supervisão? Quais são os prós e os contras da AP/AR?

Essas questões serão o foco dos próximos dois capítulos. Neste capítulo, começaremos examinando as qualidades que procuramos desenvolver como terapeutas da TFC. Depois disso, consideraremos o valor da prática pessoal para os terapeutas da TFC e passaremos algum tempo examinando as evidências da AP/AR. Também abordaremos a questão de como a AP/AR pode contribuir para o desenvolvimento das qualidades e habilidades do terapeuta da TFC. Considerando as evidências que apoiam a AP/AR, sugerimos que, na TFC, ela pode desempenhar um papel importante, e talvez único, no desenvolvimento pessoal e profissional do terapeuta da TFC. Então, no Capítulo 4, forneceremos recomendações concretas concebidas para ajudá-lo a extrair o máximo do programa.

QUALIDADES DO TERAPEUTA DA TERAPIA FOCADA NA COMPAIXÃO

Em comum com outras terapias, os terapeutas da TFC precisam de uma boa compreensão do seu modelo específico – tanto dos aspectos conceituais (p. ex., modelo evolutivo, três círculos) quanto dos aspectos técnicos (p. ex., práticas de imagem mental na TFC, escrita de carta compassiva). Os terapeutas da TFC também precisam ser capazes de traduzir esse entendimento em habilidades procedurais na ação para uso com os clientes, combinando-as efetivamente com habilidades interpessoais, como empatia, compaixão e presença terapêutica.

Como em outras terapias, a TFC também reconhece a importância central de uma relação terapêutica caracterizada pelos atributos rogerianos de empatia, afetuosidade e autenticidade (Rogers, 1951). No entanto, a TFC também enfatiza dois outros atributos do terapeuta que são centrais para a maneira particular como trabalhamos (Kolts, 2016):

1. Os terapeutas da TFC visam a criar as condições que facilitarão uma *relação de apego seguro* com seus clientes.
2. Os terapeutas da TFC devem ser um *modelo de fluxo da compaixão* – compaixão pelo outro, capacidade de receber compaixão e autocompaixão.

Relações de apego seguro

Todas as terapias são relacionais pela sua própria natureza. No entanto, o foco e o tipo de relação terapêutica diferem até certo ponto entre as diferentes terapias (p. ex., psicanálise, terapia cognitivo-comportamental [TCC], terapia do esquema, TFC). No caso da TFC, a criação de um sentimento de segurança na relação terapêutica é considerada de importância primordial (Gilbert, 2014). Promover esse sentimento pode ser complicado, pois muitos clientes podem ter experimentado sentimentos de segurança muito raramente em seus relacionamentos. Criar a sensação de segurança e pedir aos clientes que reflitam sobre como a experimentam pode preparar o terreno para a compaixão, ajudando-os a aprenderem a regular as experiências de ameaça, a equilibrarem suas emoções e a se conectarem com a sua intenção compassiva de se envolverem com o sofrimento, em vez de o evitarem.

A teoria do apego fornece uma estrutura teórica para ajudar os terapeutas da TFC a entenderem seu papel na criação de um sentimento de segurança (Bowlby, 1988). Vários estudos atuais sugerem que o estilo de apego do terapeuta tem um impacto direto no resultado terapêutico (Berry & Danquah, 2016; Black, Hardy, Turpin, & Parry, 2005; Mikulincer, Shaver, & Berant, 2013). Os terapeutas com estilo de apego ansioso ou evitativo têm resultados mais pobres com os clientes do que os terapeutas com estilo de apego seguro. Portanto, cabe aos terapeutas da TFC refletir sobre seu próprio estilo de apego e, se necessário, trabalhar para desenvolver sua presença terapêutica, a fim de fornecer uma base segura para seus clientes. Os Módulos 10 e 31 foram incluídos para possibilitar que os participantes considerem seu estilo de apego e a forma como ele pode afetar suas relações com os clientes.

Modelando o fluxo da compaixão

Já que a sensibilidade dos terapeutas ao sofrimento, a motivação compassiva e a ação compassiva são fundamentais para o desenvolvimento das habilidades de compaixão nos clientes, também é importante que os terapeutas da TFC modelem uma presença compassiva para os clientes. Suspeitamos que a maioria dos terapeutas já tem uma forte motivação de compaixão pelo próximo, o que provavelmente tem muito a ver com a razão de terem escolhido se tornar terapeutas. No entanto, pesquisas recentes indicam que muitos terapeutas têm habilidades de autocompaixão relativamente fracas (Finlay-Jones, Rees, & Kane, 2015; Raab, 2014). Por exemplo, no Questionário de Esquemas de Young, padrões inflexíveis e autossacrifício são os dois esquemas mais frequentemente endossados (Haarhoff, 2006; Kaeding et al., 2017). Os terapeutas que modelam implícita ou explicitamente o autocriticismo, o autossacrifício e os hábitos perfeccionistas podem ser modelos aquém do ideal para clientes altamente autocríticos. Além disso, esses atributos podem contribuir significativamente para o estresse e o *burnout*, com custos pessoais consideráveis e redução da eficácia terapêutica (Patsiopoulos & Buchanan, 2011; Raab, 2014; Kaeding et al., 2017). Em contrapartida, tratar a nós mesmos *e* aos nossos clientes com compaixão pode criar um modelo poderoso de autocuidado para os clientes e nos possibilitar funcionar de forma mais eficaz como pessoas e como terapeutas.

Por todas essas razões, estar sintonizado com as flutuações do cliente momento a momento durante as sessões é particularmente importante para o terapeuta da TFC. Essa sintonia requer que os terapeutas prestem atenção e respondam conscientemente aos clientes no momento – o que Schön (1983) chamou de "reflexão em ação". Ao permanecerem atentos, os terapeutas precisam manter a consciência tanto do seu "*self* pessoal" (p. ex., "Que emoções estou sentindo neste momento?"; "O meu sistema de ameaça está sendo ativado?") quanto do seu "*self* terapeuta" (p. ex., "Como posso conceitualizar melhor as dificuldades do meu cliente?"; "Posso usar as minhas reações de ameaça para entender o que está se passando na relação?") (Bennett-Levy & Haarhoff, no prelo). Assim como outros terapeutas, os terapeutas da TCC se beneficiarão do desenvolvimento da sua capacidade de usar a autorreflexão entre as sessões – "reflexão sobre a ação" (Schön, 1983) – para maximizar a sua eficácia (Bennett-Levy, 2006; Rønnestad & Skovholt, 2003).

O QUE OS TERAPEUTAS DA TERAPIA FOCADA NA COMPAIXÃO DIZEM SOBRE A PRÁTICA PESSOAL?

Até o momento, há apenas um estudo que relatou o impacto da prática pessoal para os terapeutas da TFC (Gale, Schröder, & Gilbert, 2017). Gale et al. entrevistaram 10 terapeutas de TFC sobre suas experiências de prática pessoal durante e após o treinamento. O estudo não relata a quantidade de prática pessoal em que os participantes se envolveram, ou de que tipo, exceto que dois deles participaram de um *workshop* de prática pessoal de TFC e que a maioria estava ativamente recebendo supervisão em TFC. Embora possivelmente nenhum dos participantes estivesse envolvido em um processo formal de AP/AR – não havia livros de exercícios ou grupos de AP/AR nesse estágio –, os resultados relatados apresentam semelhanças impressionantes com pesquisas anteriores que serão discutidas na próxima seção. Gale et al. (2017) concluíram:

> A prática pessoal da TFC pode aumentar a compreensão da abordagem e a confiança na utilização dela. Ela pode ajudar os terapeutas a anteciparem as dificuldades que os clientes podem encontrar e a identificar formas de superá-las. Também pode ajudar a aumentar a compaixão por si mesmo e pelos outros e ter impacto na postura terapêutica. Assim, a prática pessoal da TFC pode ajudar a desenvolver e a aperfeiçoar as habilidades terapêuticas, mas também pode ser útil como estratégia de autocuidado para os terapeutas. (p. 184)

No que diz respeito às qualidades desejáveis dos terapeutas de TFC delineadas na seção anterior, é de particular interesse o fato de os participantes terem relatado que a prática pessoal da TFC aumentou a sua compaixão por si mesmos e pelos outros. Outros dados do estudo de Gale et al. indicaram que a prática pessoal aumentou a autoconsciência, sugerindo o valor de os terapeutas usarem AP/AR para examinar seus estilos de apego. Por exemplo, um participante relatou:

> "Acho que a TFC definitivamente me fez pensar mais sobre o que trago como terapeuta, realmente, para a terapia e para as pessoas com quem estou trabalhando... Desenvolver e fazer autoprática também tem a ver com entrar nessas partes de você mesmo, o que pode ser difícil e doloroso."

Em comum com outros estudos de AP/AR, Gale et al. (2017) relataram que a prática pessoal da TFC melhorou tanto a compreensão declarativa do modelo quanto as habilidades procedurais em ação. Por exemplo, um participante disse: "Acho que me ajudou muito a entender o modelo e como você o utiliza com as pessoas" (p. 181). O participante também mencionou a importância da reflexão, combinada com a prática pessoal.

Uma caraterística particularmente interessante dos achados de Gale et al. (2017) foi a observação de que a prática pessoal da TFC não era apenas uma maneira de incorporar as habilidades do terapeuta ou de trabalhar em algum problema pessoal. A prática pessoal da TFC teve impacto nos participantes em um nível fundamental; a compaixão tornou-se "um estilo de vida" na vida pessoal e profissional dos terapeutas. Como observou um participante, "Parece muito diferente de outras terapias, já que não é algo que você usa apenas no trabalho, é quase como uma filosofia que você tem sobre a vida em geral" (p. 181).

PESQUISA EM AUTOPRÁTICA/AUTORREFLEXÃO

A AP/AR foi inicialmente desenvolvida como uma estratégia de treinamento para melhorar o desenvolvimento das habilidades dos terapeutas por meio da prática de estratégias terapêuticas em si mesmos e da reflexão sobre a experiência, primeiro por uma perspectiva pessoal e, depois, por uma perspectiva profissional (Bennett-Levy et al., 2001). Embora o foco principal da AP/AR tenha sido inicialmente o desenvolvimento e o refinamento das habilidades na TCC, o protocolo de AP/AR pode ser facilmente aplicado a qualquer terapia que seja passível de autoprática. Como observado na seção anterior, também se tornou cada vez mais claro que os participantes de AP/AR muitas vezes experimentam benefícios pessoais, além de profissionais (Bennett-Levy & Haarhoff, no prelo; Bennett-Levy, Thwaites, Haarhoff, & Perry, 2015; Pakenham, 2015). Por exemplo, a AP/AR pode ser usada para abordar problemas pessoais ou profissionais ou para melhorar o autocuidado do terapeuta.

A AP/AR tem sido oferecida em duas formas: como um livro de exercícios a serem realizados individualmente (Bennett-Levy et al., 2001; Davis, Thwaites, Freeston, & Bennett-Levy, 2015; Haarhoff, Gibson, & Flett, 2011) e em "pares de coterapia limitada" (Bennett-Levy, Lee, Travers, Pohlman, & Hamernik, 2003; Sanders & Bennett-Levy, 2010), em que cada parceiro tem a oportunidade de ser "terapeuta" e "cliente" (ver Capítulo 4 para mais detalhes). Há valor em cada uma dessas formas (Thwaites, Bennett-Levy, Davis, & Chaddock, 2014). No entanto, como sugerimos no Capítulo 4, pode haver algumas vantagens na forma de coterapia limitada para os terapeutas da TFC, pois ela permite que os participantes experimentem o impacto da compaixão de outra pessoa em primeira mão.

A Figura 3.1, baseada em um modelo de AP/AR de Bennett-Levy e Finlay-Jones (no prelo), ilustra como antecipamos que a prática de AP/AR da TFC impacte os participantes.

Pesquisas sugerem que um impacto primário da AP/AR é na autoconsciência e nas habilidades interpessoais dos terapeutas (Bennett-Levy & Finlay-Jones, no prelo; Thwaites et al., 2014; Thwaites et al., 2017). Em geral, os terapeutas envolvidos em AP/AR relatam uma maior percepção consciente dos seus processos internos (sensações físicas, emoções, pensamentos) e, por vezes, percepções significativas sobre processos subjacentes (p. ex., seus medos ou relutância em se engajar em uma prática de compaixão).

Os participantes de AP/AR também relatam de forma consistente um impacto básico nas habilidades interpessoais, como compreensão e sintonia empática, presença terapêutica e compaixão (Gale & Schröder, 2014; Spendelow & Butler, 2016; Thwaites et al., 2014). Em geral, eles estabelecem uma relação entre a sua própria experiência de luta com as emoções ou dificuldades para fazer mudanças com como isso deve ser para o cliente:

> "Foi extremamente valiosa [AP/AR], tanto no nível pessoal quanto profissional. Não sei... como é possível ter alguma compreensão ou ser capaz de antecipar o que as pessoas vão passar ou quais são as suas resistências e dilemas se você mesmo não estiver preparado para fazer isso."

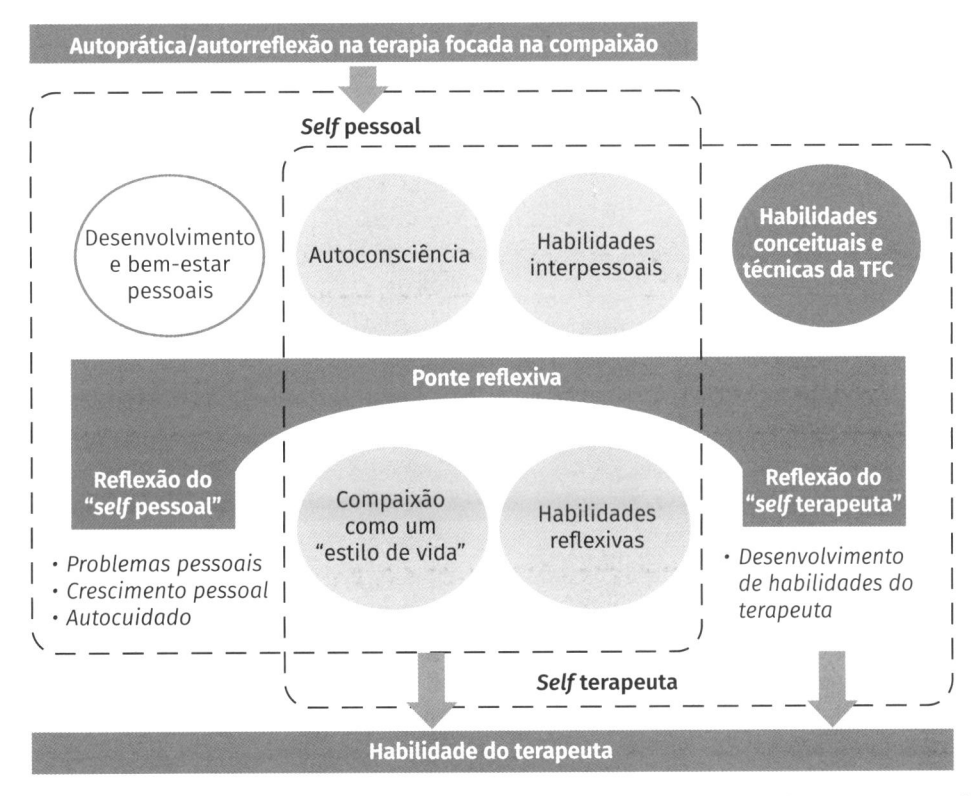

FIGURA 3.1 Modelo do impacto da autoprática/autorreflexão nas habilidades da terapia focada na compaixão.

Pesquisas também indicam que a AP/AR aprimora as habilidades conceituais e as técnicas dos terapeutas (Gale & Schröder, 2014; Thwaites et al., 2014). Uma diferença entre a AP/AR e a terapia pessoal é que a aprendizagem da terapia pessoal é geralmente focada em grande parte ou completamente no *self* pessoal (p. ex., abordando problemas pessoais ou crescimento pessoal). Por outro lado, embora a natureza autoexperiencial da AP/AR signifique que ela começa com a reflexão sobre o *self* pessoal, ela procura construir uma "ponte reflexiva" explícita entre o "*self* pessoal" e o "*self* terapeuta" por meio de perguntas reflexivas (Bennett-Levy & Haarhoff, no prelo; Bennett-Levy & Finlay-Jones, no prelo). É fazendo essa ponte e experimentando você mesmo os aspectos conceituais e técnicos da TFC que a AP/AR pode melhorar as suas habilidades conceituais e técnicas na TFC.

Para criar uma ponte reflexiva, as perguntas reflexivas de AP/AR geralmente seguem uma sequência estruturada; elas focam primeiro no *self* pessoal ("Qual foi sua experiência de autoprática?"; "Como você entende essa experiência?") e, então, fazem a ponte para o *self* terapeuta ("Quais são as implicações para a sua prática terapêutica?"; "Quais são as implicações para a sua compreensão da teoria da TFC?") (Bennett-Levy et al., 2015; Thwaites et al., 2014). Por exemplo, se praticarmos a imagem mental do *self* compassivo, não só começamos a desenvolver o *self* compassivo, mas também consideramos as implicações da nossa experiência para a forma como apresentamos a imagem mental desse *self* aos nossos clientes.

Em suma, existe agora um corpo de pesquisa em AP/AR que a apoia como uma estratégia de treinamento eficaz que integra o declarativo com o procedural, o interpessoal com o técnico e conceitual e o *self* pessoal com o *self* terapeuta. A autoconsciência e a autorreflexão fornecem a cola que permite que o *self* pessoal informe e influencie o *self* terapeuta e facilite a combinação eficaz de diferentes habilidades terapêuticas entre si. Os participantes de AP/AR tendem a relatar importantes mudanças na sua apreciação do processo terapêutico e na forma como se envolvem com os clientes. Em particular, por meio de sua própria experiência, os participantes relatam que se tornam muito mais conscientes dos bloqueios potenciais ao progresso terapêutico e, consequentemente, mais eficazes em antecipar, notar e abordar esses bloqueios.

O VALOR DA AUTOPRÁTICA/AUTORREFLEXÃO PARA OS TERAPEUTAS DA TERAPIA FOCADA NA COMPAIXÃO

Voltando ao ponto de partida, criar segurança na relação terapêutica e modelar formas compassivas de se relacionar consigo mesmo e com os outros são elementos centrais da TFC. A autoconsciência e as habilidades interpessoais sofisticadas são elementos-chave para incorporar a compaixão e criar segurança – e cada uma delas é aprimorada pela prática pessoal. Por sua vez, a autoconsciência e as habilidades interpessoais precisam ser bem integradas com as habilidades conceituais e técnicas da TFC para facilitar a oferta de uma terapia eficaz. A AP/AR auxilia essa integração por meio da criação de uma ponte reflexiva entre o *self* pessoal e o *self* do terapeuta.

Gostaríamos de sugerir que a prática pessoal, sob a forma de AP/AR, faz uma contribuição importante – e talvez única – para o desenvolvimento do terapeuta de TFC. Vale a pena parar para perguntar: "Que outras estratégias de treinamento ou de desenvolvimento profissional melhoram a autoconsciência e as habilidades interpessoais e proporcionam uma ponte entre os domínios pessoal e profissional?". Leitura? Palestras ou discussões? Modelagem? *Role-play*? Um estudo de 2009 relatou que a aprendizagem autoexperiencial e a prática reflexiva foram classificadas como estratégias mais úteis para o desenvolvimento de habilidades interpessoais e reflexivas do que a aprendizagem didática, a modelagem ou o *role-play* (Bennett-Levy, McManus et al., 2009). Quando a aprendizagem experiencial e a prática reflexiva são fornecidas sob a forma de AP/AR, o processo possibilita que os participantes integrem essas habilidades com habilidades conceituais e técnicas.

Para os terapeutas, o tempo é um recurso precioso; as decisões de desenvolvimento profissional devem ser tomadas com sabedoria. A AP/AR é diferente das estratégias de treinamento típicas, na medida em que faz exigências emocionais e intelectuais significativas aos participantes. A AP/AR demanda compromisso, tempo e energia. O benefício para os participantes é que as exigências emocionais podem levar a um maior autocuidado e desenvolvimento pessoal, bem como ao aprimoramento das habilidades do terapeuta. Para os terapeutas da TFC que estão prontos para dar esse passo, a AP/AR pode fornecer percepções únicas, habilidades e recompensas ricas, tanto para o desenvolvimento profissional quanto para o pessoal. Como enfatizamos no Capítulo 4, os possíveis participantes devem levar em consideração qual é o melhor momento para participarem de um programa de AP/AR, com quem e sob quais condições. O Capítulo 4 fornece orientações para fazer essas escolhas de modo a maximizar os benefícios da AP/AR.

4

Obtendo o máximo da autoprática/autorreflexão

O objetivo deste capítulo é ajudar a criar uma experiência enriquecedora de autoprática/autorreflexão (AP/AR) na terapia focada na compaixão (TFC) para que você obtenha o máximo benefício, tanto no nível profissional quanto no pessoal. O capítulo está dividido em duas seções. Na primeira seção, examinamos alguns dos diferentes contextos em que *Experimentando a terapia focada na compaixão de dentro para fora* pode ser usado – individualmente, em duplas, em grupos, em supervisão e em *workshops* – e como usar esses contextos para obter o melhor efeito. Na segunda seção, discutimos elementos importantes que devem ser considerados para que o seu programa de AP/AR funcione o melhor possível para você (p. ex., criação de uma sensação de segurança, gerenciamento do tempo, reflexões por escrito, escolha de módulos).

DIFERENTES CONTEXTOS PARA AUTOPRÁTICA/AUTORREFLEXÃO

Como o número de programas de TFC acreditados por universidades é atualmente muito limitado, imaginamos que a maioria dos leitores criará seus próprios contextos para fazer AP/AR na TFC. Decidir qual contexto funciona melhor para você e criar uma estrutura útil em torno dele são dois dos segredos para um programa de sucesso. Aqui, tecemos considerações sobre como melhor estabelecer um programa de AP/AR próspero em diferentes contextos.

Fazendo autoprática/autorreflexão individualmente

Antecipamos que a maioria dos terapeutas que usarem este livro optará por fazer o programa individualmente. Em muitos aspectos, essa é a opção mais simples, e há inúmeras outras vantagens. Você pode começar quando quiser, demorar o tempo que quiser, personalizar seu programa e escolher os módulos que mais lhe agradam. Você pode desenvolver as suas habilidades pessoais e profissionais ao longo do tempo. Além disso, sem a restrição de ter terceiros envolvidos, algumas pessoas se sentem mais livres para aprofundar a sua autoexploração. Você não tem de se preocupar se vai se sentir exposto ou constrangido e não precisa negociar acordos de confidencialidade com outras pessoas. No entanto, se decidir fazer o programa sozinho, precisará manter um nível muito alto de organização e autodisciplina, pois é fácil deixar o livro de exercícios de lado por algumas semanas e depois não o retomar. Consulte a seção sobre gerenciamento do tempo, mais adiante neste capítulo, para obter algumas dicas de como lidar com essas tendências.

Há duas desvantagens em fazer AP/AR sozinho; se você estiver consciente delas, poderá compensá-las até certo ponto. A primeira é que você não terá a experiência de dois dos três fluxos da compaixão diretamente dentro do programa de AP/AR; isto é, você vai se concentrar muito na autocompaixão, mas perderá a oportunidade de dar compaixão aos outros e receber compaixão deles. Portanto, sugerimos que compense esses componentes que faltam, focando explicitamente em dar e receber compaixão no intervalo entre as sessões de AP/AR. A segunda desvantagem é que você não irá experimentar as reflexões dos outros. Pessoas diferentes vivenciam os processos terapêuticos de formas distintas, e, por vezes, práticas que não funcionam bem para você podem ser muito poderosas para outros, e vice-versa. Ouvir ou ler as reflexões dos outros deixa isso muito claro. Por isso, sugerimos que vale a pena considerar a possibilidade de se juntar a um colega em um par de coterapia limitada ou formar um grupo de AP/AR (ver as próximas seções). No entanto, talvez nenhuma dessas opções seja possível, e o grande benefício de fazer AP/AR sozinho é que você tem controle total sobre o seu horário, a escolha dos módulos e o ritmo do seu programa.

Grupos de autoprática/autorreflexão

Exploramos vários aspectos dos grupos de AP/AR em seções específicas mais adiante neste capítulo. Aqui, começamos por destacar alguns elementos-chave das abordagens de grupo para AP/AR:

- Os grupos de AP/AR *on-line* ou presenciais geralmente são combinados com a "prática" individual ou com a "prática que ocorre dentro" dos pares de coterapia.
- Os participantes relatam que os grupos são um dos aspectos mais valiosos dos programas de AP/AR.
- Um benefício particular dos grupos é que permitem que os participantes comparem e contrastem a sua experiência de práticas de TFC com outras pessoas e vejam que não existe um padrão único – as pessoas têm uma variedade de reações.
- Os participantes do grupo podem aprender habilidades de reflexão melhores com as escritas reflexivas e as reflexões verbais dos outros.
- Os grupos podem funcionar como "comunidades de aprendizagem" ou "comunidades de prática" de apoio; no mínimo, a aprendizagem dentro dos grupos pode proporcionar uma experiência muito mais rica do que a aprendizagem individual.

Há vários tipos de grupos: grupos no âmbito de programas acreditados de treinamento em TFC, grupos de supervisão, grupos de pares, grupos de colegas de trabalho e grupos facilitados *on-line*, para citar apenas alguns. As regras básicas variam de acordo com o tipo de relações existentes nesses grupos; por exemplo, alguns podem se reunir presencialmente com regularidade, outros podem encontrar-se *on-line*, e outros, ainda, podem nunca se encontrar, exceto por meio das suas reflexões escritas. Em todos os grupos, é importante realizar uma ou duas reuniões pré-programa para esclarecer o processo, abordar as preocupações de todos os participantes em torno da segurança e do processo e chegar a acordos claros, que são posteriormente redigidos e distribuídos a todos.

Pares de coterapia limitada

Uma forma menos comum de AP/AR envolve a formação de pares de coterapia limitada (Bennett-Levy et al., 2003; Sanders & Bennett-Levy, 2010). Nessa modalidade, os pares de terapeutas essencialmente se alternam nas sessões de terapia, com um dos membros funcionando como terapeuta, e o outro, como cliente. Nesse contexto, o "cliente" trabalha em uma questão específica, ao passo que o terapeuta trabalha para facilitar o processo do cliente, recorrendo às técnicas e estratégias de terapia apresentadas neste livro. Depois, os dois refletem verbalmente sobre as suas experiências como terapeuta e cliente. Após uma pausa, talvez para uma xícara de chá ou café, o par troca de papéis e repete o processo. Terminada a sessão, cada um escreve e compartilha suas reflexões escritas, que são discutidas *on-line* ou talvez no início da sessão seguinte.

Os pares de coterapia limitada envolvem o compartilhamento pessoal e, portanto, requerem uma relação de confiança. Essa forma de AP/AR é a que mais se aproxima do contexto da terapia e, como tal, envolve maiores níveis de vulnerabilidade para os participantes. A recompensa é que, para algumas pessoas, ter um "coterapeuta limitado" pode levar a algumas descobertas surpreendentes e a uma exploração mais profunda do que aquela atingida no trabalho individual.

Sem dúvida, o formato de coterapia é mais desafiador do ponto de vista pessoal – mas talvez seja particularmente adequado para a AP/AR na TFC. Como mencionamos anteriormente, o formato de coterapia permite que as pessoas experimentem e reflitam sobre cada um dos três fluxos da compaixão (dar e receber compaixão e autocompaixão), ao passo que o formato individual de AP/AR permite apenas uma experiência direta de autocompaixão.

Devido aos benefícios potenciais da coterapia limitada, e porque essa forma interpessoal de AP/AR pode ser particularmente valiosa para a TFC, sugerimos que, sempre que possível, os terapeutas da TFC sejam corajosos. Assuma o risco e considere juntar-se a outro terapeuta, ou grupo de terapeutas, para criar um par ou grupo de pares de coterapia, como no estudo de Bennett-Levy et al. (2003). No entanto, uma breve palavra de alerta: forme par com um terapeuta em cujas habilidades você tenha alguma confiança. Como verá mais adiante neste capítulo, é útil estar ciente de que boas perguntas socráticas do seu "terapeuta" podem, às vezes, levá-lo a lugares inesperadamente desafiadores.

A coterapia limitada também envolve a consideração de algumas preocupações pragmáticas, como a necessidade de dispor de tempo suficiente. Em geral, você pode reservar 45 minutos para uma sessão, depois refletir durante 10 minutos, fazer uma pausa antes da troca de papéis com seu par e repetir o processo. Com as reflexões escritas entre as sessões e a reflexão sobre essas reflexões, o processo pode ser demorado – mas muito valioso.

Uma alternativa à coterapia limitada pode consistir em formar um time com outra pessoa para exercícios específicos. Essa pode ser uma opção interessante à AP/AR individual para grupos que se reúnem presencialmente. Ao longo deste livro, você verá alguns módulos que apresentam exemplos de terapeutas que trabalham juntos, de forma diádica. Algumas estratégias da TFC também são particularmente favoráveis ao trabalho diádico (p. ex., múltiplos *selves*). Sempre que você tiver a oportunidade de participar de coterapia limitada ou exercícios diádicos em conjunto, o encorajamos a fazer isso.

Autoprática/autorreflexão na supervisão

A AP/AR pode ser um complemento muito útil à supervisão. Alguns supervisionandos valorizam a oportunidade de trabalhar com exercícios experienciais, como os deste manual, entre as sessões e refletir sobre a sua experiência com seu supervisor. De modo alternativo, eles podem decidir que uma boa maneira de incorporar suas habilidades da TFC é experimentando estratégias específicas com seu supervisor em um papel de coterapia limitada durante as sessões. Em qualquer dos casos, é importante que o supervisor tenha tido treinamento em TFC, bem como supervisão na sua própria prática da TFC. Também deve haver um acordo claro para que o trabalho experiencial pessoal seja uma parte explícita do contrato de supervisão.

A supervisão é uma oportunidade maravilhosa para os supervisionandos não só aprenderem as habilidades da TFC, mas também experimentarem o fluxo da compaixão ao recebê-la do supervisor. Um dos últimos módulos deste manual (Módulo 32) foca no desenvolvimento do "supervisor compassivo interno". Para supervisores e supervisionandos, esse é um módulo valioso, no qual você considera e se envolve com as qualidades do seu supervisor compassivo ideal, o que pode, então, ser usado para trabalhar com experiências difíceis na terapia.

Assim como acontece com outras formas de AP/AR, sugerimos que as reflexões escritas devem desempenhar um papel no processo de supervisão. Os supervisores podem considerar se essas reflexões devem ser bilaterais, incluindo não só as reflexões do supervisionando, mas também as do supervisor.

Autoprática/autorreflexão em *workshops*

Os exercícios autoexperienciais algumas vezes fazem parte de *workshops* de treinamento. Podem ser exercícios pontuais ou uma série de exercícios interligados (Haarhoff & Thwaites, 2016). Nossa experiência é de que, em geral, eles são apresentados verbalmente em pares ou em formato grupal. No entanto, também experimentamos utilizar reflexões escritas em *workshops* durante 3 a 5 minutos antes do *debriefing* verbal. Quando fazemos isso, os benefícios parecem ser muito ricos, aprofundando a experiência dos participantes e criando uma atmosfera e um ritmo diferentes para o *workshop* – um ritmo em que a reflexão pode florescer.

ELEMENTOS ESSENCIAIS NOS PROGRAMAS DE AUTOPRÁTICA/AUTORREFLEXÃO

Criando uma sensação de segurança

Como já vimos, a criação de uma sensação de segurança é um elemento fundamental da TFC. Pesquisas mostram que a experiência de segurança também é um requisito fundamental para um programa de AP/AR (Bennett-Levy & Lee, 2014; Spafford & Haarhoff, 2015). Quer você esteja fazendo AP/AR individualmente ou em grupo, a segurança é importante.

A pesquisa sobre programas de AP/AR indica que existem dois medos relacionados com a segurança que precisam ser abordados para que os participantes se envolvam plenamente: o medo de que a AP/AR possa levar à perda de controle ou à angústia pessoal e o medo da exposição a outros participantes em situações de grupo (Bennett-Levy & Lee, 2014). Ambos os receios devem ser abordados antes de iniciar um programa de AP/AR. Como ilustramos nas próximas seções, existem inúmeras estratégias que foram desenvolvidas precisamente com esse objetivo em mente.

Criando segurança e um sensação de controle no processo de autoprática/autorreflexão

O receio de que a AP/AR possa levar à perda de controle ou ao sofrimento pessoal pode ser abordado de várias maneiras. Em primeiro lugar, como um participante da AP/AR, você tem controle sobre a(s) questão(ões) em que escolhe se concentrar e a profundidade com que faz um determinado exercício. Recomenda-se que a intensidade emocional da questão escolhida não seja inferior a 40%, em uma escala em que 100% equivale ao mal-estar máximo (caso contrário, é improvável que a questão se mantenha ao longo do programa), e, idealmente, esteja entre 50 e 75% – definitivamente não mais do que 80%. É esperado um certo grau de desconforto com AP/AR, o que, por si só, proporciona uma oportunidade para a autocompaixão (Gilbert & Irons, 2005; Germer & Neff, 2013). No entanto, se você achar que um exercício é excessivamente ativador, utilize-o como uma oportunidade para ter compaixão por si mesmo, abordando-o apenas ligeiramente – ou talvez nem sequer o abordando.

Em segundo lugar, há algumas questões que devem ser evitadas nos programas de AP/AR – em particular, questões ligadas a traumas ou abuso, altos níveis de luto, memórias muito angustiantes ou um problema atual importante (p. ex., um rompimento de relação). Além disso, se atualmente você estiver experimentando altos níveis de estresse no trabalho ou em casa, este pode não ser o melhor momento para seguir um programa de AP/AR (Bennett-Levy et al., 2001).

Em terceiro lugar, ocasionalmente uma coisa leva a outra, e os participantes podem ser pegos de surpresa pela intensidade dos sentimentos e das memórias ativados por um determinado exercício. Assim como podemos sugerir que nossos clientes utilizem várias estratégias de treino da mente compassiva (p. ex., respiração de ritmo calmante, imagem mental de um lugar seguro) para ajudar a regular as reações do seu sistema de ameaça, nessas circunstâncias, devemos fazer o mesmo. Mesmo assim, há situações em que as memórias perturbadoras podem persistir. Quando isso acontece, pode ser sensato buscar apoio externo. Por essa razão, sugerimos que cada um crie para si uma estratégia de proteção pessoal. Em geral, uma estratégia de proteção pessoal tem pelo menos três níveis, incluindo a identificação de um potencial terapeuta antes de realmente iniciar um programa de AP/AR. Por exemplo:

- Nível 1: fale com seu parceiro, um bom amigo ou um colega de confiança.
- Nível 2: discuta a questão com seu supervisor; crie um plano.
- Nível 3: marque uma consulta com um terapeuta de confiança.

Criando segurança em grupos de autoprática/autorreflexão

Prevemos que alguns participantes possam optar por fazer o programa de AP/AR em um contexto de grupo. Para esses indivíduos, lidar com os receios dos participantes de se exporem aos outros será fundamental para criar segurança. Quando os participantes consideram fazer AP/AR em um formato de grupo pela primeira vez, é natural que a principal preocupação seja a confidencialidade. Essa e outras preocupações em torno da segurança precisam ser abordadas antes do início do programa. Por essa razão, o protocolo de AP/AR é que qualquer grupo potencial deve ter a oportunidade de se reunir em uma ou duas ocasiões antes de começar o programa. Todas as questões e preocupações devem ser discutidas (p. ex., confidencialidade, cronograma do programa, expectativas, requisitos) e estratégias devem ser desenvolvidas para lidar com elas (Bennett-Levy et al., 2015). Depois de desenvolvidas, os acordos devem ser escritos e divulgados. Para mais ideias sobre as reuniões pré-programa, ver Bennett-Levy et al. (2015).

Como você verá em uma seção posterior sobre as reflexões escritas, uma parte importante da AP/AR envolve reflexões escritas sobre o processo, que são compartilhadas com outros membros do grupo. Embora a ideia de reflexões compartilhadas possa inicialmente suscitar ansiedade, a sensação de segurança pode ser rapidamente restabelecida depois de feita a distinção entre as reflexões privadas e as reflexões públicas e entre as reflexões sobre o *conteúdo* e as reflexões sobre o *processo*. A regra geral é que, enquanto as reflexões pessoais privadas provavelmente incluem considerações sobre o conteúdo de determinados pensamentos e sentimentos desconfortáveis, as reflexões públicas devem envolver considerações sobre o processo (p. ex., a experiência pessoal de diferentes técnicas e as implicações para a terapia com os clientes), e não sobre o conteúdo dos pensamentos ou a descrição aprofundada de sentimentos difíceis. Por exemplo, você pode registrar pensamentos pouco compassivos, como "Se não consigo controlar a minha própria alimentação, que direito eu tenho de ser um terapeuta para os outros?" em um diário privado, mas, no domínio público, seria mais apropriado se referir a "autodúvida" e uma "voz pouco compassiva".

O facilitador da autoprática/autorreflexão

Um elemento central na criação de um programa bem-sucedido de AP/AR e na garantia de uma sensação de segurança é o papel do facilitador da AP/AR (Bennett-Levy, Thwaites, Chaddock, & Davis, 2009; Bennett-Levy et al., 2015; Spafford & Haarhoff, 2015). Se um grupo de profissionais estiver participando de um programa de AP/AR, então um facilitador ou cofacilitadores são essenciais (ver Tabela 4.1 para um guia rápido). Dependendo da familiaridade do grupo com o processo de AP/AR, o papel inicial do facilitador pode ser o de descrever os benefícios potenciais de um programa de AP/AR, o que pode incluir o direcionamento dos participantes para a literatura ou vídeos relevantes, ou pedir a alguém que descreva uma experiência pessoal de AP/AR.

O facilitador também precisa estabelecer as pré-condições para um programa bem-sucedido (p. ex., segurança, compromissos, contribuições, horários) e "lubrificar a engrenagem" à medida que o programa avança. Por exemplo, nas reuniões pré-programa, os facilitadores trabalharão para estabelecer acordos no grupo em torno de várias questões pragmáticas: a duração e o conteúdo do programa, os compromissos dos participantes (p. ex., reflexões escritas), as regras básicas para o fórum de discussão *on-line* e/ou reuniões de grupo presenciais e que todos os participantes tenham estratégias de proteção pessoal. "Lubrificar a engrenagem" do programa, depois que ele estiver em curso, pode incluir: ajudar os participantes que estão menos familiarizados com fóruns de discussão *on-line* a usar a tecnologia; lembrar os membros do grupo de publicar as suas reflexões no fórum até uma determinada data; incentivar, apoiar e valorizar a participação; ou contatar um participante se o seu envolvimento parecer ter decaído.

Até o momento, a maioria dos programas de AP/AR (Bennett-Levy et al., 2001; Haarhoff et al., 2011; Spendelow & Butler, 2016), embora nem todos (Bennett-Levy et al., 2003; Davis et al., 2015; Thwaites et al., 2015), foi realizada com estudantes em cursos universitários. Nessas circunstâncias (ou em qualquer situação em que as relações duais possam ser uma preocupação), nas reuniões pré-programa, o facilitador precisa abordar quaisquer questões de relações duais que possam decorrer do fato de ele ser simultaneamente um facilitador de grupo e um professor do curso. Imaginamos que relações formais de ensino como essas podem ser menos prováveis nos grupos de TFC, uma vez que atualmente existem poucos programas de TFC em universidades. No entanto, é provável que o papel do facilitador con-

TABELA 4.1 Guia rápido para facilitação de um grupo de autoprática/autorreflexão

1. Realize uma reunião pré-programa com o objetivo de garantir que todos estejam em sintonia e que ocorra contribuição, discussão e acordo sobre a estrutura e o processo no grupo.
2. A partir da sua própria experiência de AP/AR ou da leitura da pesquisa, explique o valor de fazer AP/AR.
3. É particularmente importante estabelecer a segurança do grupo (acordos em torno da confidencialidade, estratégias de proteção pessoal, diferença entre reflexões privadas e públicas, etc.).
4. Estabeleça acordos em torno do processo (p. ex., duração do programa, escolha dos módulos, calendário das reuniões, publicação oportuna das reflexões).
5. Durante o programa de AP/AR, os *e-mails* regulares de lembrete e encorajamento são úteis para lubrificar a engrenagem. Faça contato com qualquer pessoa que pareça estar "atrasada". Pergunte se ela está bem e se precisa de alguma coisa (p. ex., uma pausa de uma semana).

tinue a ser crucial para permitir que os grupos de trabalho ou os grupos de pares obtenham o máximo de benefícios. Assim, nossa sugestão é de que os grupos escolham um facilitador ou uma dupla de facilitadores que assumam a responsabilidade pelo processo.

Reflexões escritas

A AP/AR não é apenas uma forma autoexperiencial de aprender e aprimorar as habilidades terapêuticas por meio da experiência pessoal da terapia. A parte de autorreflexão da AP/AR é igualmente importante, como foi resumido por um participante: "Tanto a autoprática como a autorreflexão foram os componentes fundamentais do curso. Sem elas, teria sido impossível atingir o nível de compreensão resultante da aplicação do material de uma forma significativa e crítica".

Você encontrará um conjunto de perguntas para autorreflexão no final de cada módulo. Os participantes relatam sistematicamente que, embora escrever reflexões possa ser trabalhoso, os benefícios são muito maiores do que simplesmente pensar ou falar sobre as suas experiências. Como descobriram os pesquisadores da escrita reflexiva (Bolton, 2010), escrever as reflexões concretiza a nossa experiência e nos permite atribuir-lhe sentido de uma forma que é bem mais difícil fazer simplesmente pensando sobre ela. Além disso, a escrita proporciona um registro mais permanente do nosso pensamento. Podemos voltar ao que escrevemos, refletir a respeito, fazer acréscimos e desenvolver a nossa compreensão. Para os grupos de profissionais que realizam AP/AR, as reflexões escritas têm ainda outra função: permitem que os membros do grupo aprendam uns com os outros por meio do compartilhamento das reflexões, possibilitando que vejam até que ponto a sua experiência de uma determinada estratégia é semelhante ou diferente das experiências dos seus colegas.

As reflexões escritas são uma parte essencial do processo de AP/AR. Recomendamos fortemente que, quer você esteja fazendo AP/AR individualmente ou em grupo, não se limite a pensar sobre a sua experiência; escreva-a e reflita sobre as suas implicações. Para mais orientações sobre reflexões escritas em AP/AR, ver Bennett-Levy et al. (2015, pp. 20-23) ou Haarhoff e Thwaites (2016).

Fóruns de discussão *on-line*

A maioria dos estudos publicados sobre AP/AR incluiu um fórum de discussão *on-line*. Os participantes relatam frequentemente que esses fóruns são uma das partes mais valiosas do processo (Farrand, Perry, & Linsley, 2010; Spafford & Haarhoff, 2015; Thwaites et al., 2015). Eles podem comparar a sua experiência de uma estratégia terapêutica com a dos seus colegas. É importante observar, também, que alguns participantes de AP/AR têm habilidades reflexivas mais fortes do que outros. O fórum de discussão *on-line* permite que os participantes experimentem o valor do processo reflexivo e desenvolvam suas habilidades de escrita reflexiva por meio da modelagem dos outros (Farrand et al., 2010).

Como mencionado anteriormente, a criação de segurança *on-line* é um requisito fundamental. O fórum deve estar aberto apenas aos membros do grupo de treinamento e ao facilitador. Nas reuniões pré-programa, os participantes devem decidir se as mensagens devem ou não ser anônimas (diferentes grupos tendem a variar nessa escolha); ter clareza quanto à diferença entre reflexões privadas e públicas (como descrito anteriormente); e desenvolver algumas regras básicas para publicações aceitáveis e inaceitáveis (p. ex., não insultar ou criticar). No caso de surgirem problemas, o facilitador ou uma pessoa indicada deve ter o poder de desempenhar um papel de moderador. Alguns participantes podem, ainda, sentir-se vulneráveis (p. ex., ter consciência de que estão sendo observados pelos colegas e, possivelmente, julgados). Esses sentimentos devem ser normalizados e reconhecidos como uma oportunidade para que a compaixão seja estendida a si e aos outros.

O cronograma para a publicação de reflexões nos fóruns de discussão também precisa ser clarificado. O fórum terá valor limitado se as pessoas estiverem publicando aleatoriamente sobre diferentes módulos em diferentes semanas, ou se as pessoas não contribuírem. Os grupos precisam decidir quando cada exercício de AP/AR deve ser feito e quando as reflexões escritas devem ser publicadas; lembretes semanais por *e-mail* podem ajudar a manter as reflexões dentro do previsto. Quando os fóruns estão funcionando bem, os participantes não só publicam reflexões sobre as suas próprias experiências, como também há um debate animado sobre as publicações dos outros.

Gerenciamento do tempo

A pesquisa sobre AP/AR mostra de forma consistente que o fator que mais impede o engajamento comprometido é a percepção – e muitas vezes a realidade – de uma escassez de tempo (Haarhoff, Thwaites, & Bennett-Levy, 2015; Spafford & Haarhoff, 2015). A inserção de AP/AR no contexto das nossas vidas profissionais e pessoais requer planejamento, organização e compromisso. Da mesma forma, nos programas de ensino formal, se a AP/AR for apresentada como um extra opcional e não forem designados um tempo específico e créditos para o curso, então, compreensivelmente, os participantes estarão menos propensos a se engajarem em programas de AP/AR. A vida já é suficientemente cheia sem que tenhamos que tentar encaixar mais coisas.

Para este manual, criamos propositalmente módulos curtos que não devem demorar mais do que 45 minutos, em média, para serem concluídos, com exceção dos módulos que pedem para monitorar a si mesmo (p. ex., Diário de *mindfulness* do autocriticismo, Módulo 16) ou para experimentar novas ideias (p. ex., Experimentos comportamentais, Módulo 22) durante a semana. Nossa sugestão é estabelecer uma rotina de AP/AR – um tempo regular que você reserva para praticar semanalmente.

Investigações preliminares sugerem que, se os participantes abreviarem o componente de autoprática ou de autorreflexão, o efeito da AP/AR será reduzido (Chaddock, Thwaites, Bennett-Levy, & Freeston, 2014). Aqueles que refletem tanto sobre o seu *self* pessoal quanto sobre o seu *self* terapeuta podem ter melhores resultados do que aqueles que refletem apenas sobre a sua experiência de AP/AR a partir de uma perspectiva pessoal, ou aqueles que saltam diretamente para as implicações para o seu *self* terapeuta sem experimentar ou processar adequadamente a sua experiência pessoal (Bennett-Levy & Haarhoff, no prelo; Chaddock et al., 2014). Se você tiver apenas um número limitado de semanas para fazer AP/AR na TFC, sugerimos que selecione os seus módulos preferidos (ver a próxima seção), em vez de tentar percorrer todos eles de forma superficial.

ESCOLHA DOS MÓDULOS

Idealmente, você trabalhará o livro de forma sistemática, experimentando as diferentes práticas à medida que avança. No entanto, sabemos que essa abordagem abrangente nem sempre será prática devido à falta de tempo. É possível que você já tenha uma ideia clara dos módulos que mais gostaria de fazer. No entanto, se você é novo na TFC e não pode trabalhar todo o livro, sugerimos que os seguintes módulos sejam considerados os principais (depois você pode escolher seletivamente entre os módulos restantes para completar a sua experiência):

- ✓ **Módulo 1:** Avaliação inicial e identificação de um desafio
- ✓ **Módulo 2:** Três sistemas da emoção
- ✓ **Módulo 3:** Respiração de ritmo calmante
- ✓ **Módulo 4:** Compreendendo o cérebro complicado
- ✓ **Módulo 5:** Explorando os *loops* do cérebro antigo-cérebro novo
- ✓ **Módulo 6:** Respiração consciente
- ✓ **Módulo 7:** Moldados pelas nossas experiências
- ✓ **Módulo 10:** Explorando o estilo de apego
- ✓ **Módulo 15:** Desvendando a compaixão
- ✓ **Módulo 18:** Diferentes versões do *self*: o *self* baseado na ameaça
- ✓ **Módulo 19:** Cultivando o *self* compassivo
- ✓ **Módulo 20:** O *self* compassivo em ação
- ✓ **Módulo 24:** Compaixão do *self* pelos outros: desenvolvimento de habilidades usando imagem mental
- ✓ **Módulo 27:** Compaixão dos outros pelo *self*: abrindo-se à bondade dos outros
- ✓ **Módulo 28:** Compaixão fluindo do *self*: escrita de carta compassiva
- ✓ **Módulo 34:** Mantendo e aprimorando o crescimento compassivo

CONSIDERAÇÕES FINAIS

Neste capítulo, examinamos algumas das formas pelas quais os programas de AP/AR podem ser experimentados de forma mais eficaz. Enfatizamos a importância fundamental de criar um sentimento de segurança que reflita os atributos principais da TFC. Também observamos como os aspectos estruturais da AP/AR, como reconhecer o valor das reflexões escritas, gerenciar o seu tempo, utilizar bem os fóruns de discussão *on-line* e ter clareza na sua escolha dos módulos, podem melhorar a sua experiência. Quando a AP/AR é feita em grupos, o papel do facilitador ou dos cofacilitadores é de importância primordial. Também nos grupos de pares, sugerimos que seja claramente identificado um facilitador, mesmo que esse papel seja compartilhado entre os membros do grupo ao longo do tempo.

Como visto, a AP/AR pode ser realizada em uma variedade de contextos – individualmente, em pares de coterapia, grupos, supervisão ou *workshops*. Há prós e contras em cada uma dessas formas. Sugerimos que você pese as vantagens e as desvantagens e, quando tiver oportunidade, crie um contexto em que a segurança, a coragem e a autorreflexão possam florescer.

5

Um trio de companheiros

Ao escrevermos um livro concebido para ajudá-lo a aprender a terapia focada na compaixão (TFC) de dentro para fora, queremos maximizar os aspectos experienciais da aprendizagem, ancorando suas experiências a como o processo realmente é e quais são as sensações. Uma das maneiras que escolhemos para fazer isso é apresentar três terapeutas e fornecer exemplos do seu envolvimento com AP/AR na TFC enquanto você percorre os módulos. Esperamos que eles sirvam de modelo para algumas das dificuldades que a TFC pode nos ajudar a enfrentar em nossa vida e no trabalho clínico, bem como na aplicação dos vários processos e práticas da TFC a esses desafios da vida.

Os seus companheiros nesta jornada – Fátima, Joe e Érica – não são pessoas reais, pelo menos como são apresentados aqui. Eles representam combinações de experiências que nós (os autores) encontramos ao longo do caminho, juntamente a experiências relatadas pelos nossos colegas e supervisionandos, todas adaptadas aos nossos objetivos atuais. Para criar um contexto que permita compreender a experiência desses personagens, dedicamos algum tempo neste capítulo para lhe dar uma ideia das suas vidas e dos seus antecedentes. Ao fazermos isso, fornecemos algumas informações sobre eles, mas deixamos outros detalhes para a sua imaginação – o objetivo é maximizar a capacidade dos leitores de se relacionarem com as experiências dos personagens sem nos tornarmos tão específicos a ponto de desviar o foco das práticas para as nuances dos problemas deles.

FÁTIMA

Fátima é uma mulher de 28 anos nascida nos Estados Unidos, filha de pais que emigraram do Paquistão. Ela está no início da sua carreira como terapeuta, uma profissão que queria seguir desde a sua adolescência, quando se beneficiou ao se consultar com um terapeuta depois de ter tido dificuldades para se adaptar após o divórcio dos seus pais. Durante o seu crescimento, sua relação com os pais era algumas vezes pouco confiável, pois seu pai, carinhoso, mas controlador, parecia consumido pela carreira, ao passo que sua mãe se debatia intermitentemente com a depressão e o consumo de álcool. Quando tinha 15 anos, Fátima consultou uma terapeuta durante cerca de 1 ano, uma relação que ela recorda como profundamente útil para ajudá-la na sua escolarização e no desenvolvimento de amizades ao longo dos anos. Recentemente, a rede de apoio social de Fátima foi se desfazendo, uma vez que ela e seus colegas tiveram o seu tempo cada vez mais consumido por compromissos profissionais e (no caso de alguns colegas) familiares. Nos momentos em que é mais honesta consigo mesma, Fátima tem consciência de que, embora deseje profundamente ter relações íntimas, ela tem dificuldade de sentir-se segura nelas e fica ansiosa com a possibilidade de ser abandonada se cometer erros. Esses receios a impediram de estabelecer relações de compromisso com parceiros amorosos.

Tendo sido sempre uma aluna esforçada e meticulosa, Fátima destacou-se nos estudos e, recentemente, conseguiu um emprego que a deixa muito satisfeita: um cargo como terapeuta em um serviço de saúde mental para adolescentes. Embora o salário não seja exatamente o que esperava – o suficiente para manter um apartamento modesto e a sua vida de mulher solteira, mas não muito mais do que isso –, ela está profundamente comprometida em ajudar as pessoas com dificuldades e se sente orgulhosa por finalmente se tornar terapeuta e ser capaz de fazer isso. As experiências que teve com seus primeiros clientes foram muito gratificantes, pois sentiu-se satisfeita e orgulhosa ao notar que seus clientes pareciam apreciar seus esforços para ajudá-los e aparentavam se beneficiar do seu contato com ela.

No entanto, recentemente, Fátima tem se deparado com uma série de clientes muito difíceis. Em particular, tem tido dificuldades com uma adolescente instável que, em alguns aspectos, a faz lembrar de si mesma, mas que ela se sente completamente incapaz de ajudar. Essas experiências desencadearam um sentimento de derrota em Fátima e experiências intermitentes, mas fortes, de autodúvida, em que ela questiona se realmente "tem o que é preciso" para ser terapeuta. Tendo participado recentemente de um treinamento em que o apresentador se referiu à tendência dos terapeutas a sentirem vergonha e autodúvida quando confrontados com casos tão difíceis, Fátima decidiu desenvolver suas habilidades na TFC, abordando suas próprias experiências de vergonha e autodúvida por meio da AP/AR na TFC, que visa especificamente a essas experiências. Tendo se beneficiado anteriormente da terapia, ela tem uma sensação de esperança cautelosa ao abordar o programa. Fátima também convidou sua colega Érica para se juntar a ela, já que elas têm uma amizade casual e são membros do mesmo grupo de supervisão de pares da comunidade.

ÉRICA

Érica tem uma carreira de sucesso como terapeuta há muitos anos e planeja trabalhar 10 anos ou mais antes de se aposentar. Seu desafio atual está relacionado com a sua experiência em longo prazo de adaptação à morte da sua mãe, que ocorreu 9 meses antes de ela ter decidido iniciar o programa de AP/AR. Isso a afetou duramente, aprofundando os sentimentos ocasionais de isolamento, tristeza e ansiedade que já vinha experimentando desde que se divorciou do marido, há 2 anos. Érica passou por um processo de luto difícil nos 2 a 3 meses após a morte da mãe, tendo tirado uma licença estendida do trabalho, afastando-se das suas relações sociais e frequentando várias sessões com um terapeuta para ajudá-la a lidar com o luto.

Embora tenha, em grande parte, ultrapassado o luto intenso que viveu nos primeiros meses, Érica observa que ainda precisa retomar a sua vida social anteriormente ativa e que não se sente tão conectada com seus clientes como antes. Desde que retornou ao trabalho, por vezes se sente distraída e como se estivesse "fazendo as coisas por fazer". Anteriormente, Érica se sentia como uma pessoa compassiva e afetuosa nas relações pessoais e profissionais, de modo que quer reencontrar o caminho para voltar a se sentir assim. Érica procurou o programa de AP/AR achando que essa poderia ser uma boa maneira de aprender TFC, o que, por sua vez, também poderia ajudá-la a trabalhar com essas questões na sua própria vida. Ela tem participado de um grupo local de consulta de pares com Fátima, e, quando elas souberam do seu interesse comum pela TFC, ambas decidiram fazer o programa de dentro para fora juntas.

JOE

Joe é um terapeuta em meio de carreira que recentemente mudou de emprego. Essa transição ocorreu de um ponto de vista pragmático, com o novo emprego sendo mais próximo da casa que divide com a sua companheira e seus filhos, além de receber um aumento razoável de salário. No entanto, isso também envolveu uma série de novas pressões. A unidade em que agora trabalha é marcada por um forte senso de competição entre os colegas, com pouco sentimento de comunidade ou apoio. Seu ambiente de trabalho está repleto de pressões que parecem vir de cima, com o supervisor de Joe incitando os terapeutas a atenderem o maior número possível de clientes e, algumas vezes, insinuando que eles poderiam e deveriam estar fazendo mais. Joe observa que está tendo sentimentos de raiva e ressentimento em relação ao seu supervisor e, por vezes, se pega imaginando que faria um trabalho melhor no lugar dele.

Joe está trabalhando duro para ser bem-sucedido no novo cargo, mas sente-se pouco feliz com isso. Também sente alguma frustração porque, devido à ênfase na produtividade, parece que menos da sua energia pode ser dedicada a descobrir a melhor forma de ajudar seus clientes. Ele tem tido dificuldade para encontrar formas assertivas de expressar as suas necessidades no trabalho, em parte devido à raiva e à frustração que sente em relação ao seu supervisor, em parte devido à insegurança e ao fato de não querer ser visto como o "elo fraco" ou como um funcionário problemático. Até o momento, Joe tem lidado com tudo isso com evitação – tentando "suprimir tudo seguir em frente" –, uma estratégia que parece não ter ajudado, já que ele observa que está se desligando durante as reuniões e levando a sua frustração para casa.

Joe decidiu que o programa de AP/AR poderia ajudá-lo a aprender a TFC de uma forma que o auxiliasse a enfrentar os desafios do seu novo emprego e a concentrar-se mais no trabalho com seus clientes.

PARTE I

Desenvolvendo a compreensão compassiva

Módulo 1

Avaliação inicial e identificação de um desafio

Enquanto se prepara para o programa de autoprática/autorreflexão (AP/AR) na terapia focada na compaixão (TFC), você pode relembrar a descrição dos três terapeutas que conheceu no Capítulo 5. Usamos os desafios em sua vida e as suas experiências como exemplos ilustrativos dos diferentes exercícios apresentados neste livro.

Neste primeiro módulo, você irá identificar um desafio na sua própria vida que pode ser usado como laboratório para aprender a aplicar as habilidades que iremos explorar nos módulos seguintes. Esse exercício o ajudará a experimentar a sensação de aplicar a compaixão a uma situação da vida real. O objetivo é preparar o terreno para a reflexão e a exploração em torno do processo de trabalhar com esse problema, os obstáculos que surgem ao fazê-lo e como lidar com eles – tudo isso pode ser valioso para nos preparar para aplicar essas estratégias com os nossos clientes na psicoterapia. Em relação a esse exercício, começamos reunindo as medidas da linha de base que lhe fornecerão informações valiosas para orientar a sua prática e acompanhar o seu progresso ao longo do programa de AP/AR.

EXERCÍCIO. Medidas da minha linha de base: ECR, FOCS e CEAS-SC

Para começar, vamos reunir algumas informações da linha de base para ajudar a medir os efeitos da sua participação. Assim como muitas vezes começamos a terapia coletando algumas medidas da linha de base do funcionamento do nosso cliente, você vai completar algumas medidas para poder monitorar o seu progresso. Utilizamos três instrumentos: uma adaptação da escala Experiences in Close Relationships (ECR; Fraley, Hefferman, Vicary, & Brumbaugh, 2011), concebida para obter experiências gerais de ansiedade e evitamento de apego, juntamente a alguns itens selecionados da Fears of Compassion Scale* (FOCS; Gilbert et al., 2011) de Gilbert e as subescalas de engajamento e ação na autocompaixão da Compassionate Engagement and Action Scales (CEAS-SC; Gilbert et al., 2017). Essas medidas o ajudarão a ter uma noção da linha de base de onde você está posicionado em relação a essas ex-

---
* N. de R. T. Adaptada e validada para a língua portuguesa como Escala de Medos da Compaixão por Pfeiffer, Peixoto e Lisboa (2022).

periências relevantes para a TFC. Além disso, passar por esse processo também possibilita ter uma noção de como os clientes se sentem quando estão sendo avaliados no início de um curso de terapia – e, assim como você faria com os clientes na terapia, iremos revisitar as medidas durante o curso do programa e, então, ao concluí-lo. Depois das medidas, você escreverá brevemente sobre um problema ou desafio atual que gostaria de trabalhar durante o programa. Além dos instrumentos a seguir, você pode considerar fazer uma pesquisa rápida na internet para ver se existem medidas validadas que abordem mais especificamente o desafio ou o problema que você identificou (p. ex., raiva, autoestima, ansiedade social, preocupação).

Primeiramente, vamos preencher os itens adaptados da ECR-RS. Para pontuar o formulário, você somará as suas respostas nos seis primeiros itens para obter uma medida da evitação de apego e, em seguida, somará os últimos três itens para obter uma medida de ansiedade de apego. Você pode observar que a direção dos números muda no meio da medida – fizemos isso porque os primeiros quatro itens têm uma pontuação inversa. Tudo o que você precisa fazer é circular a resposta que melhor combina com a sua experiência e, depois, somar os números que circulou no final.

ECR-RS: PRÉ-TESTE

Por favor, leia cada afirmação a seguir e classifique até que ponto você acha que cada afirmação melhor descreve os seus sentimentos sobre as **relações íntimas em geral**.	Discordo totalmente						Concordo totalmente
1. Me ajuda recorrer às pessoas em momentos de necessidade.	7	6	5	4	3	2	1
2. Costumo discutir meus problemas e preocupações com os outros.	7	6	5	4	3	2	1
3. Costumo falar sobre as coisas com as pessoas.	7	6	5	4	3	2	1
4. Acho fácil depender dos outros.	7	6	5	4	3	2	1
5. Não me sinto à vontade para me abrir com os outros.	1	2	3	4	5	6	7
6. Prefiro não mostrar aos outros como me sinto no meu íntimo.	1	2	3	4	5	6	7
7. Preocupo-me frequentemente que os outros possam não gostar realmente de mim.	1	2	3	4	5	6	7
8. Tenho medo de que os outros me abandonem.	1	2	3	4	5	6	7
9. Preocupo-me que os outros não se preocupem comigo tanto quanto eu me preocupo com eles.	1	2	3	4	5	6	7

Adaptada de Mikulincer e Shaver (2016). Copyright © 2016 The Guilford Press. Reproduzida em *Experimentando a terapia focada na compaixão de dentro para fora: um manual de autoprática/autorreflexão para terapeutas*, de Russell L. Kolts, Tobyn Bell, James Bennett-Levy e Chris Irons (Artmed, 2025). Este formulário é gratuito para reprodução e uso pessoal. Aqueles que adquirirem este livro podem fazer o *download* de cópias adicionais deste material na página do livro em loja.grupoa.com.br.

Evitação de apego (soma dos itens 1-6): _____
Ansiedade de apego (soma dos itens 7-9): _____

Agora, reserve alguns minutos para preencher e pontuar os itens da FOCS que avaliam os sentimentos de relutância em se relacionar compassivamente com os outros, em receber compaixão dos outros e em dirigir e receber compaixão de si mesmo. Os itens a seguir são apenas uma amostra de alguns itens da FOCS, combinados com alguns itens resumidos desenvolvidos para este livro (a escala completa e validada era muito longa para ser incluída). Ela não foi validada, portanto, não a utilize com os clientes ou em pesquisas – você pode fazer o *download* da escala completa e validada, em inglês, em https://compassionatemind.co.uk/resources/scales.

ITENS DA FOCS: PRÉ-TESTE

Por favor, utilize esta escala para classificar seu grau de concordância com cada afirmação.	Discordo totalmente		Concordo em parte		Concordo totalmente
1. Pessoas muito compassivas se tornam ingênuas e fáceis de se tirar proveito.	0	1	2	3	4
2. Eu receio que ser muito compassivo torna as pessoas um alvo fácil.	0	1	2	3	4
3. Eu receio que, se eu for compassivo, algumas pessoas se tornarão muito dependentes de mim.	0	1	2	3	4
4. Percebo que estou evitando sentir e expressar compaixão pelos outros.	0	1	2	3	4
5. Eu tento manter distância das outras pessoas mesmo quando eu sei que elas são bondosas.	0	1	2	3	4
6. Sentimentos de bondade por parte dos outros são, de certo modo, assustadores.	0	1	2	3	4
7. Se eu acho que alguém está se importando e sendo bondoso comigo, eu levanto uma barreira e me fecho.	0	1	2	3	4
8. Tenho dificuldade em aceitar a bondade e o cuidado dos outros.	0	1	2	3	4
9. Eu me preocupo que, se eu começar a desenvolver compaixão por mim mesmo, vou ficar dependente disso.	0	1	2	3	4
10. Receio que, se eu me tornar muito compassivo comigo mesmo, perderei minha autocrítica e os meus defeitos aparecerão.	0	1	2	3	4

(Continua)

ITENS DA FOCS: PRÉ-TESTE *(Continuação)*

Por favor, utilize esta escala para classificar seu grau de concordância com cada afirmação.	Discordo totalmente		Concordo em parte		Concordo totalmente
11. Receio que, se eu me tornar mais bondoso e menos crítico comigo mesmo, meus níveis de exigência vão cair.	0	1	2	3	4
12. Tenho dificuldade para me relacionar de forma gentil e compassiva comigo mesmo.	0	1	2	3	4

Nota. Esta adaptação envolve uma seleção limitada de itens da FOCS, além de itens adicionais resumidos desenvolvidos para este livro. Ela foi desenvolvida para que os leitores pudessem ter uma forma breve de acompanhar seu progresso no trabalho ao longo dos módulos. Como tal, esta seleção de itens não foi validada e não é apropriada para uso em pesquisa ou no trabalho clínico. Os leitores podem adquirir uma cópia da versão completa e validada da escala, em inglês, que é apropriada para fins de pesquisa clínica, em https://compassionatemind.co.uk/resources/scales.

Adaptada de Gilbert, McEwan, Matos e Rivis (2011). Copyright © 2011 The British Psychological Society. Reproduzida, com permissão, de John Wiley & Sons, Inc., em *Experimentando a terapia focada na compaixão de dentro para fora: um manual de autoprática/autorreflexão para terapeutas*, de Russell L. Kolts, Tobyn Bell, James Bennett-Levy e Chris Irons (Artmed, 2025). Este formulário é gratuito para reprodução e uso pessoal.

Medos de estender a compaixão (soma dos itens 1-4): _____
Medos de receber compaixão (soma dos itens 5-8): _____
Medos de autocompaixão (soma dos itens 9-12): _____

Agora, para uma medida breve final, confira as subescalas de engajamento e ação na autocompaixão da CEAS-SC.

CEAS-SC: PRÉ-TESTE

Quando fico angustiado ou perturbado por coisas...	Nunca									Sempre
1. Fico *motivado* para me engajar e trabalhar com o meu mal-estar quando ele surge.	1	2	3	4	5	6	7	8	9	10
2. *Noto* e sou *sensível* aos meus sentimentos de mal-estar quando eles surgem em mim.	1	2	3	4	5	6	7	8	9	10
3. Sou *emocionalmente tocado* pelos meus sentimentos ou situações de mal-estar.	1	2	3	4	5	6	7	8	9	10
4. *Tolero* os vários sentimentos que fazem parte do meu mal-estar.	1	2	3	4	5	6	7	8	9	10

(Continua)

CEAS-SC: PRÉ-TESTE *(Continuação)*

Quando fico angustiado ou perturbado por coisas...	Nunca									Sempre
5. *Reflito* e *dou sentido* aos meus sentimentos de mal-estar.	1	2	3	4	5	6	7	8	9	10
6. *Aceito*, *não critico* e *não julgo* meus sentimentos de mal-estar.	1	2	3	4	5	6	7	8	9	10
7. Dirijo minha *atenção* para o que provavelmente será útil para mim.	1	2	3	4	5	6	7	8	9	10
8. *Penso* e encontro formas úteis de lidar com o meu mal-estar.	1	2	3	4	5	6	7	8	9	10
9. Tomo as *medidas* e faço as coisas que serão úteis para mim.	1	2	3	4	5	6	7	8	9	10
10. Crio sentimentos internos de *apoio*, *ajuda* e *encorajamento*.	1	2	3	4	5	6	7	8	9	10

Subescalas extraídas de Gilbert et al. (2017). Copyright © 2017 Gilbert et al. Reproduzida, com permissão, dos autores (ver https://creativecommons.org/licenses/by/4.0) em *Experimentando a terapia focada na compaixão de dentro para fora: um manual de autoprática/autorreflexão para terapeutas*, de Russell L. Kolts, Tobyn Bell, James Bennett-Levy e Chris Irons (Artmed, 2025). Este formulário é gratuito para reprodução e uso pessoal. Aqueles que adquirirem este livro podem fazer o *download* de cópias adicionais deste material na página do livro em loja.grupoa.com.br.

> Engajamento compassivo (soma dos itens 1-6): _____
> Ação compassiva (soma dos itens 7-10): _____

Assim como os clientes, você terá a oportunidade de repetir essas medidas no meio e no final do programa, para que possa ver o progresso que fez. Agora que completou a avaliação da linha de base, vamos identificar um desafio ou problema que possa usar como ponto de referência enquanto aprende sobre a TFC de dentro para fora.

EXERCÍCIO. Identificando meu desafio ou problema

Todos nós enfrentamos uma variedade de situações e problemas desafiadores. Como profissionais da saúde mental, algumas vezes esses problemas ocorrem na clínica ou no consultório, e, mesmo quando inicialmente ocorrem fora do contexto profissional, por vezes acabam interferindo em nossa carreira. Neste exercício, você identificará um desafio ou problema na sua vida profissional e/ou pessoal que poderá utilizar como ponto de referência enquanto trabalha no restante deste livro.

Para começar, recomendamos que reserve algum tempo para fazer o exercício em um local silencioso e confortável, onde não seja interrompido. Depois, dedique algum tempo para refletir sobre a sua experiência de si mesmo como terapeuta (ou sobre a sua vida pessoal). Reflita sobre os sentimentos difíceis que por vezes lhe surgem e considere as situações ou experiências com que se depara e que tendem a ativá-lo ou a "provocá-lo". Talvez sejam situações em que você percebe que está respondendo de uma forma que não o deixa confortável, ou que não reflete o tipo de pessoa que deseja ser. Ou talvez sejam situações em que se sente encurralado ou inseguro sobre o que fazer, ou que provocam em você experiências de dúvida, autocriticismo ou vergonha.

Se estiver focando no seu "*self* terapeuta", isso pode envolver dificuldades com determinados clientes, tipos de clientes, supervisores, supervisionandos ou colegas. Há situações na sua vida profissional que você se percebe temendo, evitando ou ruminando a respeito? Pode ser frustração por não estar fazendo progresso com um determinado cliente ou por não estar obtendo o que precisa de um supervisor. Pode ser o estresse relacionado com as expectativas de produtividade no local de trabalho, ou sentimentos de raiva quando os clientes não compareçam à sessão de última hora ou cancelam sem telefonar. Ou você pode ter sentimentos de insegurança ou medo de trabalhar com determinados clientes ou mesmo colegas.

EXEMPLO: O problema desafiador de Fátima

Fátima identificou uma cliente em particular com a qual está tendo dificuldades, que a faz lembrar de si mesma quando era mais jovem e que está lhe dirigindo hostilidade. Essa resposta hostil provocou sentimentos de autodúvida em relação à sua competência como terapeuta e levou Fátima a querer evitar se encontrar com a cliente.

EXEMPLO: O problema desafiador de Joe

Tendo mudado recentemente de emprego, Joe encontra-se agora em uma função com altas expectativas de produtividade e com um supervisor que ele considera autoritário e mais preocupado com o número de clientes atendidos do que com a qualidade dos cuidados prestados. Joe tem experimentado sentimentos de irritabilidade e raiva nessas áreas e está preocupado porque esses sentimentos "penetraram" na sua vida pessoal algumas vezes na forma de ataques à sua esposa e aos filhos.

Você pode achar que o problema com que gostaria de trabalhar ocorre mais na sua vida pessoal. Esses problemas podem estar restritos à sua vida pessoal, ou podem interferir na vida profissional, como vemos no exemplo de Érica.

EXEMPLO: O problema desafiador de Érica

A escolha de Érica de iniciar o programa de AP/AR foi precedida de um período desafiador de 6 meses após a morte da sua mãe. Durante os primeiros meses, Érica enfrentou um luto avassalador, tirando uma licença prolongada do trabalho e afastando-se das atividades sociais. Embora seu luto tenha abrandado com o tempo, Érica tem tido dificuldade para retomar a sua vida, e ainda não retomou as atividades que havia abandonado durante o período de luto intenso. O mais preocupante é que, apesar de anteriormente se sentir muito apaixonada pelo seu trabalho, ela tem observado que a sua motivação ainda não voltou. Além disso, ela tem se percebido fantasiando sobre a aposentadoria e experimentado autocriticismo por não se sentir tão engajada e comprometida com seus clientes como costumava ser.

No quadro a seguir, faça uma lista dos desafios ou problemas que você enfrenta atualmente.

PROBLEMAS DESAFIADORES

Revendo os problemas desafiadores que você acabou de identificar, considere em quais gostaria de focar enquanto trabalha nos módulos. Selecione um problema que ative emoções de ameaça, como medo, raiva ou ansiedade, em um nível moderado de intensidade (em geral, 40-75% em uma escala de mal-estar de 0-100), mas não em um nível extremo (p. ex., não superior a 75%). Como a TFC foi desenvolvida especialmente para ajudar pessoas que lutam contra a vergonha e o autocriticismo, seria particularmente adequado selecionar um problema que desencadeie aspectos dessas experiências. Por fim, como discutimos no Capítulo 3, recomendamos enfaticamente que você não escolha um problema que seja muito intenso – que lhe cause um nível de mal-estar que, segundo seu julgamento, o levaria a fazer uma recomendação de tratamento se o identificasse em outra pessoa. Dessa forma, provavelmente é bom evitar escolher situações como traumas não resolvidos, problemas importantes de relacionamento ou outras situações que lhe causariam mal-estar significativo se não fossem resolvidos até ao final do programa de AP/AR.

Depois de selecionar seu desafio ou problema, descreva-o no quadro a seguir. Não é preciso que seja uma descrição longa; forneça os detalhes que serão úteis para clarificar a questão na sua mente, para referência atual e futura.

MEUS PROBLEMAS DESAFIADORES

Agora que você já completou as medidas e identificou seu problema desafiador, será útil refletir sobre a experiência – uma parte essencial da AP/AR que repetimos ao longo de todo o livro.

💭 PERGUNTAS PARA AUTORREFLEXÃO

Pense na sua experiência com os exercícios deste módulo. Você achou que preencher as medidas foi fácil, difícil ou desconfortável? O que na experiência, e na sua reação, fez com que fosse assim?

___
___
___
___
___
___
___
___
___
___

Como foi identificar o problema desafiador? Que motivações, emoções, pensamentos ou sensações corporais você notou durante o exercício? Como você compreende ou dá sentido a essas experiências?

_____
_____
_____
_____
_____
_____
_____
_____
_____
_____
_____
_____

Refletindo sobre a experiência de identificar seu problema e completar as medidas iniciais, alguma coisa se destaca que possa informar como você aborda esse processo com os seus clientes? Como a utilização de AP/AR para passar por esse processo pode afetar a forma como você aborda a avaliação inicial e o processo de esclarecimento do problema com os seus clientes?

_____
_____
_____
_____
_____
_____
_____
_____
_____
_____
_____
_____

O que você extraiu deste módulo que pode valer a pena continuar a refletir durante a próxima semana?

Módulo 2

Três sistemas da emoção

No módulo anterior, você completou algumas medidas de avaliação inicial e identificou uma situação ou problema desafiador específico. Ao fazer isso, pedimos que identificasse um problema que provocasse algumas emoções desconfortáveis, como raiva, ansiedade ou frustração. Um aspecto primordial da terapia focada na compaixão (TFC) envolve ajudar nossos clientes a obterem percepções que preparam o terreno para o surgimento da compaixão por si mesmos e pelos outros. Um exemplo dessa percepção é que, quando examinamos mais de perto nosso cérebro evoluído, nossas emoções e como eles funcionam, aprendemos que existem inúmeros fatores que moldam a nossa experiência de forma poderosa e nos preparam para lutar – fatores estes que não criamos ou projetamos e que não são nossa culpa (Gilbert, 2009, 2010). Neste módulo, exploramos como a TFC contextualiza as emoções de formas que são concebidas para ajudar os clientes a passarem da crítica e do ataque a si mesmos para uma perspectiva compassiva que entende essas experiências como produtos não escolhidos de como nosso cérebro evoluído funciona.

Uma peça fundamental para isso é o modelo dos três círculos das emoções, introduzido no Capítulo 2, que organiza as emoções e os motivos humanos em três sistemas (ver Figura M2.1). Esses sistemas estão ancorados em funções evoluídas que nos ajudam a: (1) detectar e responder a coisas que percebemos como ameaças (sistema de ameaça); (2) identificar, perseguir e experienciar a recompensa por alcançarmos os objetivos (sistema *drive*); e (3) experimentar sentimentos de segurança, tranquilidade, calma e conexão (sistema calmante e de segurança).

REFLETINDO SOBRE OS TRÊS SISTEMAS

Para o exercício seguir, comece fazendo uma pausa para pensar sobre como você está se sentindo agora e como se sentiu na semana passada. Considerando as suas experiências de ameaça, *drive* e segurança durante esse período, desenhe o tamanho relativo dos seus três sistemas, pensando no quanto essas experiências emocionais eram propensas a "aparecer" na sua vida ultimamente. Então, você será convidado a explorar experiências que possam estar relacionadas com esses padrões de ativação – pensamentos e sentimentos que possa ter tido e como eles se relacionam com coisas que aconteceram na sua vida, talvez particu-

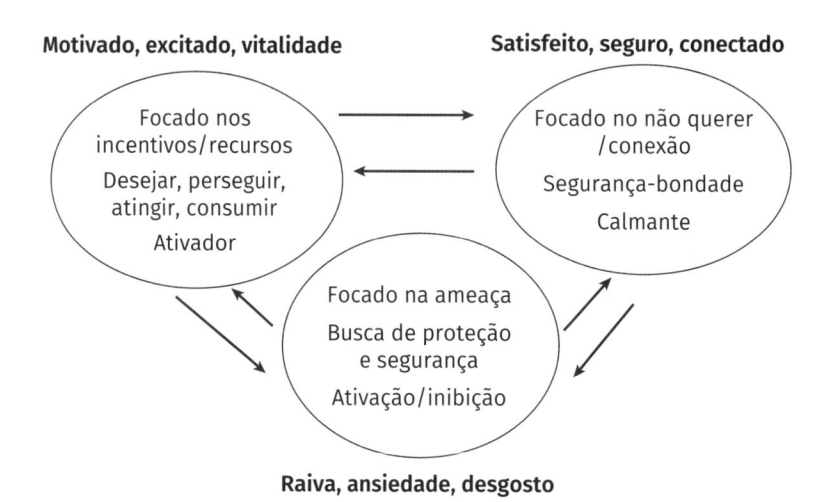

FIGURA M2.1 Três sistemas de regulação emocional. De Gilbert (2009), *The Compassionate Mind*. Reproduzida, com permissão, de Little, Brown Book Group.

larmente em relação ao problema que você identificou no Módulo 1. Por fim, você irá considerar como os três sistemas podem estar interagindo para moldar a sua realidade emocional e irá refletir sobre a sua experiência com o exercício.

EXEMPLO: Reflexão de Fátima

Fátima desenhou seus três sistemas, com o tamanho de cada círculo indicando a intensidade com que as experiências de ameaça, *drive* e segurança coloriram sua experiência de vida recente.

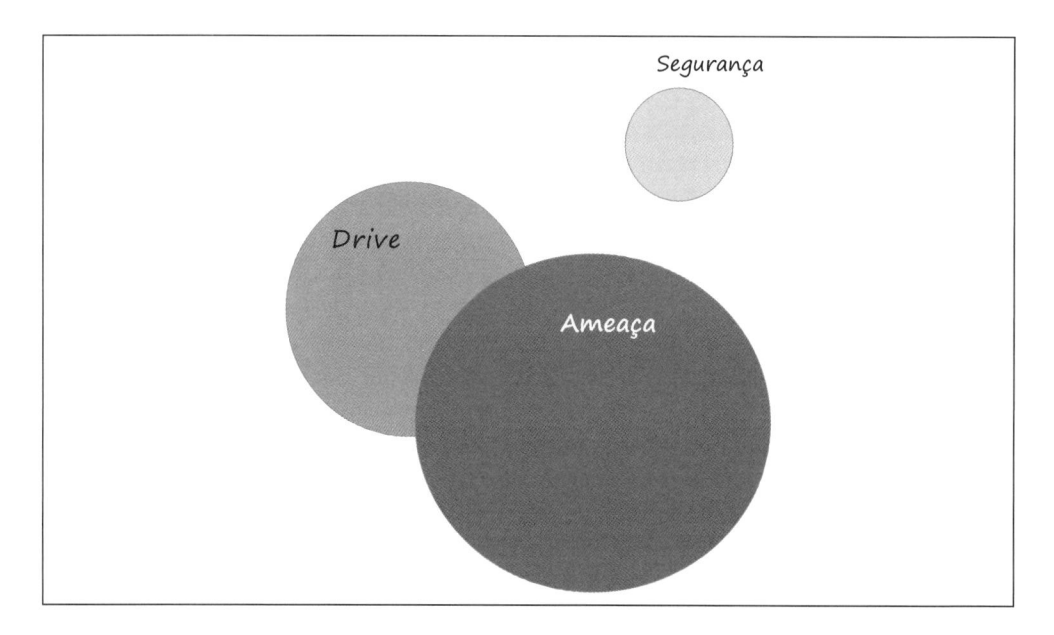

Que reflexões você tem sobre o seu desenho dos três sistemas?

Bem, está muito claro que a minha experiência recente tem sido em grande parte de ameaça. Meu círculo de ameaça é muito maior do que os outros. Meu círculo drive ainda é muito grande porque eu quero muito ser uma boa terapeuta e ajudar os meus clientes, mas está parcialmente bloqueado e encoberto pela ameaça. Ultimamente, não tenho me sentido tão segura, por isso o meu círculo de segurança é menor.

Como seu desenho reflete a sua experiência de vida recente?

Recentemente, tenho sentido mais ameaça. Tenho duvidado da minha capacidade de ser uma boa terapeuta, ansiosa com o fato de não ter conseguido ajudar Alex, o meu cliente, e frustrada comigo mesma por causa disso. Isso atrapalha o meu sistema drive de ajudar as pessoas e de realmente fazer a diferença, e é difícil me sentir motivada para trabalhar com os meus clientes quando estou frequentemente duvidando de mim. Embora eu tenha momentos de segurança com a minha supervisora, não sei se ela realmente compreende o quanto isso me tem abalado.

Você nota alguma interação entre seus três sistemas?

Com certeza. A ameaça definitivamente está bloqueando o meu sistema drive de ter sucesso. Em vez de ficar animada por ir trabalhar, algumas vezes tenho medo. A coisa toda – atender os clientes, escrever as anotações sobre o progresso, até mesmo coisas como responder e-mails – parece mais uma tarefa, e já me peguei evitando e me distraindo com jogos no meu telefone.

O que você aprendeu com este exercício que gostaria de recordar?

Como esse sentimento de dificuldades com o meu cliente não só fez com que eu me sentisse ameaçada, mas também afetou muito a minha motivação para ser terapeuta. Eu adorava este trabalho, mas essa ameaça parece ter bloqueado um pouco isso. Também me faz pensar que preciso falar com a minha supervisora para ajudá-la a entender o quanto isso tem me afetado, para que talvez ela possa me ajudar a me sentir mais segura no trabalho.

Agora, faça o exercício você mesmo. Reserve alguns momentos para refletir sobre como se sente agora e como se sentiu, de modo geral, na última semana ou duas. Tente encontrar algum tempo para fazer uma pausa e refletir sobre os seus três sistemas, talvez durante alguns momentos de silêncio ou durante uma caminhada. Você pode usar lápis de cor ou marcadores (na TFC, usamos vermelho para indicar ameaça, azul para *drive* e verde para segurança). Desenhe os círculos em uma escala relativa, indicando o tamanho de cada sistema de emoções em relação aos outros.

✏️ EXERCÍCIO. Refletindo sobre meus três sistemas

No quadro a seguir, desenhe seus três sistemas, com o tamanho de cada círculo indicando a intensidade com que as experiências de ameaça (medo, ansiedade, raiva), *drive* (excitação, interesse) e segurança (calma, tranquilidade, satisfação) colorem a sua experiência de vida recente.

Que reflexões você tem sobre o seu desenho dos três sistemas?

Como seu desenho reflete a sua experiência de vida recente?

Você nota alguma interação entre seus três sistemas?

O que você aprendeu com este exercício que gostaria de recordar?

VERIFICANDO OS TRÊS CÍRCULOS

Nos Módulos 6 e 14, exploramos *mindfulness*, que envolve aprender a nos relacionarmos com as nossas experiências de forma focada no presente, com aceitação e sem julgamento. Essa forma de considerarmos as nossas experiências prepara o terreno para a emergência da compaixão e da autocompaixão, particularmente quando aprendemos a dirigir essa consciência atenta para os nossos próprios pensamentos e emoções (em vez de, digamos, nos relacionarmos com essas experiências com julgamento e criticismo). No entanto, podemos ativar rapidamente essa consciência atenta "verificando" os nossos três círculos. Ao fazer isso, vamos refletir brevemente sobre os três círculos e tentar notar e avaliar o quanto nos sentimos ameaçados, motivados e seguros no momento atual. Tentaremos apenas notar essas experiências, sem julgá-las – apenas notar que "é assim que a minha experiência é neste momento". A verificação pode nos ajudar a adquirir o hábito de notar a ativação dessas experiências em nós mesmos. Também pode nos ajudar a reconhecer que, muitas vezes, não estamos sentindo apenas uma coisa; podemos ver padrões de ativação relativa em todos os "círculos". Finalmente, se notarmos que estamos desequilibrados quando verificamos os três sistemas, podemos decidir fazer alguma coisa a respeito. Por exemplo, se notamos que estamos nos sentindo muito ameaçados, podemos fazer uma respiração de ritmo calmante (introduzida no Módulo 3) para abrandar as coisas e ativar o nosso sistema de segurança.

✍️ EXERCÍCIO. Verificando os três círculos

Reserve um momento para trazer a sua atenção para as emoções e motivações que você está experimentando neste momento. Reflita: "O quanto me sinto ameaçado neste momento? Eu noto sentimentos de raiva, medo, ansiedade, apreensão ou nojo?". Depois, tente notar o quanto se sente motivado: "Noto sentimentos de desejo, excitação ou motivação para perseguir um objetivo?". Por fim, tente notar o quanto se sente seguro: "Estou experimentando sentimentos de paz, calma, segurança e contentamento?". Veja se consegue classificar essas sensações na escala a seguir:

O quanto me sinto ameaçado neste momento?

1   2   3   4   5   6   7   8   9   10

Não ameaçado   Moderadamente ameaçado   Muito ameaçado

O quanto me sinto motivado neste momento?

1   2   3   4   5   6   7   8   9   10

Não ameaçado   Moderadamente ameaçado   Muito ameaçado

O quanto me sinto seguro, satisfeito e relaxado neste momento?

1   2   3   4   5   6   7   8   9   10

Não ameaçado   Moderadamente ameaçado   Muito ameaçado

💭 PERGUNTAS PARA AUTORREFLEXÃO

Como foi utilizar o diagrama dos três sistemas para compreender a sua experiência? O quanto lhe soou verdadeiro?

_____
_____
_____
_____
_____
_____
_____

Como você sabia em que sistema se encontrava? Que tipo de diferenças você notou na sua experiência de ameaça, *drive* e segurança? Que diferenças você notou em como os sistemas organizaram a sua experiência corporal? Os seus pensamentos? As suas emoções? As suas motivações?

_____

_____

_____

_____

_____

_____

_____

_____

_____

_____

_____

_____

Surgiu algum bloqueio, mal-estar ou desconforto? Se sim, como você dá sentido a isso?

_____

_____

_____

_____

_____

_____

_____

_____

_____

_____

_____

_____

Que ideias iniciais você tem sobre como poderia utilizar os três sistemas com seus clientes?

Módulo 3

Respiração de ritmo calmante

Quando nosso sistema de ameaça está ativado, sua influência pode direcionar a nossa fisiologia, emoções, atenção, pensamento e comportamento de formas que podem nos causar problemas. No entanto, o sistema calmante e de segurança – sustentado pelo sistema nervoso parassimpático – evoluiu para desempenhar um papel importante, ajudando a regular a ativação do sistema de ameaça nos humanos. Neste módulo, exploramos como podemos praticar uma forma de trabalhar com a fisiologia do nosso sistema calmante para ajudar a trazer equilíbrio às coisas quando o sistema de ameaça for ativado.

Um corpo crescente de pesquisas associa a aprendizagem de como trabalhar com a respiração – em particular, abrandar a respiração e regular a suavidade e o ritmo – à ativação do sistema de "freio" parassimpático, que ajuda a desacelerar o ritmo cardíaco e a baixar a pressão arterial e está associado à felicidade e à resiliência (Berntson, Cacioppo, & Quigley, 1993; Pal & Velkumary, 2004; Brown & Gerbarg, 2005; Kaushik, Kaushik, Mahajan, & Rajesh, 2006; Kok & Frederickson, 2010; Jerath, Edry, Barnes, & Jerath, 2006; Porges, Doussard-Roosevelt, & Maiti, 1994). Com a prática, aprender a trabalhar com a respiração pode ser uma maneira poderosa de lidar com as emoções de ameaça, estimulando processos fisiológicos que são úteis para equilibrar a excitação baseada na ameaça. Embora a respiração de ritmo calmante possa não dissipar completamente as emoções de ameaça, ela pode suavizá-las e nos ajudar a mudar para uma perspectiva mais consciente e intencional, à medida que nos acalmamos e criamos um pouco de distância entre a nossa consciência e a urgência das nossas emoções focadas na ameaça. A respiração de ritmo calmante também pode criar um espaço que nosso cérebro novo pode utilizar para se reconectar com as nossas intenções compassivas, reconhecer que estamos tendo dificuldades, validar a nossa experiência e considerar as situações segundo uma perspectiva mais ampla por meio de perguntas como "Se eu estivesse na minha melhor condição – a mais gentil, mais sábia, mais corajosa e mais compassiva –, como gostaria de lidar com esta situação?".

✍️ EXERCÍCIO. Respiração de ritmo calmante

Para este exercício, encontre um local tranquilo e confortável onde possa praticar sem interrupções por pelo menos 5 a 10 minutos. Com a prática, você será capaz de usar a respiração de ritmo calmante em inúmeras situações e ambientes, mas, para começar, é recomendável ter um ambiente confortável e relativamente tranquilo – ou, pelo menos, um que não seja muito caótico.

Sente-se confortavelmente em posição ereta, com o peito aberto, os pés apoiados no chão, as mãos suavemente pousadas no colo e a cabeça em posição ereta, confortável e alerta. Você pode fechar os olhos ou mantê-los abertos, como preferir. Se os mantiver abertos, pode olhar para o chão, uns 2 metros à sua frente (mantendo a cabeça em posição ereta) e "suavizar" seu olhar (desfocando um pouco). O segredo é manter seu corpo em uma posição confortável, com uma postura aberta e ereta (você não deve ficar curvado ou em postura relaxada de tal forma que o seu corpo se dobre sobre si).

Inspirando e expirando pelo nariz, comece gentilmente a imprimir um ritmo calmante à sua respiração – um ritmo que seja confortável para o seu corpo. Depois de cerca de 30 segundos, comece a ver como é a sensação de imaginar que, enquanto expira, você sente seu corpo se suavizar um pouco. Ou, talvez, enquanto expira, note que as suas pernas estão apoiadas na cadeira e que seus pés estão no chão.

Agora, comece a permitir que a sua respiração desacelere até um ritmo de 4 a 5 segundos na inspiração, segurando-a por um momento, e depois mais 4 a 5 segundos na expiração. Estamos procurando uma taxa de aproximadamente 6 respirações por minuto. Respire para dentro do abdome, com uma profundidade suficiente para se sentir confortável (você sente que está recebendo ar em abundância).

Respire assim por cerca de 2 minutos, trazendo a sua atenção para a sensação de abrandamento no corpo... desacelerando o corpo, desacelerando a mente. Você pode levar o tempo que quiser.

Depois que concluir o exercício, permita-se notar como o fato de focar no abrandamento da respiração afetou o seu corpo e a sua mente.

Depois que terminar este exercício (e todos os exercícios de TFC), é recomendável refletir sobre a experiência, notando o que foi útil e os obstáculos que possam ter surgido durante o processo.

> **O que você notou durante o exercício de respiração de ritmo calmante?**

Como isso afetou seu estado mental? Você notou alguma mudança no seu corpo, nas suas emoções ou no seu pensamento?

Como você se sentiu em relação ao exercício? Gostou dele? Se sim, do que gostou? Se não, do que não gostou?

Houve algum obstáculo no seu caminho? Se houve obstáculos, como poderia trabalhar com eles para que o exercício fosse mais útil para você?

É importante reconhecer que nem todas as práticas serão úteis ou terão a mesma função para todos. Alguns clientes (p. ex., clientes com um histórico de trauma físico, como agressão sexual) podem achar que focar em sensações corporais, como a respiração, é muito aversivo. Para esses clientes, focar na respiração pode funcionar mais como um ensaio de exposição do que como uma forma de ativar o sistema de segurança. Se o processo que você está tentando visar é o de acalmar e abrandar o corpo, provavelmente seria melhor encontrar outra prática (ou trabalhar colaborativamente com o seu cliente para encontrar outra prática) que considere calmante. Por exemplo:

- Focar em uma sensação tátil, como segurar alguma coisa macia (como uma almofada ou um bicho de pelúcia), uma pedra lisa ou qualquer outra coisa que considere calmante.
- Ouvir uma música ou outro som calmante, como as ondas do mar ou o vento nas árvores (esses sons podem ser facilmente encontrados gratuitamente na internet em *sites* como o YouTube).
- Acariciar delicadamente um animal.
- Focar a atenção em qualquer outra experiência sensorial que considere calmante.

A ideia é encontrar uma experiência sensorial que possa ajudar a abrandar o corpo e a mente, dando-nos a oportunidade de mudar para um estado de espírito mais calmo e compassivo.

Como em quase todas as práticas, os efeitos da respiração de ritmo calmante aumentam à medida que ela é praticada ao longo do tempo e em várias situações. Inicialmente, é melhor praticar quando você já estiver relativamente calmo e, depois, gradualmente começar a usá-la em situações que ativem cada vez mais o sistema de ameaça. Um obstáculo comum a essa prática simples, tanto para os terapeutas quanto para os clientes, é simplesmente esquecer de praticar. Por isso, reserve um momento para planejar quando você pode praticar e como pode se lembrar para não correr o risco de se esquecer.

PLANO DE PRÁTICA

Para mim, em que horários do dia seria bom praticar a respiração de ritmo calmante?

O que pode me ajudar a lembrar de praticar para que eu possa fazer isso de forma consistente?

💭 PERGUNTAS PARA AUTORREFLEXÃO

Você gostou de aprender sobre a respiração de ritmo calmante? Surgiu algum obstáculo para você? Se sim, quais foram esses obstáculos?

___
___
___
___
___
___
___
___
___
___
___
___
___
___
___
___
___
___
___

Considerando o seu plano de prática para usar a respiração de ritmo calmante na sua vida diária, que obstáculos você antecipa que podem surgir no caminho? Como você poderia trabalhar com eles para ajudar a fazer do seu plano de prática um sucesso?

_____
_____
_____
_____
_____
_____
_____
_____
_____
_____
_____
_____
_____

Refletindo sobre as suas experiências de respiração de ritmo calmante, que problemas você antecipa que podem surgir no trabalho com os clientes? Você consegue pensar em algum cliente para quem essa prática pode ser útil? O que a tornaria útil? E quanto aos clientes para quem poderia ser um desafio excessivo? Como você poderia saber?

_____
_____
_____
_____
_____
_____
_____
_____
_____
_____
_____
_____
_____

Com base na sua experiência, como você acha que a respiração de ritmo calmante pode estar relacionada com o cultivo bem-sucedido da compaixão por si mesmo e/ou pelos outros?

Módulo 4

Compreendendo o cérebro complicado

Uma ideia fundamental na terapia focada na compaixão (TFC) é de que *os seres humanos herdam cérebro e corpo que foram moldados pela evolução para funcionar de formas que não escolhemos ou projetamos e que não são nossa culpa*. Essa percepção é fundamental para a TFC – que muitas das experiências que causam mais sofrimento para nós e para nossos clientes não são culpa de ninguém. Pelo contrário, elas são resultado de como nosso cérebro e nosso corpo – e, por meio deles, nossa experiência das emoções – foram moldados pela evolução (Gilbert, 2009, 2010, 2014). Este módulo e o próximo exploram ainda mais esse tema, focando nos processos do "cérebro antigo" e do "cérebro novo" e como eles podem interagir.

EMOÇÕES E MOTIVOS DO CÉREBRO ANTIGO

Diferentes partes do nosso cérebro – e as funções pelas quais são responsáveis – evoluíram em momentos distintos. Temos estruturas antigas em nosso cérebro que desencadeiam em nós muitas das mesmas emoções e dos mesmos motivos e comportamentos poderosos que foram experimentados pelos nossos ancestrais répteis e mamíferos (Panksepp & Biven, 2012). Por exemplo, assim como esses ancestrais, os seres humanos experimentam estados emocionais intensos, como medo, raiva e luxúria, associados a motivos igualmente intensos focados na agressão, em evitar a dor e no acasalamento.

Ao considerarmos essas emoções, pode ser útil também notarmos as experiências que tendem a desencadear o seu aparecimento. As reações emocionais podem ser provocadas por acontecimentos e situações externas, bem como por experiências internas, como pensamentos, memórias e até sensações físicas. Vamos reservar alguns momentos para examinar uma emoção do cérebro antigo e como ela se pode manifestar.

Explorando as respostas do cérebro antigo à ameaça

EXEMPLO: Reflexão de Fátima

Escolha um exemplo de uma emoção de ameaça do cérebro antigo com a qual você algumas vezes tem dificuldades:

Medo, definitivamente medo. E ansiedade, mas ela está relacionada ao medo.

Que situações tendem a desencadear essa emoção?

Quando a minha cliente ridiculariza as minhas tentativas de ser útil. Ela parece ter prazer em me dizer que nada do que faço está lhe ajudando, e parece que ela está certa. Cheguei a um ponto em que o simples fato de pensar nela me deixa com medo.

Como é a sensação quando a emoção surge? Por exemplo, a sua experiência é de escolher sentir essa emoção, ou ela simplesmente surge dentro de você – e como é isso?

Ela surge em mim e, depois que está ali, é completamente sufocante – quase como se eu estivesse sendo estrangulada. Sinto que estou cheia de medo, paralisada por ele.

Que motivações acompanham essa emoção? O que você percebe que está querendo fazer?

Evitar. Já me peguei na expectativa de que ela cancelasse sessões e adiei escrever as anotações do progresso. Uma vez, até disse que estava doente, quando, na verdade, não estava, porque simplesmente não queria lidar com ela naquele dia.

Que comportamentos você adota quando sente essa emoção? O que você se pega fazendo?

Como escrevi, é mais o que eu percebo que não estou fazendo. Adio as anotações sobre o progresso e, apesar de ela ser uma das minhas clientes mais desafiadoras, não trabalho tanto fora da sessão para me preparar para a nossa interação quanto faria normalmente. É difícil conseguir me concentrar nela por qualquer período de tempo.

Agora, considere uma emoção de ameaça que tenha experimentado ultimamente. Tente notar os diferentes aspectos desse sentimento – quando e como ele surge em você e como ele molda a sua atenção. Observe a motivação que a emoção traz consigo: o que você se pega querendo fazer quando essa experiência surge? Finalmente, o que você se pega fazendo – como a sua motivação se traduz em comportamento?

✎ EXERCÍCIO. Explorando as respostas do meu cérebro antigo à ameaça

Escolha um exemplo de uma emoção de ameaça do cérebro antigo com a qual você algumas vezes tem dificuldades:

Que situações tendem a desencadear essa emoção?

Como é a sensação quando a emoção surge? Por exemplo, a sua experiência é de escolher sentir essa emoção, ou ela simplesmente surge dentro de você – e como é isso?

Que motivações acompanham essa emoção? O que você percebe que está querendo fazer?

Que comportamentos você adota quando sente essa emoção? O que você se pega fazendo?

PENSAMENTOS, IMAGENS MENTAIS E CRIAÇÃO DE SIGNIFICADO DO CÉREBRO NOVO

Embora nós, seres humanos, compartilhemos muitas emoções, motivos e comportamentos poderosos do cérebro antigo com os nossos ancestrais não humanos, ao contrário destes, também temos capacidades sofisticadas do "cérebro novo": podemos nos engajar em pensamentos simbólicos, criar fantasias detalhadas e imagens mentais, atribuir significado às nossas experiências e fazer uma viagem mental no tempo, o que nos permite planejar e recordar. Essa capacidade para um pensamento de ordem superior traz consigo uma série de problemas únicos: podemos ruminar sobre as nossas dificuldades; refletir sobre o que as nossas experiências, motivações e comportamentos *significam sobre nós*; e interpretar e experienciar quase todos os pensamentos ou percepções que temos em um número quase infinito de formas, dependendo dos contextos físicos e mentais em que essas experiências estão inseridas (Villatte, Villatte, & Hayes, 2016).

A TFC enfatiza a importância de reconhecer essas capacidades cerebrais como parte do desafio fundamental de ser humano. Utilizando uma linguagem simplificada, concebida para facilitar a compreensão, podemos reconhecer que as emoções do cérebro antigo podem atuar de forma muito poderosa para moldar tanto o conteúdo (aquilo em que focamos, pensamos e imaginamos) quanto o processo (se nosso pensamento e nossa atenção são limitados ou amplos, reflexivos ou cheios de urgência) das nossas capacidades do cérebro novo para pensar, imaginar e criar significado. Vamos dar uma olhada em como esse processo pode se desenrolar.

Refletindo sobre pensamentos, imagens mentais e criação de significado do cérebro novo

Neste breve exercício, continuamos com a emoção de ameaça que você identificou no exercício anterior e exploramos o que está acontecendo no cérebro novo quando essa emoção surge. Primeiramente, vamos considerar a reflexão de Fátima.

EXEMPLO: Reflexão de Fátima

> **Usando a emoção de ameaça que você identificou anteriormente, considere os pensamentos e as imagens mentais que tendem a surgir quando está se sentindo assim.**
>
> **Que pensamentos surgem?** *Fico ruminando os meus medos de não ser capaz de ajudá-la e sobre a ideia de que talvez eu não seja talhada para ser terapeuta. Pensamentos como "Não consigo fazer isso", "Não tenho o que é necessário", "Ela vê através de mim", "Sou uma fraude".*

Há imagens mentais ou fantasias que acompanham a emoção? Como elas são? *Fico repetidamente repassando a situação na minha mente – a minha cliente dizendo que não estou ajudando, não estou vendo as suas dificuldades e não sou capaz de fazer nada a respeito. Também imagino a minha supervisora na minha mente, dizendo que, afinal de contas, talvez eu não seja talhada para ser terapeuta, embora, na verdade, ela nunca tenha dito nada parecido com isso.*

Considerando a emoção e a situação que a provocou, que significado você lhe atribui? O que o fato de ter tido essa experiência diz sobre você ou sobre a sua vida? *Acho que sinto que isso significa que eu não tenho o que é necessário. Supõe-se que os terapeutas saibam o que estão fazendo, e eu obviamente não sei. Eu deveria estar confiante, mas claramente não estou. Me preocupo se não sou como uma criança brincando com alguma coisa a qual não tenho direito e que deveria acordar e enfrentar o mundo real.*

Levando em consideração o exemplo de Fátima, reserve alguns minutos para refletir sobre como é para você quando surge essa emoção de ameaça do cérebro antigo e os pensamentos e imagens que a acompanham. Considere tanto o conteúdo quanto a qualidade com os quais essas experiências se desenrolam (p. ex., ter o mesmo pensamento de forma ruminativa ou representar a mesma cena repetidamente na sua mente).

EXERCÍCIO. Explorando os pensamentos, imagens mentais e criação de significado do meu cérebro novo

Usando a emoção de ameaça que você identificou anteriormente, considere os pensamentos e as imagens mentais que tendem a surgir quando está se sentindo assim.

Que pensamentos surgem?

Há imagens mentais ou fantasias que acompanham a emoção? Como elas são?

Considerando a emoção e a situação que a provocou, que significado você lhe atribui? O que o fato de ter tido essa experiência diz sobre você ou sobre a sua vida?

💭 PERGUNTAS PARA AUTORREFLEXÃO

O quanto foi fácil ou difícil observar os processos do cérebro antigo? O quanto foi fácil ou difícil observar os processos do cérebro novo? O que fez com que fosse assim?

Você notou que surgiu alguma compaixão (ou relutância em experienciar a compaixão) quando focou nessas experiências provenientes do seu cérebro antigo e do seu cérebro novo? Como você compreende a relação entre a compaixão – ou a ausência de compaixão – e essas emoções de ameaça? Que sentido você dá a isso?

_____
_____
_____
_____
_____
_____
_____
_____
_____
_____
_____
_____
_____

Refletindo sobre essa experiência de emoções de ameaça conforme se manifestaram em cérebros antigos e novos, há alguma coisa que se destaque e que possa informar como você envolve os clientes nesses processos?

_____
_____
_____
_____
_____
_____
_____
_____
_____
_____
_____
_____
_____

Como a sua experiência com este módulo se relaciona com a sua compreensão do modelo da TFC?

Módulo 5

Explorando os *loops* do cérebro antigo-cérebro novo

Na terapia focada na compaixão (TFC), quando consideramos o funcionamento dos nossos cérebros antigos emocionais e dos nossos cérebros novos pensantes, que exploramos no módulo anterior, é importante também observar que esses diferentes aspectos da experiência mental podem interagir para formar *loops*,* que podem servir para manter estados emocionais complicados (Gilbert, 2010; Kolts, 2016). Essas interações estão representadas na Figura M5.1.

Vamos examinar como esses *loops* podem funcionar, revisitando a experiência de dois dos nossos companheiros compassivos.

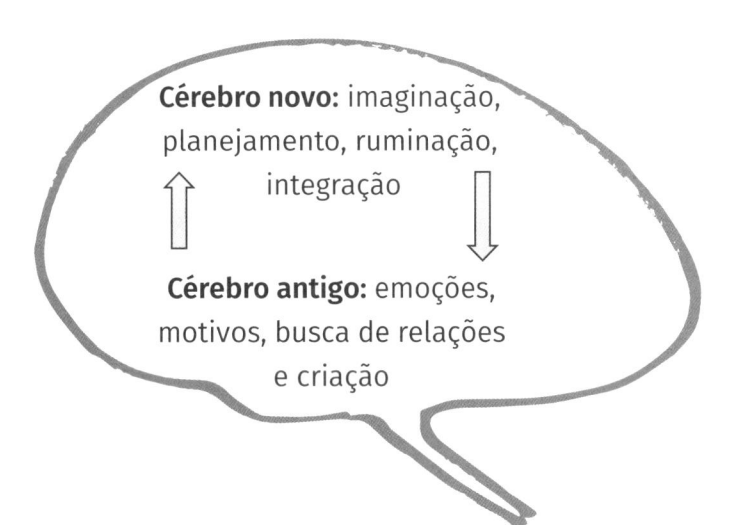

Cérebro novo: imaginação, planejamento, ruminação, integração

Cérebro antigo: emoções, motivos, busca de relações e criação

FIGURA M5.1 *Loops* do cérebro antigo-cérebro novo. De Gilbert (2009). *The Compassive Mind*. Reproduzida, com permissão, de Little, Brown Book Group.

---

* N. de R. T. Neste contexto, *loop* significa um circuito ou repetição de um conteúdo.

> **EXEMPLO:** Reflexão de Fátima

> **Vamos considerar as formas como seu cérebro antigo e seu cérebro novo podem formar *loops* em resposta a uma experiência desafiadora.**
>
> **Primeiro, descreva brevemente uma situação desafiadora.**
>
> Algumas semanas atrás, a minha cliente me disse: "Nem sei por que eu venho aqui. Não acho que você possa me ajudar".
>
> **Que emoções e motivações do cérebro antigo foram desencadeadas pela situação? O que estava acontecendo no seu corpo?**
>
> Eu estava aterrorizada, mas também zangada. Não sabia se saía correndo da sala ou se dizia: "Bem, sua merdinha, se você tentasse participar na terapia, talvez ajudasse!". Mas, sobretudo, tive medo de que ela tivesse razão. O meu coração estava acelerado, e senti que eu estava respirando com tanta força que ela devia estar notando. Também fiquei com a boca seca e senti muito frio, mesmo depois de ter vestido o meu blusão.
>
> **Que pensamentos e imagens mentais lhe ocorreram?**
>
> Além do que escrevi, fiquei pensando que provavelmente ela estava certa – que eu não sei como ajudá-la, e que até o fato de ela resistir a participar na terapia era minha culpa, porque obviamente eu não sei como motivá-la. Eu não parava de pensar: "Não sei o que fazer!". Também fiquei imaginando que ela ia sair correndo, e os meus colegas iriam saber do meu fracasso com ela... esse tipo de coisa. Fiquei pensando nisso durante muito tempo depois de a sessão ter terminado.
>
> **Agora, pense em como esses diferentes aspectos da sua experiência podem ter interagido para formar os *loops*. Como eles podem ter influenciado uns aos outros? Por exemplo, como os seus sentimentos influenciaram a sua atenção e o que você pensou e imaginou? Como seus pensamentos e imagens mentais influenciaram os seus sentimentos?**
>
> Depois de ela ter dito isso e de eu ter respondido – nem me lembro do que eu disse –, ela começou a falar sobre algumas coisas que tinha para esta semana. Mas não faço ideia do que ela estava falando. Eu estava perdida na ansiedade, só pensando em como eu era um fracasso e que não sabia como ajudá-la. O meu coração estava acelerado, eu não conseguia me acalmar, e fiquei me perguntando se ela conseguiria perceber. Isso me afetou durante as horas seguintes, pois continuei repassando na minha cabeça o que ela havia dito: "Nem sei por que eu venho aqui". Era como se aquilo estivesse acontecendo de novo e de novo, e sei que isso me manteve presa na ansiedade. Eu estava tão abalada que nem almocei – tinha um desconforto no estômago e perdi completamente o apetite, só me sentia desestabilizada.

Agora, vamos reservar um tempo para nos inteirarmos sobre Joe, que tem lutado com a raiva relacionada a uma situação com o seu supervisor e as exigências dele no trabalho.

EXEMPLO: Reflexão de Joe

Vamos considerar as formas como o seu cérebro antigo e o cérebro novo podem formar *loops* em resposta a uma experiência desafiadora.

Primeiro, descreva brevemente uma situação desafiadora.

Fui a uma reunião de equipe na semana passada em que deveríamos discutir novos casos e apresentar atualizações sobre o progresso dos clientes com quem estamos trabalhando. Tenho um caso para o qual queria contribuições, porque é muito complicado e ainda não estou compreendendo bem as coisas. Bem, Gary [o supervisor de Joe] chega tarde, depois de já termos começado, e interrompe as coisas para prosseguir com o mesmo monólogo sobre produtividade que ele nos apresenta constantemente. É sempre a mesma coisa: precisamos atender mais clientes, fornecer mais documentação, blá, blá, blá. Ele ocupou todo o tempo e acabamos não falando sobre os nossos casos. Isso também não ajuda em nada. Susan lhe fez uma pergunta direta sobre como lidar com as faltas, e ele falou por mais 20 minutos sem responder à pergunta dela.

Que emoções e motivações do cérebro antigo foram desencadeadas pela situação? O que estava acontecendo no seu corpo?

Eu estava furioso. Não disse nada, só fiquei bufando durante o resto da tarde. A vontade que dá é de bater com a cabeça na parede. Eu me senti como uma bola de energia em brasa, como se fosse explodir. Quando voltei ao meu consultório, fiquei ali sentado com a mandíbula cerrada, completamente tenso e furioso.

Que pensamentos e imagens mentais lhe ocorreram?

Só fiquei pensando que foi uma perda de tempo e me perguntando como é que ele ainda tem um emprego. E sentindo muita negatividade em relação ao trabalho. Coisas como "Odeio isso. Esse trabalho é uma droga. Não aguento mais isso". Então me imaginei me levantando e gritando com ele, saindo da sala intempestivamente. É claro que não fiz nada. Só fiquei ali sentado e aceitei.

Agora, pense em como esses diferentes aspectos da sua experiência podem ter interagido para formar os *loops*. Como eles podem ter influenciado uns aos outros? Por exemplo, como os seus sentimentos influenciaram a sua atenção e o que você pensou e imaginou? Como seus pensamentos e imagens mentais influenciaram os seus sentimentos?

Olhando para trás, parece claro que tudo se retroalimentou. Eu estava pensando e imaginando todas aquelas coisas, o que me manteve zangado e definitivamente transpareceu no meu corpo, também. Eu estava tão concentrado no que tinha acontecido e no quanto estava zangado que não consegui trabalhar muito durante o resto da tarde – eu tinha um monte de papelada para preencher e tive dificuldade para me concentrar. Depois de algum tempo, até fiquei frustrado comigo mesmo, ao ver-me ali sentado e furioso daquela maneira. Fiquei muito envergonhado. Não é esse o tipo de pessoa que eu quero ser.

Agora, tente fazer o exercício você mesmo. Veja se consegue evocar uma experiência recente em que o seu sistema de ameaça foi ativado. Mais uma vez, comece explorando as emoções e os motivos do seu cérebro antigo e os pensamentos e as imagens mentais do seu cérebro novo, dessa vez em termos de como reagiu a essa situação. Depois, considere como esses diferentes aspectos da sua experiência podem ter interagido para moldar a forma como essas emoções se manifestaram em você de forma contínua.

EXERCÍCIO. Explorando meus *loops* do cérebro antigo-cérebro novo

Vamos considerar as formas como o seu cérebro antigo e o cérebro novo podem formar *loops* em resposta a uma experiência desafiadora.

Primeiro, descreva brevemente uma situação desafiadora.

Que emoções e motivações do cérebro antigo foram desencadeadas pela situação? O que estava acontecendo no seu corpo?

Que pensamentos e imagens mentais lhe ocorreram?

Agora, pense em como esses diferentes aspectos da sua experiência podem ter interagido para formar os *loops*. Como eles podem ter influenciado uns aos outros? Por exemplo, como os seus sentimentos influenciaram a sua atenção e o que você pensou e imaginou? Como seus pensamentos e imagens mentais influenciaram os seus sentimentos?

PERGUNTAS PARA AUTORREFLEXÃO

Que percepção você teve da ideia de *loops* por meio da sua experiência de autoprática? Esse *looping* foi algo que você foi capaz de experienciar diretamente?

Refletindo sobre a sua experiência de como o cérebro antigo e o cérebro novo podem interagir de formas complicadas, há alguma coisa que se destaque e que possa ser útil com os seus clientes? Você consegue pensar em algum cliente para quem essa exploração poderia ser útil? Como você a utilizaria com ele?

Módulo 6
Respiração consciente

Nos cuidados de saúde seculares modernos, a prática de *mindfulness* tem sido sistematizada em programas terapêuticos eficazes, por exemplo, no tratamento da depressão recorrente (Segal, Williams, & Teasdale, 2012) e no gerenciamento de condições médicas e dor crônicas (Kabat-Zinn, 2013). *Mindfulness* também é importante para a terapia focada na compaixão (TFC): nos ajuda a desenvolver uma consciência das nossas experiências mentais à medida que ocorrem (como pensamentos, sentimentos e sensações), em vez de ficarmos presos nelas, assim como ajuda a nos familiarizarmos com a forma como a nossa mente funciona. Se quisermos trazer compaixão para as experiências difíceis, precisamos primeiro estar conscientes delas. Este módulo apresenta a respiração consciente como um exemplo de como o *mindfulness* é integrado à TFC.

RESPIRAÇÃO CONSCIENTE

Na respiração consciente, damos a nós mesmos uma âncora atencional da respiração e das sensações que ela cria no corpo. A tarefa é simples, mas não é fácil: à medida que a mente se distrai e se afasta do foco pretendido da prática, notamos para onde a mente se desviou e voltamos suavemente a nossa atenção para a respiração no corpo. O objetivo da prática não é criar uma mente "em branco", mas sim lidar com a divagação da mente de uma forma hábil e sem julgamentos. As distrações não são um problema ou um erro; pelo contrário, elas proporcionam uma oportunidade para treinar a nossa atenção, ajudando-nos a aprender a notar o movimento na mente. Além disso, elas podem ser uma oportunidade para oferecer compaixão a nós mesmos, ao nos darmos conta de como nossa mente pode saltar de forma selvagem e imprevisível – ela pode ser muito complicada!

Antes de começar a sua prática, procure um lugar tranquilo onde provavelmente não será interrompido. É melhor fazer a prática sentado em uma cadeira, em vez de deitado, pois a intenção é estar acordado e alerta. Se estiver se guiando pelas instruções escritas a seguir, pode ser útil programar um cronômetro, talvez para 10 minutos, para lembrá-lo de quando deve terminar o exercício.

✏️ EXERCÍCIO. Respiração consciente

1. Sente-se com uma postura relaxada, mas ereta e alerta.
2. Feche os olhos ou abaixe o olhar e suavize o foco.
3. Tome consciência das suas sensações corporais. Você pode começar por se concentrar nos pontos de contato do seu corpo com o mundo exterior (p. ex., os seus pés quando se conectam com o chão). Amplie a sua atenção, de modo a abranger todo o corpo, permitindo que as sensações que observa sejam exatamente como são. Explore a sensação de deixar de querer que as coisas sejam de uma determinada maneira.
4. Preste atenção à sua respiração onde a notar mais fortemente em seu corpo. Pode ser no abdome, à medida que a respiração move os músculos do seu estômago para dentro e para fora; na ponta do nariz, onde a respiração entra e sai do corpo; ou em qualquer outra área à sua escolha. Siga cada respiração com a sua atenção, notando as sensações físicas variáveis da inspiração e da expiração e as pausas entre elas.
5. Respire a uma velocidade e ritmo que lhe pareçam naturais e confortáveis. Não há necessidade de controlar a respiração de forma alguma.
6. Continue a concentrar sua atenção na respiração. Quando sua mente se desviar para pensamentos, imagens, outras sensações ou emoções, traga gentilmente a sua atenção de volta para a respiração. Cada vez que notar que a sua atenção se desviou da respiração, perceba que esse é um momento de *mindfulness*: um "despertar" para o movimento da sua mente. É também uma oportunidade de trazer compaixão para a sua mente e para as suas experiências, enquanto volta a atenção para a sua respiração com bondade e paciência.
7. Continue com a prática por 10 minutos ou durante o tempo que se sentir confortável. Quando terminar o exercício, volte suavemente a sua atenção para o seu ambiente externo, dando um tempo para se readaptar.

Para colher os benefícios da prática de *mindfulness*, você pode optar por praticar o exercício diariamente, anotando suas observações depois de cada prática. Pode ser útil ter como objetivo praticar durante 5 em cada 7 dias. Este é um exemplo do registro da Érica sobre a sua respiração consciente:

👤 EXEMPLO: Registro da respiração consciente de Érica

Dia e hora da prática	Duração	O que eu notei
Segunda-feira 18h	5 min	Notei a minha mente divagando, mas prossegui e trouxe minha atenção de volta para a minha respiração.
Terça-feira 18h15	10 min	Foquei na minha respiração na minha barriga e achei mais fácil manter o exercício. Notei que o meu corpo estava ficando calmo.

Dia e hora da prática	Duração	O que eu notei
Quinta-feira 13h30	20 min	Quando comecei o exercício, senti-me inquieta e agitada. Meus pensamentos estavam acelerados, e eu ficava remoendo sobre as coisas do trabalho. Isso me deixou mais frustrada inicialmente, e tive pensamentos como "Não consigo fazer isso" e "Estou perdendo meu tempo". Pratiquei a aceitação desses pensamentos e sentimentos, em vez de lutar contra eles, e voltei a prestar atenção à minha respiração. Consegui continuar praticando.
Sexta-feira 11h55	3 min	Só consegui fazer alguns minutos entre os clientes, mas foi útil para me preparar para a sessão seguinte (notei que estava mais capaz de estar presente).
Domingo 17h00	15 min	Passei a maior parte do exercício perdida em pensamentos (preocupações e planejamentos para a semana seguinte), mas consegui ser paciente comigo mesma.

Durante a semana seguinte, tente praticar 5 em cada 7 dias. Em termos de duração da sua prática, comece com pouco tempo e aumente até 10 a 20 minutos. Como no exemplo de Érica, praticar por apenas alguns minutos pode ter um efeito poderoso no seu dia. Você pode experimentar o melhor horário em que fará a sua prática: por exemplo, antes ou depois de uma sessão de terapia, assim que acordar ou quando chegar em casa depois do trabalho.

Há obstáculos comuns que podem surgir quando se inicia uma prática de *mindfulness*. Esses obstáculos podem ser tanto internos quanto externos: pensamentos do cérebro novo sobre "fazer tudo direito", sentir-se aborrecido ou inquieto ou até as limitações de tempo criadas pelos cuidados com os filhos ou por uma vida profissional muito ocupada. Você pode, no entanto, utilizar esses obstáculos como oportunidades para se relacionar de forma atenta e consciente com as suas experiências: note os tipos de pensamentos e sentimentos com que se depara ao considerar ou realizar a sua prática. As pessoas comumente se sentem frustradas quando notam que seus pensamentos as levam para longe repetidamente – mas distrair-se dessa forma é uma parte importante de *mindfulness*, pois nos ajuda a aprender a notar o movimento na mente. Trazer a consciência atenta para esses obstáculos nos permite ter mais clareza sobre a melhor forma de trabalhar com essas experiências ou situações (p. ex., pensar em formas de nos ajudar a lembrarmos de fazer a prática) e considerar compassivamente as nossas várias necessidades e responsabilidades. Esse processo também nos dá uma demonstração do enfrentamento compassivo: em vez de evitarmos as nossas dificuldades, olhamos profundamente para elas com a intenção de compreender as causas e condições que as criam e as mantêm, perguntando: "O que me ajudaria a trabalhar com esse obstáculo?".

Na terceira coluna, anote as experiências que observou ao fazer o exercício. Elas podem incluir pensamentos e sentimentos sobre a prática, experiências que você notou durante o exercício e como lidou com a divagação da mente, as distrações ou quaisquer dificuldades que tenha encontrado.

✎ EXERCÍCIO. Meu registro da respiração consciente

Dia e hora da prática	Duração	O que eu notei

De *Experimentando a terapia focada na compaixão de dentro para fora: um guia de autoprática/autorreflexão para terapeutas*, de Russell L. Kolts, Tobyn Bell, James Bennett-Levy e Chris Irons (Artmed, 2025). Este formulário é gratuito para reprodução e uso pessoal. Aqueles que adquirirem este livro podem fazer o *download* de cópias adicionais deste material na página do livro em loja.grupoa.com.br.

PERGUNTAS PARA AUTORREFLEXÃO

Qual foi a sua experiência quando se engajou na prática de respiração consciente? Houve alguma surpresa? O que você aprendeu?

O que você achou de fazer a respiração consciente regularmente? Com que facilidade conseguiu completar a tarefa diariamente? Que obstáculos surgiram e como você lidou com eles (ou como poderia fazer isso no futuro)?

A partir da sua experiência, qual seria a melhor forma de apresentar *mindfulness* aos seus clientes? Qual seria a melhor forma de ajudá-los a desenvolver uma prática de *mindfulness* ao longo do tratamento?

_____
_____
_____
_____
_____
_____
_____
_____
_____
_____
_____
_____

A partir da sua experiência, como você acha que *mindfulness* se relaciona com o modelo da TFC? Como você acha que *mindfulness* pode apoiar e complementar o cultivo da compaixão?

_____
_____
_____
_____
_____
_____
_____
_____
_____
_____
_____
_____

Módulo 7
Moldados pelas nossas experiências

A terapia focada na compaixão (TFC) difere de outras abordagens no trabalho com a autocompaixão na sua ênfase em ajudar os clientes a compreenderem compassivamente *como as coisas acabaram sendo dessa forma*. Desse modo, a compreensão que os clientes (e os terapeutas) têm das coisas de que não gostam em si mesmos pode mudar de *"alguma coisa que está fundamentalmente errada comigo"* para *"as coisas são desconfortáveis, mas não são minha culpa"*. A mensagem "não é minha culpa" na TFC é realmente esta: não vamos nos atacar e nos envergonhar por coisas que não escolhemos ou planejamos. Você já experimentou um pouco dessa abordagem quando os Módulos 2, 4 e 5 o levaram a explorar um conjunto de influências poderosas no funcionamento e desenvolvimento humano: nosso cérebro evoluído e as formas complicadas como ele pode moldar a nossa experiência. Este módulo explora outro conjunto de influências que podem moldar poderosamente os seres humanos de formas que, em grande parte, não conseguimos escolher ou projetar: a forma poderosa como somos moldados pelas nossas histórias de aprendizagem. O Módulo 8 amplia esse tópico, ajudando-o a explorar os seus estilos de relacionamento e como eles podem estar relacionados com as experiências iniciais de apego.

MOLDADOS PELA EXPERIÊNCIA

Por décadas, os psicólogos comportamentais exploraram como os ambientes sociais podem moldar nosso comportamento por meio de vários processos de aprendizagem, como o condicionamento clássico, o condicionamento operante e a aprendizagem social (Skinner, 1953; Bandura, 1977; para uma excelente discussão contemporânea dos princípios comportamentais, ver Ramnerö & Törneke, 2008). Nossas histórias de aprendizagem nos moldam por meio das consequências positivas e aversivas que se seguem às coisas que fazemos e pela nossa observação dos comportamentos modelados pelos outros. Ao longo do tempo, nosso ambiente nos ensina quais comportamentos são aceitáveis e conduzirão a resultados desejáveis e quais comportamentos são inaceitáveis e serão seguidos de punição. Embora essas consequências em geral estejam ancoradas no nosso comportamento observável, elas também podem moldar a forma como nos relacionamos com as nossas experiências privadas, como pensamentos e emoções, por meio da recompensa e da punição da nossa expressão verbal e não verbal dessas experiências (p. ex., respostas emocionais ou falar sobre o que pensamos). Também aprendemos com as nossas observações do comportamento dos outros – quais comportamentos eles modelam para nós (a partir dos quais aprendemos os tipos de comportamento que são aceitáveis) e quais comportamentos eles não têm (p. ex., as emoções que nunca expressam – o que pode nos ensinar que determinadas experiências emocionais são inaceitáveis). Dessa forma, aprendemos a experimentar alguns comportamentos, pensamentos e emoções como coisas que são boas para nós, ao passo que aprendemos a nos relacionar com outros comportamentos, pensamentos e emoções com rejeição, autocrítica e vergonha. A natureza complicada de nosso cérebro evoluído levará a maioria de nós a experimentar uma grande variedade de pensamentos e emoções que não estamos necessariamente escolhendo ter, o que pode criar problemas para nós. Para se somar a essas dificuldades, nosso cérebro antigo, focado na ameaça, é muito bom em associar experiências e emoções, o que pode nos condicionar a ter reações fortes e não escolhidas a várias experiências (p. ex., ter reações emocionais fortes a vários estímulos sensoriais que estavam presentes durante uma experiência traumática no passado). Somos poderosamente moldados socialmente.

Nesta seção, você irá explorar um pouco como a sua própria história de aprendizagem o moldou. Como preparação, vamos dar uma olhada no exemplo de Joe.

EXEMPLO: Reflexão de Joe

> **Durante o seu crescimento – em casa, na escola e em seus outros ambientes –, o que você aprendeu sobre como deveria se comportar? Quais formas de comportamento aprendeu que eram desejáveis (p. ex., comportamentos pelos quais era recompensado ou que via modelados por outros) e quais formas eram consideradas indesejáveis (p. ex., comportamentos pelos quais era punido ou ridicularizado, ou que nunca foram modelados pelos seus cuidadores)?**
>
> *Durante o meu crescimento, aprendi que deveria ser produtivo e fazer as coisas de acordo com as regras. Aprendi que há uma forma correta de fazer as coisas e que é assim que elas devem ser feitas. Também aprendi que é importante ser honesto e dar o melhor de si para ajudar os outros quando eles precisam – acho que foi por isso que me tornei terapeuta. Em termos do que não se deve fazer, aprendi que você dever ser educado e agradável – não é correto contar vantagem ou ser rude. Meu pai me criticava com muita facilidade, às vezes duramente, se eu não obedecia ou se achava que eu estava sendo preguiçoso, e os meus professores também eram assim.*
>
> **Durante o seu crescimento – em casa, na escola e em seus outros ambientes –, o que você aprendeu sobre o que e como deveria se sentir (p. ex., observando as emoções que eram expressas pelos seus cuidadores)? Você aprendeu alguma coisa sobre que tipos de sentimentos eram aceitáveis e inaceitáveis?**
>
> *Parece tão estereotipado dizer isso, mas, por ser homem, aprendi realmente que, de alguma forma, estava tudo bem sentir e expressar raiva, mas não emoções "mais*

fracas", como ansiedade ou tristeza. Meu pai era muitas vezes um modelo de raiva para mim – levantando a voz e coisas do gênero, nunca agressivo fisicamente –, mas nunca realmente demonstrou ansiedade ou tristeza, e era rápido em reprimi-la em mim se me visse assustado ou chorando. E, é claro, os outros meninos me atacavam sem piedade se vissem alguma dessas coisas. Por isso, aprendi a reprimir essas coisas rapidamente. Acho que realmente não expresso muitas das minhas emoções, honestamente, mas a raiva é mais fácil, embora me deixe desconfortável porque me faz lembrar das partes do meu pai que não quero imitar.

Durante o seu crescimento – em casa, na escola e em seus outros ambientes –, o que você aprendeu sobre o que e como deveria pensar? Você aprendeu alguma coisa sobre que tipos de pensamentos eram aceitáveis e inaceitáveis?

Acho que talvez eu tenha aprendido um pouco a não confiar no meu próprio julgamento – sabe, só seguir em frente e fazer o que me mandam, mesmo que não me pareça muito correto. Isso criou alguns desafios para mim quando eu me encontrava em situações como a que estou vivendo agora no trabalho – em que as coisas que as pessoas me diziam sobre como eu deveria fazer alguma coisa não se enquadravam no que considero correto ou nos meus valores. Também aprendi que não é bom ser arrogante ou ter pensamentos cruéis – por isso, às vezes fico chocado com as coisas que me vêm à cabeça. Como terapeuta, sei que as pessoas terão todo o tipo de pensamentos, então, isso não é realmente um problema para mim. O verdadeiro problema é encontrar uma forma de me afirmar quando o meu julgamento entra em conflito com o daqueles que estão acima de mim.

Durante o seu crescimento, você aprendeu alguma coisa sobre compaixão e como se relacionar com o sofrimento em você mesmo e nos outros?

Bem, havia uma mensagem geral de que você devia ajudar quem precisava, embora nunca tivéssemos realmente falado sobre compaixão. Meus pais faziam donativos para o banco de alimentos local, e acho que houve um ou dois projetos de voluntariado na escola. Mas, na maior parte do tempo, a nossa família cuidava das nossas coisas... concentrando-se nas tarefas cotidianas da vida. Quanto ao meu próprio sofrimento, está mais ou menos relacionado com o que escrevi antes – meu pai não colocava nenhum foco no que fazer com isso, exceto pela rejeição geral de sentimentos como medo ou tristeza. A minha mãe era um pouco diferente; quando via que eu estava perturbado, ela vinha até mim, me abraçava e dizia que ia ficar tudo bem. É bom lembrar disso. Então, quando penso nisso, acho que ela me ensinou que, quando as pessoas estão sofrendo, é importante lhes mostrar que nos preocupamos com elas. Talvez seja por isso que acabei me tornando terapeuta.

No exercício a seguir, reflita sobre como você foi moldado pelo seu ambiente por meio de recompensas e punições e pelas experiências na vida. É recomendável encontrar um local confortável onde não seja incomodado durante algum tempo e dedicar alguns momentos a uma respiração de ritmo calmante, para ativar seu sistema nervoso parassimpático e se preparar para a autorreflexão.

EXERCÍCIO. Explorando o que aprendi

Durante o seu crescimento – em casa, na escola e em seus outros ambientes –, o que você aprendeu sobre como deveria se comportar? Quais formas de comportamento aprendeu que eram desejáveis (p. ex., comportamentos pelos quais era recompensado ou que via modelados por outros) e quais formas eram consideradas indesejáveis (p. ex., comportamentos pelos quais era punido ou ridicularizado, ou que nunca foram modelados pelos seus cuidadores)?

Durante o seu crescimento – em casa, na escola e em seus outros ambientes –, o que você aprendeu sobre o que e como deveria se sentir (p. ex., observando as emoções que eram expressas pelos seus cuidadores)? Você aprendeu alguma coisa sobre que tipos de sentimentos eram aceitáveis e inaceitáveis?

Durante o seu crescimento – em casa, na escola e em seus outros ambientes –, o que você aprendeu sobre o que e como deveria pensar? Você aprendeu alguma coisa sobre que tipos de pensamentos eram aceitáveis e inaceitáveis?

Durante o seu crescimento, você aprendeu alguma coisa sobre compaixão e como se relacionar com o sofrimento em si mesmo e nos outros?

PERGUNTAS PARA AUTORREFLEXÃO

Como foi refletir sobre as experiências de aprendizagem que moldaram o seu comportamento, as suas emoções e os seus pensamentos atuais? Que sentimentos surgiram?

_____
_____
_____
_____
_____
_____
_____
_____
_____
_____
_____
_____
_____
_____

Você notou algum obstáculo ou resistência? Se sim, como entendeu e trabalhou com isso?

_____
_____
_____
_____
_____
_____
_____
_____
_____
_____
_____
_____
_____
_____

Você notou alguma compaixão surgindo – ou relutância em experimentar compaixão – quando considerou como as suas experiências de vida moldaram a sua forma de estar no mundo atualmente?

_____
_____
_____
_____
_____
_____
_____
_____
_____
_____
_____
_____

A partir da sua experiência com esses exercícios, que considerações você acha que deve ter em mente ao apresentar essas ideias aos seus clientes?

_____
_____
_____
_____
_____
_____
_____
_____
_____
_____
_____
_____

Módulo 8
Análise funcional compassiva

Neste módulo, consideramos como nós, seres humanos, podemos ser moldados pela nossa experiência em relação a uma situação problemática. Este exercício envolve trazer à mente um exemplo do problema desafiador que você identificou no Módulo 1. Iremos guiá-lo através de uma análise funcional comportamental típica – identificando os antecedentes, observando o comportamento (que pode incluir até eventos privados, como o pensamento ou as respostas emocionais) e notando as consequências que se seguem –, o que o ajudará a identificar os desencadeantes, os padrões típicos e as condições que tendem a manter o problema. Depois, pedimos a você que considere compassivamente como a sua resposta a essa situação faz sentido no contexto da sua história e das condições atuais que a rodeiam. Essa parte do processo envolve considerar como a sua experiência desse problema pode ter sido moldada pelo seu passado e como a sua experiência e respostas fazem sentido dentro desse contexto, como Joe faz a seguir.

EXEMPLO: Reflexão de Joe

Descreva brevemente um exemplo recente do problema.
A minha situação foi típica no meu novo emprego. Durante uma reunião de equipe, estávamos tentando organizar as nossas novas admissões e fazer um planejamento do tratamento em torno delas, e o nosso supervisor da unidade parecia alheio – ele não parava de martelar sobre as exigências da nossa produtividade e enfatizar a importância de mantermos nossos horários cheios, ao ponto de sugerir marcações duplas. Ele parecia desinteressado em falar sobre os clientes e sobre como ajudá-los.

Há alguma coisa na sua resposta à situação que você considera problemática? Pode ser um comportamento exteriorizado, um comportamento interno, como um pensamento, ou mesmo uma emoção com a qual se sinta desconfortável. Pode ser algo de que se envergonha ou pelo qual se critica.

Bem, acho que eu tinha razão em estar frustrado. Parece que o foco não está onde deveria estar. Mas acho que estou um pouco envergonhado não só por não ter dito nada na reunião, mas por ter ficado remoendo isso o dia todo, o que me distraiu de pensar nos meus clientes. Até mesmo fui um pouco ríspido com a minha família quando cheguei em casa, o que não acho correto.

Que aspectos da situação desencadearam a sua reposta? Pode ser alguma coisa que aconteceu, um aspecto do contexto em que você se encontrava ou mesmo outro dos seus sentimentos e emoções – qualquer coisa que tenha lhe provocado essa reação particular.

Não é difícil saber – foi a atitude do meu supervisor. Parece que ele não entende.

Agora, considere as consequências da sua resposta. O que aconteceu depois? Como essas consequências podem ter recompensado ou punido a sua resposta de forma que a tornaram mais provável de acontecer (ou não acontecer) no futuro imediato e/ou em longo prazo?

Acho que posso dividir as consequências da minha resposta em curto e longo prazos. Em curto prazo, não dizer nada provavelmente me ajudou a evitar um confronto com o meu supervisor na reunião, o que não seria nada divertido. No entanto, ficar remoendo o dia todo me impediu de aproveitar o meu dia, provavelmente me impediu de fazer o meu melhor trabalho com os meus clientes e prejudicou minha capacidade de estar presente para a minha família da forma que quero estar. E ser capaz de observar isso me levou a alguma autocrítica, pois me dei conta de que estava agindo de uma forma que não era muito útil.

Refletindo sobre a sua resposta em relação à sua própria história de aprendizagem, bem como em relação às situações atuais que a desencadeiam e às consequências que se seguem, faz sentido que você se debata com essa situação? Sabendo o que você sabe sobre si mesmo e como aprendeu a estar no mundo, faz sentido que se comporte, sinta ou pense dessa forma quando confrontado com essa situação? Como a sua reação pode ter sido moldada por fatores que você não escolheu nem planejou?

Quando penso nisso, realmente faz sentido. Durante o meu crescimento, esperava-se que eu atendesse aos pedidos do meu pai sem questionar – e, se o questionasse, a sua reação podia ser muito dura. Assim, pude ver como aprendi a guardar as coisas dentro de mim por medo de criar um grande conflito. Ao mesmo tempo, eu o vi como um modelo daquilo que eu mesmo estava fazendo esta semana – remoendo o que o incomodava e nos atacando, em vez de resolver o problema. Isso ajuda a explicar por que sou tão duro comigo sobre isso, porque é difícil me ver agindo de uma forma que para mim era tão dura de ver durante o meu crescimento – há muitas coisas no meu pai que eu admiro, mas essa não é uma delas.

✍ EXERCÍCIO. Minha análise funcional

Agora, explore a sua própria situação desafiadora, considerando as relações entre as suas respostas à situação e as experiências de aprendizagem anteriores que podem ter moldado suas tendências a responder de determinadas formas.

Descreva brevemente um exemplo recente do problema.

Há alguma coisa na sua resposta à situação que você considera problemática? Pode ser um comportamento exteriorizado, um comportamento interno, como um pensamento, ou mesmo uma emoção com a qual se sinta desconfortável. Pode ser algo de que se envergonha ou pelo qual se critica.

Que aspectos da situação desencadearam a sua reposta? Pode ser alguma coisa que aconteceu, um aspecto do contexto em que você se encontrava ou mesmo outro dos seus sentimentos e emoções – qualquer coisa que tenha lhe provocado essa reação particular.

Agora, considere as consequências da sua resposta. O que aconteceu depois? Como essas consequências podem ter recompensado ou punido a sua resposta de forma que a tornaram mais provável de acontecer (ou não acontecer) no futuro imediato e/ou em longo prazo?

Refletindo sobre a sua resposta em relação à sua própria história de aprendizagem, bem como em relação às situações atuais que a desencadeiam e às consequências que se seguem, faz sentido que você se debata com essa situação? Sabendo o que você sabe sobre si mesmo e como aprendeu a estar no mundo, faz sentido que se comporte, sinta ou pense dessa forma quando confrontado com essa situação? Como a sua reação pode ter sido moldada por fatores que você não escolheu nem planejou?

💭 PERGUNTAS PARA AUTORREFLEXÃO

A análise funcional fez sentido para você? Houve alguma coisa que não lhe pareceu correta? O que você aprendeu sobre si mesmo por meio deste exercício (p. ex., sobre como foi moldado pela sua experiência prévia e os fatores que mantêm a sua experiência no aqui e agora)?

_____
_____
_____
_____
_____
_____
_____
_____
_____
_____
_____

Você notou algum medo, obstáculo ou resistência? Se sim, como entendeu e trabalhou com isso?

_____
_____
_____
_____
_____
_____
_____
_____
_____
_____
_____

Você notou alguma compaixão surgindo em você (ou relutância em experimentar compaixão) ao considerar como as suas experiências de vida atuaram para moldar a forma como se envolve com esse problema?

_____
_____
_____
_____
_____
_____
_____
_____
_____
_____
_____

Há alguma coisa que se destaque e que possa informar como você aborda esse processo com os seus clientes? Você consegue pensar em algum cliente para quem esta exploração possa ser útil? Como você poderia utilizá-la com ele?

_____
_____
_____
_____
_____
_____
_____
_____
_____
_____
_____
_____

Como a sua experiência dos dois últimos módulos se relaciona com a sua compreensão do modelo da TFC? Como esses exercícios podem ser utilizados para facilitar a compaixão dos clientes?

Módulo 9

Imagem mental de um lugar seguro

Anteriormente, apresentamos os três sistemas de regulação dos afetos (ameaça, *drive* e calmante/segurança) e discutimos como o cérebro novo e o cérebro antigo podem interagir para ativar esses sistemas e criar uma dinâmica em torno de estados afetivos e motivacionais específicos. Também aprendemos como a respiração de determinadas formas pode ajudar a ativar a fisiologia do sistema calmante. Neste módulo, continuaremos a explorar formas de trabalhar com os aportes para o cérebro emocional para ativar o sistema calmante, para equilibrar nossas emoções e para nos ajudar a mudar para estados motivacionais compassivos – preparando o terreno para nos envolvermos ativa e compassivamente com experiências e emoções desafiadoras.

UMA BREVE INTRODUÇÃO À IMAGEM MENTAL

Neste módulo, apresentamos a nossa primeira prática de imagem mental. Por vezes, as pessoas têm dificuldade em lidar com a imagem mental, acreditando que ela deve envolver a criação de imagens vívidas na mente, o que alguns podem achar muito desafiador. A forma como usamos a imagem mental na terapia focada na compaixão (TFC) não tem tanto a ver com a criação de fotografias mentais perfeitas, mas sim com a criação de experiências mentais que facilitem mudanças sentidas na compreensão, na emoção e na motivação (Gilbert, 2010; Kolts, 2016). Para demonstrar esse processo, vamos fazer um breve exercício experiencial:

1. Primeiramente, traga à sua mente o momento em que você acordou e se levantou esta manhã. O que você notou primeiro? Como se sentiu no seu corpo? Que sons notou? Observe seus primeiros movimentos ao sair da cama: para onde estava se dirigindo? O que notou no caminho – e quando chegou lá? Que sons, imagens, cheiros e sabores se apresentaram enquanto você se orientava para o dia? Você se lembra de alguma sensação no seu corpo quando dava início à sua manhã?
2. Em segundo lugar, traga à sua mente uma comida favorita. Explore essa experiência na sua mente. Qual é o aspecto dessa comida? Qual é o seu sabor? Qual é a sua textura? O que mais você nota sobre ela? Seu cheiro? As lembranças que ela evoca? Note a

experiência mental que toma forma à medida que traz essa comida à mente – tanto a informação sensorial que chega (imagens, sons, etc.) quanto o nível de motivação, interesse ou prazer que você sentiu ao comer essa comida.

3. Em terceiro lugar, traga à sua mente férias recentes ou um feriado de que tenha desfrutado (ou, talvez, um feriado de que gostaria de desfrutar). Tente obter uma sensação mental desse lugar – a atmosfera, a temperatura, a sensação do ar no seu corpo. As paisagens? Os sons? Os cheiros? As cores? Como é? Como seria estar lá? Qual seria a sensação? O que você nota? Como se sente ao recordar isso?

Vamos parar um momento para refletir sobre o que aprendemos ao fazer este exercício. Quer tenha ou não conseguido criar imagens vívidas de cada experiência sugerida, você foi capaz de criar uma experiência *mental* que correspondesse ao estímulo? O que você notou?

EXEMPLO: A prática de imagem mental de Joe

O que notei durante a prática de imagem mental:

Eu experienciei o momento em que abri os olhos ao som do alarme tocando alto. Meu corpo estava quente e pesado, e tive essas sensações quando as imaginei, com o peso das cobertas sobre mim. Fiquei surpreso por me sentir um pouco cansado e sonolento ao fazer o exercício, e queria voltar para a cama!

O que aprendi durante a prática de imagem mental:

Aprendi que a imagem mental pode criar o mesmo tipo de sentimentos como se eu estivesse de volta àquele momento. Embora eu não conseguisse realmente ver como uma imagem vívida, tive uma sensação clara – consegui imaginar o alarme e realmente senti o seu som no meu corpo. Também me deu vontade de fazer certas coisas, como voltar para a cama.

EXERCÍCIO. Minha prática de imagem mental

O que notei durante a prática de imagem mental:

> **O que aprendi durante a prática de imagem mental:**

ATIVANDO O SISTEMA DE SEGURANÇA ATRAVÉS DE IMAGEM MENTAL

Na TFC, um dos principais objetivos da terapia é ajudarmos nossos clientes a deixarem seus sistemas de segurança/calmante ativos e funcionando para eles. Para isso, também é importante aprender como facilitar sentimentos de segurança em nós mesmos. O sistema de segurança nos proporciona uma forma poderosa de ajudar a equilibrar os sentimentos de ameaça, para que possamos estar nas nossas melhores condições quando trabalhamos com emoções e situações de vida desafiadoras. No entanto, dependendo do nosso temperamento herdado e de como fomos moldados pelas experiências na vida (ver Módulos 7 e 8), alguns de nós podem ter sistemas de segurança subdesenvolvidos e dificuldades para criar sentimentos de segurança em nós mesmos. Outras pessoas podem ter bloqueios muito específicos que inibem a sua capacidade de acessar experiências de tranquilidade e calma, ou podem até mesmo sentir relutância em tentar trazer à tona essas experiências. Com o tempo, queremos ajudar a nós mesmos e aos nossos clientes a desenvolver um repertório de comportamentos e estratégias que nos darão a capacidade de ativar, desenvolver e fortalecer nossos sistemas de segurança, para que sejamos cada vez mais capazes de estimular esses sentimentos em nós mesmos ao longo do tempo – mesmo em face de experiências cada vez mais desafiadoras. Vamos começar introduzindo uma prática de imagem mental concebida para fazer exatamente isto: a imagem mental de um lugar seguro (Gilbert, 2009).

EXERCÍCIO. Imagem mental de um lugar seguro

Como fizemos no exercício anterior, vamos usar a imagem mental para criar experiências na mente – mas, dessa vez, para criar um aporte calmante para o cérebro antigo emocional, a fim de ajudar a colocar o sistema de segurança a nosso serviço.

Vamos começar fazendo 1 minuto ou mais de respiração de ritmo calmante, abrandando a respiração, usando o corpo para desacelerar a mente. Lembre-se de que, ao fazer isso, nosso objetivo é obter um ritmo de cerca de seis respirações por minuto, inspirando por 4 a 5 segundos, talvez segurando por um momento e, depois, expirando lentamente por 4 a 5 segundos. Caso seja útil, reserve um momento para rever a prática de respiração de ritmo calmante descrita no Módulo 3.

Depois que desaceleramos as coisas em nosso corpo e mente, vamos começar a imaginar como seria nos sentirmos completamente seguros, satisfeitos e em paz. Como seria a sensação dessas experiências agradáveis no nosso corpo?

Nesta prática, usamos a imagem mental para construir um "lugar" mental que provocará esses sentimentos em nós. Vamos fazer isso agora. Você pode ler as instruções a seguir e, depois, fechar os olhos e fazer o exercício.

- Traga à sua mente o tipo de lugar que pode lhe despertar sentimentos de segurança, paz e contentamento. Pode ser um lugar que você visitou no passado ou um lugar completamente imaginado que tenha desenvolvido com base em coisas que sabe que o ajudam a se sentir seguro.
- Quando trouxer esse lugar à mente, considere os detalhes sensoriais. Dedique algum tempo a cada um deles:
  - O que você vê?
  - O que você ouve?
  - O que você cheira?
  - Qual é a sua experiência corporal (p. ex., a sensação do calor do sol na sua pele)?
- Observe as emoções que surgem quando se concentra nesses vários detalhes. Se existirem aspectos específicos desse lugar que suscitem sentimentos fortes de paz, contentamento ou segurança, concentre-se neles e parta daí.
- Pode ou não haver outras pessoas ou seres (p. ex., animais, seres sobrenaturais) nesse lugar com você. Se houver, imagine que esses seres estão lhe dando as boas-vindas – tendo prazer com a sua presença, felizes de que você esteja aqui. Brinque com a distância – talvez a outra pessoa, pessoas ou seres estejam por perto, ou talvez estejam em algum lugar na periferia da imagem. Foque no que for útil para você.
- Imagine que esse lugar lhe dá as boas-vindas – que ele está satisfeito que você esteja aqui e aprecia a sua presença, como se você o completasse.
- É muito comum, no início, percebermos que estamos mudando de um lado para o outro até nos fixarmos em um lugar. Também é comum que as pessoas imaginem vários "lugares" diferentes que podem visitar, dependendo do que lhes parece correto no momento. O que interessa é o processo – o objetivo de aprender a despertar sentimentos de segurança – e conectar-se com um determinado lugar ou imagem mental que ajude a despertar esses sentimentos. Sinta-se à vontade para experimentar e encontrar "lugares" que funcionem para você.
- Passe algum tempo desfrutando desse lugar. Você pode começar passando 5 minutos ou mais, inicialmente (sinta-se à vontade para demorar mais). Quando estiver pronto, faça algumas respirações calmantes, abra os olhos e retorne ao momento presente, trazendo consigo um pouco dessa sensação de paz e segurança. Escreva um pouco sobre a sua experiência com a prática, como no exemplo de Fátima, a seguir.

EXEMPLO: Imagem mental de um lugar seguro de Fátima

Dia da prática	Experiência da prática de imagem mental de um lugar seguro	Reflexões sobre a prática
Dia 1	Estava ansiosa quando fechei os olhos e comecei a praticar – minha mente estava acelerada, e pensei que não seria capaz de aguentar mais do que 1 minuto. Mas a respiração ajudou, e consegui imaginar uma praia tranquila, sentir a areia quente nos pés e ouvir as ondas. Senti tranquilidade e satisfação.	Eu estava bastante resistente em fazer o exercício e tinha adiado o início. É essa ameaça de desacelerar, de me perguntar o que vou encontrar. Eu podia sentir meu corpo mudando, mas isso levou tempo...

EXERCÍCIO. Minha imagem mental de um lugar seguro

Dia da prática	Experiência da prática de imagem mental de um lugar seguro	Reflexões sobre a prática

PERGUNTAS PARA AUTORREFLEXÃO

Houve alguma coisa que o tenha surpreendido na sua experiência de imagem mental de um lugar seguro?

_____
_____
_____
_____
_____
_____
_____
_____

Você sentiu algum bloqueio nos exercícios? Se sim, como compreendeu e trabalhou com isso?

Durante o exercício, você teve percepções com maior clareza sobre o sistema calmante/de segurança? Se sim, quais foram?

Há alguma implicação que você possa extrair da sua experiência e levar para a sua prática terapêutica?

A partir da sua experiência, há implicações para a sua compreensão de como a imagem mental de um lugar seguro afeta os sistemas de ameaça, *drive* e segurança?

Módulo 10

Explorando o estilo de apego

Nos Módulos 7 e 8, você refletiu sobre a forma como a sua história de aprendizagem moldou a sua experiência atual – suas tendências a experimentar determinadas emoções, pensamentos e comportamentos –, bem como a forma como responde a essas tendências (p. ex., com orgulho ou vergonha). Neste módulo, exploramos outro aspecto das nossas histórias de aprendizagem que pode moldar poderosamente a nossa vida – nossas histórias de apego e estilos de apego atuais.

MOLDADOS PELAS NOSSAS RELAÇÕES

O Módulo 2 introduziu o modelo dos três círculos da emoção. O sistema calmante/de segurança funciona para nos ajudar a ter acesso a experiências de calma e tranquilidade, ajudando-nos a regular nossas emoções e a lidar com experiências de ameaça. Durante décadas, os teóricos do apego caracterizaram o sistema comportamental do apego – a forma como somos capazes de nos conectarmos e sermos acalmados pelo contato com os outros – como fundamental para nos ajudar a responder às ameaças de forma saudável e a ter confiança para explorar o mundo e nossas próprias emoções (Bowlby, 1969/1982; Wallin, 2007; Mikulincer & Shaver, 2007). Nossas experiências iniciais de apego moldam poderosamente a forma como experienciamos os outros (como prestativos, cuidadosos e presentes – ou não) e a nós mesmos (como merecedores de amor e carinho – ou não), além de nos fornecerem um modelo de como responder a nós mesmos e aos outros quando estamos em sofrimento.

A insegurança no apego (que envolve tendências contínuas para lidar com as relações interpessoais com ansiedade, evitação ou ambos) tem sido objeto de milhares de estudos científicos. Ela tem sido associada a uma gama de dificuldades na vida, incluindo depressão, transtornos de ansiedade, como o transtorno de estresse pós-traumático (TEPT) e o transtorno obsessivo-compulsivo (TOC), transtornos da personalidade e transtornos alimentares (Mikulincer & Shaver, 2007, 2012), além de dificuldades de experimentar autocompaixão (Pepping, Davis, O'Donovan, & Pal, 2014; Gilbert, McEwan, Catarino, Baião, & Palmeira, 2014). Relevante para a terapia focada na compaixão (TFC), a facilitação da segurança no apego – a capacidade de se envolver prontamente e de se sentir seguro nas relações com os outros – tem sido associada a uma série de resultados positivos, como aumento da autoconfiança e do autodesenvolvimento (Feeney & Thrush, 2010), autocompaixão (Pepping et al., 2014), compaixão, empatia e comportamento altruísta (Mikulincer et al., 2001; Mikulincer & Shaver, 2005; Gillath, Shaver, & Mikulincer, 2005). Cada vez mais, considera-se que os terapeutas podem atuar como uma base segura para ajudar os clientes a se regularem perante a ameaça e auxiliá-los a abordar e a lidar com experiências difíceis (Wallin, 2007; Knox, 2010; Kolts, 2016).

Levando-se em consideração toda essa pesquisa que apoia a importância das relações de apego, pode não ser surpresa que as histórias, os estilos e as dinâmicas do apego no consultório sejam importantes na TFC. No restante deste módulo, você irá explorar suas próprias experiências de apego e como elas moldaram a forma como se relaciona com as outras pessoas e consigo mesmo. Olhar profundamente para nossas próprias histórias de apego e para como elas moldaram a nossa vida atual pode, por vezes, proporcionar um nível surpreendente de emoção, já que essas dinâmicas estão muitas vezes no centro das experiências que consideramos as mais difíceis. Por isso, ao realizar os exercícios deste módulo, certifique-se de ter um *cuidado consigo mesmo* – se possível, permita-se um tempo para fazer os exercícios em um espaço tranquilo e confortável e, quem sabe, planeje uma atividade agradável para fazer depois.

Vamos começar revisitando o breve questionário de apego do Módulo 1, que o ajudará a ter uma noção do quanto você tende a sentir ansiedade e evitação de apego. Como já mencionamos anteriormente, a direção dos números muda no meio da medida – fizemos isso porque os quatro primeiros itens têm uma pontuação invertida. Tudo o que você precisa fazer é circular a resposta que melhor combine com a sua experiência e, depois, somar as pontuações.

ECR-RS

Por favor, leia cada afirmação a seguir e classifique até que ponto você acha que cada afirmação melhor descreve os seus sentimentos sobre as relações íntimas em geral.	Discordo totalmente						Concordo totalmente
1. Me ajuda recorrer às pessoas em momentos de necessidade.	7	6	5	4	3	2	1
2. Costumo discutir meus problemas e preocupações com os outros.	7	6	5	4	3	2	1
3. Costumo falar sobre as coisas com as pessoas.	7	6	5	4	3	2	1
4. Acho fácil depender dos outros.	7	6	5	4	3	2	1
5. Não me sinto à vontade para me abrir com os outros.	1	2	3	4	5	6	7
6. Prefiro não mostrar aos outros como me sinto no meu íntimo.	1	2	3	4	5	6	7

(Continua)

ECR-RS *(Continuação)*

Por favor, leia cada afirmação a seguir e classifique até que ponto você acha que cada afirmação melhor descreve os seus sentimentos sobre as relações íntimas em geral.	Discordo totalmente						Concordo totalmente
7. Preocupo-me frequentemente que os outros possam não gostar realmente de mim.	1	2	3	4	5	6	7
8. Tenho medo de que os outros me abandonem.	1	2	3	4	5	6	7
9. Preocupo-me que os outros não se preocupem comigo tanto quanto eu me preocupo com eles.	1	2	3	4	5	6	7

Adaptada de Mikulincer e Shaver (2016). Copyright © 2016 The Guilford Press. Reproduzida em *Experimentando a terapia focada na compaixão de dentro para fora: um manual de autoprática/autorreflexão para terapeutas*, de Russell L. Kolts, Tobyn Bell, James Bennett-Levy e Chris Irons (Artmed, 2025). Este formulário é gratuito para reprodução e uso pessoal. Aqueles que adquirirem este livro podem fazer o *download* de cópias adicionais deste material na página do livro em loja.grupoa.com.br.

> Evitação de apego (soma dos itens 1-6): _____
> Ansiedade de apego (soma dos itens 7-10): _____

As pontuações para evitação de apego variam de 6 a 42, com as pontuações mais elevadas indicando uma maior tendência a evitar ou sentir-se desconfortável ao relacionar-se intimamente com os outros. As pontuações para ansiedade de apego variam de 3 a 21, com as pontuações mais elevadas indicando tendências a sentir ansiedade associada às relações, ao quanto os outros se preocupam com você ou à possibilidade de o abandonarem. Agora, vamos considerar algumas outras questões que o ajudarão a explorar as suas experiências de apego e a forma como essas experiências o moldaram. Neste exercício, vamos focar em algumas perguntas:

- Durante o seu crescimento, de quem você se sentia próximo?
- O que você fazia quando estava aborrecido? Seus pais ou cuidadores conseguiam ajudá-lo a se sentir seguro e a se acalmar?
- Na sua vida atual, como são os seus relacionamentos? Você tem relações próximas com outras pessoas em que se sente aceito e seguro? É fácil ou difícil para você se sentir próximo dos outros?
- Na sua vida atual, o que você faz quando está chateado? Você é capaz de recorrer a outras pessoas para obter apoio? A conexão com os outros é útil para você quando está angustiado?

Fátima e Érica decidiram fazer este exercício como um par de coterapia limitada, utilizando o questionamento socrático para explorar as tendências de apego de Fátima, ao mesmo tempo incorporando qualidades compassivas, como curiosidade bondosa, empatia e apoio firme. O Capítulo 4 contém uma descrição do trabalho em pares de coterapia limitada. No trecho a seguir, Érica assumiu o papel do terapeuta.

EXEMPLO: Explorando o apego

Érica: Neste módulo, vamos explorar as tendências de apego, examinando as nossas relações iniciais e como elas nos moldaram. Como você se sente diante da ideia de fazer isso?

Fátima: Um pouco apreensiva. A minha relação com os meus pais não foi das mais tranquilas, portanto isso não é a coisa mais fácil de pensar, mas acho que vai ser útil. Vamos em frente e nos aprofundar nisso.

Érica: (*Sorri.*) Valorizo muito a sua coragem. Vamos em frente, mas vamos nos certificar de prestarmos atenção a como você está se sentindo à medida que avançamos. De quem você se sentia próxima durante o seu crescimento?

Fátima: Para ser honesta, não havia tantas pessoas assim. Havia alguns amigos bastante próximos, e, na minha família, a minha avó era provavelmente a pessoa de quem eu me sentia mais próxima. No ensino médio, eu tinha um grupo de amigas com quem gostava muito de passar o tempo, também. Isso foi muito bom, porque, no ensino básico, algumas vezes me senti à parte por ser a única criança paquistanesa na turma – parecia que eles simplesmente não sabiam o que fazer comigo. No ensino médio, isso não parecia ser um problema.

Érica: Lamento saber que você não tenha se integrado por causa da sua etnia – imagino que isso tenha sido muito difícil para uma adolescente.

Fátima: Às vezes era, mesmo. Naquela idade, você só quer ser incluída, sabe? Sempre tive orgulho da minha herança paquistanesa e adoro muitos aspectos da minha cultura, mas às vezes desejei apenas ser como todos os outros – porque isso teria tornado as coisas mais fáceis... (*Pausa.*) E depois sentia vergonha por isso, como se estivesse traindo a minha família e a minha cultura ao pensar nisso.

Érica: (*Faz uma pausa.*) Obrigada por ter compartilhado, Fátima – isso foi muito honesto e vulnerável. Parece que você se sentia presa entre o desejo de se sentir incluída e a valorização da sua herança. Olhando para trás, faz sentido que essa sua versão adolescente tenha lutado com esses sentimentos?

Fátima: (*Faz uma pausa, pensativa.*) Faz, sabe? Todos os adolescentes querem ser incluídos, portanto era esperado que eu tivesse dificuldades com isso. (*Faz uma pausa e depois sorri gentilmente.*) É bom poder dizer isso. Obrigada!

Érica: (*Sorri.*) Não tem de quê. Pronta para a próxima pergunta?

Fátima: Claro.

Érica: Você pode me dizer o que fazia quando estava chateada? A sua família conseguia ajudá-la a se acalmar e a se sentir segura nesses momentos?

Fátima:	(*Pausa.*) Isso é meio desconfortável, porque não quero falar mal deles, mas os meus pais nem sempre ajudavam muito quando eu estava passando por dificuldades. A minha mãe sofria de depressão, por isso ela nem sempre era confiável. O meu pai tentava, mas parecia não ter a menor ideia – era difícil para ele compreender as coisas pelas quais as meninas passam. Mas eu reconhecia o seu esforço. Ambos podiam ser muito críticos e controladores, por isso, se eu recorresse a eles, não sabia o que aconteceria – se eu seria apoiada ou censurada e criticada por estar chateada. Por exemplo, quando mencionei as experiências racistas que tinha tido na escola, eles disseram que era importante ignorar quando isso acontecia e não fazer escândalo se alguém fizesse comentários sobre a minha cor – que isso era o que eles tiveram que fazer quando chegaram a este país. Por isso, quando eu precisava de apoio, era mais provável que recorresse aos amigos. A minha avó era a que mais me ajudava – fazia um chá, me dava alguns doces, me deixava falar e dizia que tudo ia ficar bem. (*Um pouco chorosa*) Aqueles eram momentos muito bons.
Érica:	(*Sorri com ternura.*) Que bela imagem eu tenho de você e da sua avó juntas. Deve ter sido difícil para você se sentir incapaz de recorrer aos seus pais. Fico contente por ter tido a sua avó para lhe apoiar dessa forma.
Fátima:	Sim, não a via com a frequência que gostaria, mas o tempo que passávamos juntas era muito especial.
Érica:	(*Faz uma pausa.*) Parece que sim. Você pode falar sobre como são as suas relações na sua vida atual? Você tem relações em que se sente segura e aceita? É fácil para você sentir-se próxima dos outros?
Fátima:	Tenho alguns amigos de quem me sinto próxima – amigos da minha universidade. Quando somei a pontuação no questionário, fiquei bem no meio nas escalas de ansiedade e evitação – nem muito baixo nem muito alto. Acho que essas pontuações estão relacionadas entre si, na medida em que tenho a tendência a ficar ansiosa que os outros possam não se interessar por mim ou não se importar comigo, o que me leva a manter alguma distância – tanto em termos de fazer coisas com os outros quanto compartilhar o que estou sentindo. Mas isso não é terrível. Alguns dos meus clientes têm muito mais dificuldades com isso do que eu – pelo menos eu tenho alguns amigos próximos.
Érica:	Então você notou que tem a tendência a manter alguma distância dos outros, talvez porque aprendeu que aqueles que estão por perto nem sempre lhe ajudam quando você está passando por um momento difícil?
Fátima:	Sim, acho que é isso.
Érica:	Considerando o que me contou sobre como seus pais reagiam à sua angústia durante o seu crescimento, faz sentido que você reaja dessa forma?
Fátima:	Faz todo o sentido. Estou gostando muito da forma como você está me ouvindo neste momento – você é muito boa nisso! (*Sorri.*)
Érica:	(*Sorri.*) Obrigada. Gostei muito de conhecê-la melhor por meio de conversas como esta, o que reforça a ideia de que esses tipos de conexões são úteis. Acho

	que ouvi você dizer que, embora algumas vezes tenha tendência a se distanciar dos outros, é capaz de se conectar com os amigos – você disse que tem alguns amigos próximos?
Fátima:	Sim, é verdade – mas seria melhor se eu os contatasse com mais frequência.
Érica:	Nós meio que passamos para o próximo conjunto de perguntas: na sua vida atual, o que você faz quando está chateada? Você consegue recorrer a outras pessoas para obter apoio? A conexão com os outros é útil para você quando está se sentindo angustiada?
Fátima:	(*Faz uma pausa.*) Hum... Acho que, para mim, neste momento, varia. Às vezes falo com os meus pais, mas é só para pôr a conversa em dia; não falo de assuntos difíceis. Eles não me apoiam muito na minha carreira e estão sempre me contando como os filhos dos seus amigos estão se saindo bem nos seus empregos e me perguntando quando é que vou me casar. Por isso, não me ajudam quando estou passando por dificuldades, e a impressão é que estão mais preocupados com a forma como os meus problemas refletem neles do que com o fato de eu estar passando por um momento difícil. Às vezes, telefono aos meus amigos da faculdade para conversar. A minha amiga Susan também é psicóloga, então ela consegue se solidarizar com os problemas que surgem relacionados com o trabalho. Mas, às vezes, é difícil porque não quero ser um fardo – não me importo de conversar sobre a vida em geral, mas é difícil compartilhar quando estou tendo um problema. Às vezes me sinto muito isolada, como se não tivesse ninguém com quem falar sobre isso. (*Faz uma pausa.*)
Érica:	Então pode ser difícil para você buscar alguém, mesmo quando isso pode ajudá-la, porque você não quer ser um fardo?
Fátima:	Sim, sempre me senti mais confortável em ser quem ajuda do que aquela que está sendo ajudada. Provavelmente, isso é parte do motivo pelo qual me tornei terapeuta.
Érica:	Isso faz muito sentido para mim.
Fátima:	Comecei a escrever um diário, algumas vezes, depois de ver como foi útil para alguns dos meus clientes, e isso parece ajudar quando me lembro de fazer.
Érica:	Essa é uma ótima ideia. Então, isso tem sido útil?
Fátima:	Sim, tem. Pelo menos me ajuda a sair da minha cabeça e colocar os meus pensamentos em ordem.
Érica:	E você disse antes que achava que também podia ser útil entrar em contato com os amigos com mais frequência. Isso é algo que você acha que poderia ajudar quando estiver com dificuldades?
Fátima:	Acho que sim. Quando fiz isso no passado, eles me ajudaram muito. Acho que o problema tem sido a minha disposição para fazer isso.
Érica:	O livro de exercícios fala de três fluxos da compaixão – compaixão pelos outros, compaixão por nós mesmos e a nossa capacidade de receber compaixão

	dos outros. Parece que você tem alguma relutância em relação a esse terceiro fluxo – permitir-se receber cuidados dos outros. Isso faz sentido para você?
Fátima:	De fato, faz. Essa também foi a minha pontuação mais alta no questionário que fizemos no primeiro módulo.
Érica:	Então, parece que receber compaixão dos outros pode ser uma área de crescimento a ser trabalhada?
Fátima:	Não vai ser fácil, mas tenho pensado a mesma coisa nos últimos minutos. Obrigada. Isso foi muito útil. (*Sorri.*)
Érica:	(*Calorosamente*) Obrigada, Fátima.

Agora, reservando alguns minutos para pensar na sua história de apego e como ela se manifesta nas suas relações atuais, reflita sobre as perguntas a seguir, sozinho ou em uma conversa em parceria.

EXERCÍCIO. Explorando a minha história de apego

Neste exercício, você vai refletir sobre as suas experiências de apego, tanto na infância quanto na sua vida atual.

Durante o seu crescimento, de quem você se sentia mais próximo?

Durante o seu crescimento, o que você fazia quando estava aborrecido? Seus pais, cuidadores ou outras pessoas conseguiam ajudá-lo a se sentir seguro e a se acalmar?

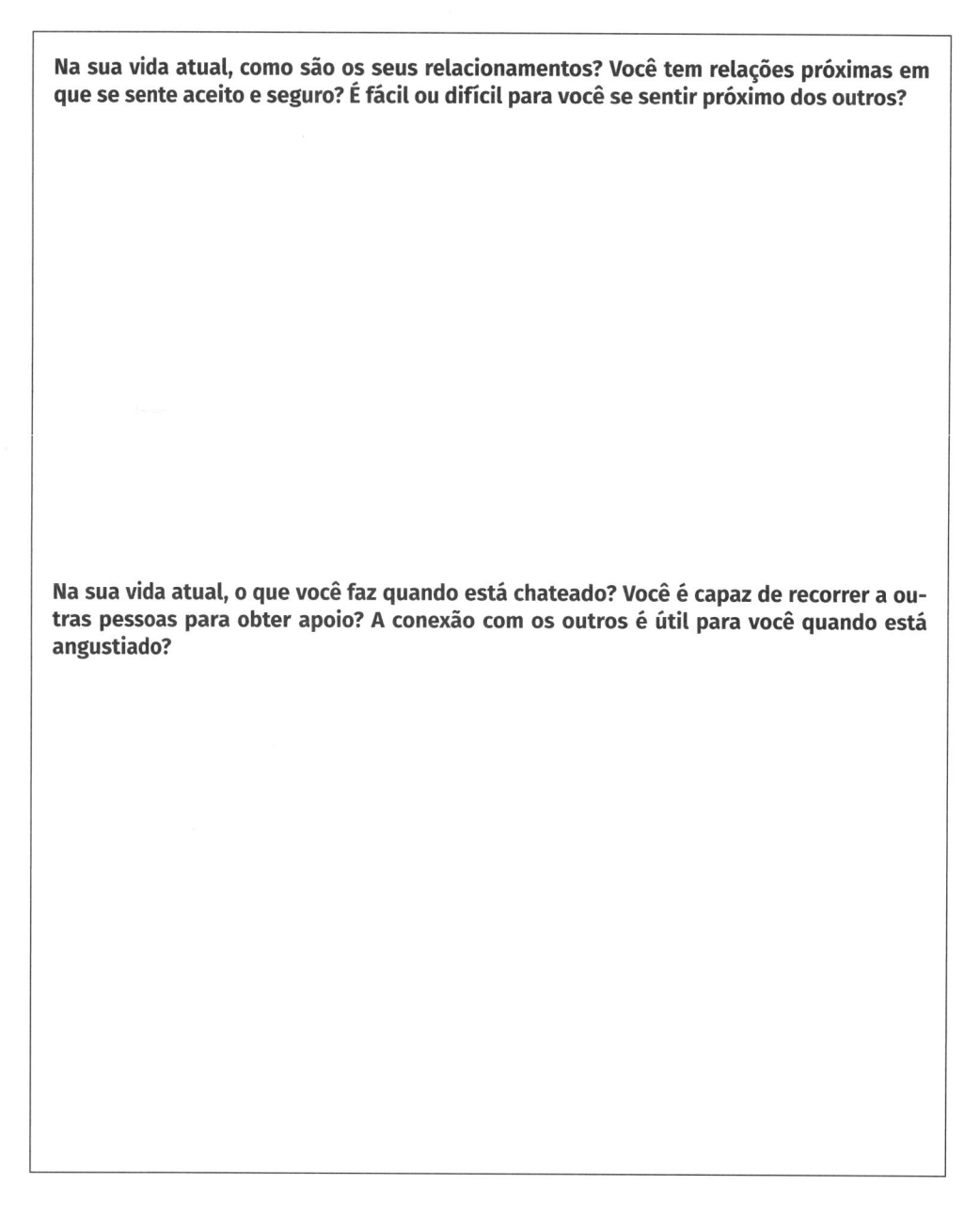

> **Na sua vida atual, como são os seus relacionamentos? Você tem relações próximas em que se sente aceito e seguro? É fácil ou difícil para você se sentir próximo dos outros?**
>
> **Na sua vida atual, o que você faz quando está chateado? Você é capaz de recorrer a outras pessoas para obter apoio? A conexão com os outros é útil para você quando está angustiado?**

Na TFC, há o reconhecimento de que evoluímos para nos sentirmos seguros por meio da conexão com outras pessoas que nos aceitam e se preocupam conosco (Gilbert, 2010). Como vimos, no entanto, a nossa capacidade para fazer isso pode ser complicada por fatores do desenvolvimento que podem ter nos ensinado que os outros podem não estar disponíveis – ou não ser confiáveis na ajuda – quando estamos em sofrimento. Dessa forma, o consultório pode ser como um laboratório no qual alguns dos nossos clientes aprendem a experimentar segurança na relação com outra pessoa, talvez pela primeira vez.

PERGUNTAS PARA AUTORREFLEXÃO

Explorar a própria história de apego pode ser muito desafiador. Isso foi desafiador para você? Se sim, como foi? Alguma coisa o pegou de surpresa?

Como você acha que a sua própria história de apego e o seu estilo atual podem influenciá-lo como terapeuta com os clientes ou como supervisor na supervisão?

Refletindo sobre a sua experiência com estes exercícios, há alguma coisa que se destaque e que possa informar como você apresenta ideias sobre a história do apego aos seus clientes? A partir do que você experimentou, que tipos de considerações podem surgir sobre quando, com quem e como introduzir as ideias sobre apego?

_____
_____
_____
_____
_____
_____
_____
_____
_____
_____
_____
_____
_____
_____

A partir da sua experiência neste módulo, o que você entende da relação entre a teoria do apego e o modelo da TFC?

_____
_____
_____
_____
_____
_____
_____
_____
_____
_____
_____
_____
_____

Módulo 11

Explorando os medos da compaixão

No Módulo 10, você explorou a sua história de apego e considerou como suas relações iniciais com seus cuidadores podem ter impacto nas suas relações atuais e, em particular, no que você faz quando se encontra em dificuldades. Essa discussão é particularmente relevante para o desenvolvimento da compaixão, pois é exatamente disso que se trata a compaixão: o que fazemos quando nos deparamos com sofrimentos e dificuldades em nós mesmos e nas outras pessoas, incluindo nossos clientes. A terapia focada na compaixão (TFC) focaliza na forma como a compaixão se pode manifestar em três "fluxos": a que é dirigida aos outros, a que oferecemos a nós mesmos e a que nos é dirigida pelos outros.

Dependendo das nossas histórias, podemos nos sentir muito bem ao nos conectarmos com alguns desses fluxos compassivos, ao passo que podemos ter grandes dificuldades com outros. Por exemplo, conhecemos vários terapeutas que são excelentes em experienciar e implementar a compaixão por outras pessoas vulneráveis, mesmo que tenham dificuldade para tratar a si mesmos com bondade quando estão com dificuldades ou para permitir que os outros cuidem deles quando precisam. Paul Gilbert chamou essas dificuldades de "medos da compaixão" (FOCS; Gilbert, 2010; Gilbert, McEwan, Catarino, Baião, & Palmeira, 2013) e, com seus colegas, operacionalizou-as na forma da Fears of Compassion Scale (FOCS) (Gilbert et al., 2011).

Se quisermos ajudar nossos clientes a ter acesso a esses fluxos da compaixão, é necessário explorar a nossa própria capacidade de fazê-lo. Você já tem uma vantagem sobre isso, tendo respondido a algumas das perguntas da escala no Módulo 1, juntamente a alguns itens que adaptamos para este livro. Para enquadrar o trabalho neste módulo, vamos rever essas perguntas, preenchendo os itens a seguir e somando-os, conforme indicado, para encontrar as suas pontuações na subescala para os três fluxos. É importante ter em mente que os itens a seguir são apenas uma amostra de alguns itens da FOCS, combinados com alguns itens resumidos desenvolvidos para este livro (a escala completa e validada era muito longa para ser incluída neste livro). Ela não foi validada, portanto, não a utilize com clientes ou em pesquisas – você pode fazer *download* da escala completa e validada, em inglês, em https://compassionatemind.co.uk/resources/scales.

ITENS DA FOCS

Por favor, utilize esta escala para classificar seu grau de concordância com cada afirmação.	Discordo totalmente		Concordo em parte		Concordo totalmente
1. Pessoas muito compassivas se tornam ingênuas e fáceis de se tirar proveito.	0	1	2	3	4
2. Eu receio que ser muito compassivo torna as pessoas um alvo fácil.	0	1	2	3	4
3. Eu receio que, se eu for compassivo, algumas pessoas se tornarão muito dependentes de mim.	0	1	2	3	4
4. Percebo que estou evitando sentir e expressar compaixão pelos outros.	0	1	2	3	4
5. Eu tento manter distância das outras pessoas mesmo quando eu sei que elas são bondosas.	0	1	2	3	4
6. Sentimentos de bondade por parte dos outros são, de certo modo, assustadores.	0	1	2	3	4
7. Se eu acho que alguém está se importando e sendo bondoso comigo, eu levanto uma barreira e me fecho.	0	1	2	3	4
8. Tenho dificuldade em aceitar a bondade e o cuidado dos outros.	0	1	2	3	4
9. Eu me preocupo que, se eu começar a desenvolver compaixão por mim mesmo, vou ficar dependente disso.	0	1	2	3	4
10. Receio que, se eu me tornar muito compassivo comigo mesmo, perderei minha autocrítica e os meus defeitos aparecerão.	0	1	2	3	4
11. Receio que, se eu me tornar mais bondoso e menos crítico comigo mesmo, meus níveis de exigência vão cair.	0	1	2	3	4
12. Tenho dificuldade para me relacionar de forma gentil e compassiva comigo mesmo.	0	1	2	3	4

Nota. Esta adaptação envolve uma seleção limitada de itens da FOCS, além de itens adicionais resumidos desenvolvidos para este livro. Ela foi desenvolvida para que os leitores pudessem ter uma forma breve de acompanhar seu progresso no trabalho ao longo dos módulos. Como tal, esta seleção de itens não foi validada e não é apropriada para uso em pesquisa ou no trabalho clínico. Os leitores podem adquirir uma cópia da versão completa e validada da escala, em inglês, que é apropriada para fins de pesquisa clínica, em https://compassionatemind.co.uk/resources/scales.

Adaptada de Gilbert, McEwan, Matos e Rivis (2011). Copyright © 2011 The British Psychological Society. Reproduzida, com permissão, de John Wiley & Sons, Inc., em *Experimentando a terapia focada na compaixão de dentro para fora: um manual de autoprática/autorreflexão para terapeutas*, de Russell L. Kolts, Tobyn Bell, James Bennett-Levy e Chris Irons (Artmed, 2025). Este formulário é gratuito para reprodução e uso pessoal.

> Medos de estender a compaixão (soma dos itens 1-4): _____
> Medos de receber compaixão (soma dos itens 5-8): _____
> Medos de autocompaixão (soma dos itens 9-12): _____

O preenchimento dos itens da FOCS pode ter lhe dado uma ideia dos fluxos da compaixão que são mais e menos confortáveis para você. Vamos explorar essa área com um pouco mais de profundidade, refletindo sobre as pontuações das escalas. Reserve alguns minutos para si, em um espaço tranquilo; faça, talvez, a sua respiração de ritmo calmante e reflita sobre como você é capaz de se conectar com a compaixão e como pode ter dificuldade para fazê-lo.

EXEMPLO: Reflexão de Fátima

Refletindo sobre as suas pontuações nos itens da FOCS, o que você notou? Que fluxos da compaixão são mais e menos confortáveis para você? Como você entende isso?

Notei que, embora meus problemas se centrassem nessa cliente em particular, com quem tenho tido dificuldades – e por quem tenho tido dificuldade de ter compaixão –, os meus desafios parecem focar realmente em ter compaixão por mim mesma e em recebê-la dos outros. Na subescala para receber dos outros, embora as minhas pontuações gerais não fossem assim tão elevadas, notei que pareço me manter distante dos outros, em parte por medo de que descubram algo sobre mim que os afaste, e talvez por relutância em enfrentar as minhas próprias emoções. Em termos da compaixão por mim mesma, parece que utilizo a crítica para me motivar e que tenho alguma resistência em parar com isso e sentir autocompaixão – como se estivesse relutante em abandonar o criticismo por medo de perder a forma. Acho que também tenho medo dos problemas que podem surgir se eu tiver compaixão por mim mesma – a minha pontuação na pergunta sobre "ficar dependente dela" foi muito elevada. Talvez eu me preocupe em depender de alguma coisa que não vou conseguir manter, ou ter que enfrentar sentimentos que me deixam desconfortável.

Que sentimentos e pensamentos você tem ao refletir sobre as suas respostas às escalas?

Um pouco de surpresa, mas também alívio. Ultimamente, tenho me preocupado com a reação que tenho tido a essa cliente – sempre me senti com compaixão pelos outros, mas realmente tenho tido muita dificuldade com ela. Isso tem me incomodado muito. Essas escalas parecem me refletir da forma como eu gostava de me ver antes – muito disposta a ser compassiva com os outros, mesmo que às vezes tivesse dificuldade em receber compaixão. Acho que, de alguma forma, me sinto mais confortável com isso, embora saiba que preciso desenvolver esses outros fluxos. Também tenho consciência de que não estou tão motivada para desenvolver compaixão por mim mesma; é como se ter compaixão por mim não fosse tão importante quanto ter pelos outros. Ambas as coisas podem estar relacionadas com uma relutância geral em encarar meus próprios sentimentos desconfortáveis e explorá-los – algo em que nunca fui muito boa. Isso é algo em que preciso trabalhar, embora, como já disse, seja difícil me motivar para fazê-lo. Preciso encontrar uma forma de me convencer de que também sou importante e ter a coragem de enfrentar os meus sentimentos, mesmo quando são desconfortáveis.

Reserve um momento para refletir sobre as suas respostas. Olhando para as somas da escala e para itens específicos em que possa ter obtido uma pontuação alta, considere se existem áreas em que você geralmente tem mais dificuldades com a compaixão do que em outras. Considere o que notou sobre como se conecta com os três fluxos da compaixão – quais deles lhe parecem naturais e quais são mais desafiadores. Você poderá notar que essas tendências estão relacionadas com as experiências de apego que explorou no Módulo 10.

EXERCÍCIO. Refletindo sobre meus medos da compaixão

Refletindo sobre as suas pontuações nos itens da FOCS, o que você notou? Que fluxos da compaixão são mais e menos confortáveis para você? Como você entende isso?

Que sentimentos e pensamentos você tem ao refletir sobre as suas respostas às escalas?

PERGUNTAS PARA AUTORREFLEXÃO

Alguma coisa o surpreendeu ou preocupou ao fazer os itens da FOCS? Você teve alguma percepção nova? Se sim, qual foi?

Quão útil você acha que seria para os seus clientes e para si mesmo utilizar a FOCS na terapia? Quando você escolheria fazer isso – ou não?

Módulo 12

Formulação focada na ameaça na terapia focada na compaixão:
influências históricas e medos principais

Na terapia focada na compaixão (TFC), uma formulação baseada na ameaça focaliza – como o nome sugere – a natureza das ameaças que experimentamos. A formulação centra-se particularmente na forma como essas ameaças se desenvolveram, nos esforços para manejá-las no aqui e agora (ou seja, estratégias de segurança) e em como essas estratégias podem levar a uma série de consequências indesejadas que podem ter um impacto negativo em nossa vida. Por fim, a formulação explora como essas consequências indesejadas, pela sensibilização de certos tipos de estilos de relação consigo mesmo (p. ex., autocrítica) e de mais mal-estar, podem criar *loops* de *feedback*, alimentando os medos e as ameaças atuais, em vez de resolvê-los (Gilbert, 2009, 2010). Nos dois próximos módulos, exploramos os diferentes aspectos da formulação. Este módulo abrange os dois primeiros elementos: influências históricas e principais medos e ameaças.

INFLUÊNCIAS HISTÓRICAS

A formulação começa com uma exploração das nossas experiências históricas e memórias emocionais. Como já introduzimos no Módulo 7, estamos procurando experiências que possam ter sensibilizado ou moldado os sistemas de ameaça, *drive* e calmante. Este módulo irá focar especialmente nas experiências e nas memórias emocionais associadas ao sistema de ameaça. Alguns de nós terão histórias que envolvem traumas ou experiências de apego difíceis, mas há muitos outros tipos de experiências que podem moldar nossas respostas à ameaça de formas complicadas. Podem ser experiências com os pais, os irmãos ou a família estendida. Podem incluir experiências com os amigos, com os pares ou mesmo com um parceiro romântico, além de experiências comuns relacionadas com a busca de objetivos, como tentar ter um bom desempenho acadêmico ou profissional.

PRINCIPAIS MEDOS E AMEAÇAS

O passo seguinte da formulação envolve ajudar os clientes a considerarem como as suas experiências moldaram seus sistemas de ameaça no aqui e agora. Muitos dos nossos medos são arquetípicos: como humanos, existem certos temas comuns que nos causam mal-estar, como rejeição, abandono, isolamento, vergonha e dano (Gilbert, 2010). Na TFC, também distinguimos entre ameaças externas e ameaças internas. As ameaças externas envolvem o mundo exterior (p. ex., outras pessoas), como o medo de ser rejeitado, abandonado, malquisto ou criticado pelos outros. As ameaças internas compreendem medos em torno de como nos relacionamos com a nossa própria experiência, como aqueles que envolvem as nossas próprias emoções (p. ex., medo de sermos dominados pela tristeza, pela ansiedade ou pela raiva, ou de nos sentirmos vulneráveis ou sozinhos), memórias (p. ex., de traumas passados, memórias de vergonha ou erros) ou preocupações com a nossa identidade (p. ex., uma identidade baseada na vergonha que envolve nos sentirmos fracos, inferiores ou com falhas). Vamos considerar a formulação de Fátima, que ela e Érica decidiram explorar por meio de uma díade de coterapia limitada:

EXEMPLO: Explorando as influências históricas e os principais medos de Fátima

Érica: Fátima, você foi voluntária para começar com a formulação baseada na ameaça. Ainda está tudo bem?

Fátima: Com certeza. Depois de examinar o módulo, sei que vamos entrar em algumas questões pessoais, mas já fizemos isso antes, e me sinto segura com você. Vamos em frente.

Érica: É ótimo ouvir isso. Então, vamos começar. A formulação começa com a análise das influências históricas – coisas do nosso passado que moldaram a forma como nossos sistemas de ameaça respondem. Parece que isso inclui memórias que estão associadas a emoções desconfortáveis ou vergonha. Você quer começar pelo seu ambiente familiar?

Fátima: Claro. (*Faz uma pausa para pensar.*) Você já sabe um pouco a respeito. (*Pausa.*) Durante o meu crescimento, as coisas em casa eram difíceis. Eu admirava muito o meu pai, e, algumas vezes, ele era muito afetuoso e sensível, mas era imprevisível.

Érica: (*Acena com a cabeça.*) Você pode falar um pouco sobre isso?

Fátima: Podia parecer que estava tudo bem, mas então ele simplesmente se tornava supercontrolador e crítico. Parecia que tudo o que eu fazia, por mais que me saísse bem na escola, não era suficientemente bom. (*Faz uma pausa, pensativa.*) Com muita frequência, ele desaparecia. Não sei se era por estar muito envolvido com o seu trabalho ou porque as coisas estavam muito ruins com a minha mãe, mas me lembro de que ele era mais ausente do que presente. Isso me fazia achar que ele não se preocupava comigo. Minha mãe parecia deprimida, e podia ficar muito distante e irritada. Ela e meu pai brigavam muito, e acho que muitas vezes era ela quem começava, porque estava muito infeliz. Olhando em retrospectiva, parece que ela estava presa entre as culturas – entre a imagem que tinha na cabeça da boa esposa paquistanesa que ela achava que deveria ser, e os modelos das mulheres norte-americanas que via na televisão e à sua volta – que parecia invejar e odiar ao mesmo tempo. É como se ela guardasse tudo para si até que começava a beber e, então, explodia. Eles se separaram quando eu tinha 12 anos. Depois disso, vivi com a minha mãe, mas estava quase sempre por minha conta.

Érica: (*Faz uma pausa.*) Isso parece muito difícil.

Fátima: E era. O tempo que eu passava com a minha avó ajudou – mas eu não a via com muita frequência.

Érica: Você mencionou que tinha a sensação de que, por mais que se esforçasse e se saísse bem na escola, nunca era o suficiente. Poderia falar um pouco sobre como eram as coisas na escola?

Fátima: Claro. Eu me esforçava muito na escola – meus pais enfatizavam muito que era importante ter sucesso acadêmico e o quanto era caro me mandar para uma escola particular. Lembro que, aos 13 anos, teve um momento em que pensei que, se me saísse bem e só tirasse "A" na escola, talvez meus pais ficassem tão felizes pelo quanto me tornei boa e bem-sucedida que acabariam voltando a ficar juntos. Isso não aconteceu, e senti que nada que eu pudesse fazer faria com que eles amassem a mim e um ao outro, então eu meio que desisti. Socialmente, eu tinha alguns bons amigos, o que era muito bom – mas, como já mencionei, também tive algumas experiências de racismo.

Érica: Você se importaria de me contar um pouco mais sobre isso?

Fátima: Bem, eu era a única criança de origem paquistanesa na minha escola, por isso, às vezes, as crianças zombavam de mim e me dirigiam palavras racistas. E, depois do 11 de setembro, as pessoas pareciam muito mais paranoides em relação a pessoas com aparências diferentes ou "não americanas". Uma vez fui abordada por um grupo de meninas e uma delas me chamou de terrorista e, depois, me deu uma bofetada. Eu caí no choro. Aquilo foi humilhante.

Érica: Fátima, isso parece terrível. Sinto muito que isso tenha acontecido com você.

Fátima: Aquilo foi horrível. Ainda me incomoda quando penso nisso. Na época, fiquei um pouco em choque e não sabia o que fazer. Aquilo fez com que me sentisse envergonhada de ser quem sou. (*Faz uma pausa, pensando.*) Agora está melhor. Nos últimos anos, assumi a minha cultura e tenho orgulho da minha herança paquistanesa. Mas, naquela época, eu só queria ser igual a todos os outros. Tive um ótimo grupo de amigos durante boa parte da minha vida escolar, mas era difícil me sentir segura e confiar que eles realmente gostavam de mim. Lembro-me de que, quando ouvia dizer que os meus amigos tinham feito alguma

	coisa sem mim – ir a um jogo ou algo assim –, eu me sentia muito sozinha e rejeitada, embora eles só estivessem fazendo as suas coisas.
Érica:	Essa parte melhorou?
Fátima:	Melhorou, mas, como já lhe disse, tenho uma tendência a manter distância em alguns aspectos. Tenho me esforçado para me conectar mais com os amigos à medida que avançamos neste processo, e parece que está ajudando. Mas é um esforço – meu padrão é evitar me aproximar demais.
Érica:	Isso parece ser uma estratégia de segurança. Vamos voltar a isso mais tarde, mas essa parece ser uma boa maneira de fazer a transição para os medos principais. De que medos você acha que estava tentando se proteger com esse distanciamento?
Fátima:	Sempre tive medo de rejeição – por trás de tudo, havia a sensação de que eu não era suficientemente boa e que, se as pessoas realmente me conhecessem, elas perceberiam isso e não iriam querer ter nada a ver comigo. Relacionado com isso, tive receio de que as pessoas me rejeitassem, encontrando alguma coisa que não gostassem em mim, e, depois, me criticassem e me atacassem por isso.
Érica:	(*Pausa.*) Fátima, isso parece ser muito difícil para você, sentir que, se compartilhasse quem você realmente é, seria criticada e rejeitada.
Fátima:	(*Faz uma pausa.*) E era. (*Olha para as suas mãos.*)
Érica:	(*Faz uma pausa, olhando bondosamente para Fátima.*) Considerando o que você me contou sobre como seus pais podiam ser críticos e algumas das experiências que você teve de ser vítima de *bullying*, faz sentido que tenha esses medos?
Fátima:	Faz. (*Pausa.*) Faz mesmo. Passei muito tempo perdida entre os livros, tentando sentir outra coisa que não fosse o que estava sentindo. Aos 15 anos, fui a uma terapeuta, o que me ajudou muito. Ela me ajudou a perceber que boa parte disso não era minha culpa e foi muito paciente comigo, mesmo quando tentei afastá-la. Foi por causa dela que acabei me tornando terapeuta.
Érica:	Fico feliz que você tenha tido essa pessoa.
Fátima:	Eu também.

Continuaremos com a formulação de Fátima no Módulo 13. Por enquanto, você pode ver como as informações anteriores foram resumidas na Folha de atividade de formulação de caso na TFC de Fátima, a seguir.

FOLHA DE ATIVIDADE DE FORMULAÇÃO DE CASO NA TFC PREENCHIDA POR FÁTIMA

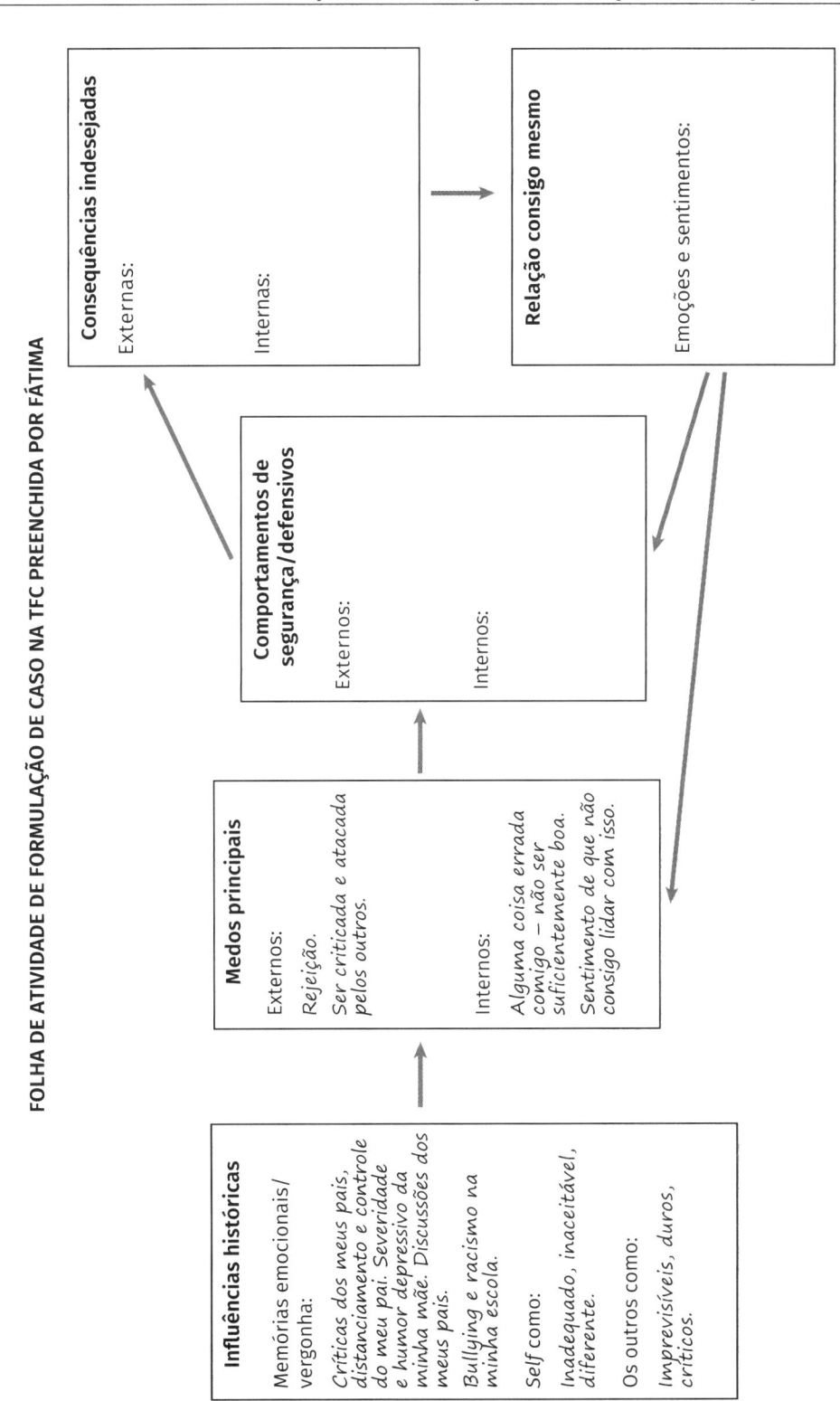

Influências históricas

Memórias emocionais/vergonha:

Críticas dos meus pais, distanciamento e controle do meu pai. Severidade e humor depressivo da minha mãe. Discussões dos meus pais.

Bullying e racismo na minha escola.

Self como:

Inadequado, inaceitável, diferente.

Os outros como:

Imprevisíveis, duros, críticos.

Medos principais

Externos:

Rejeição.

Ser criticada e atacada pelos outros.

Internos:

Alguma coisa errada comigo – não ser suficientemente boa.

Sentimento de que não consigo lidar com isso.

Comportamentos de segurança/defensivos

Externos:

Internos:

Consequências indesejadas

Externas:

Internas:

Relação consigo mesmo

Emoções e sentimentos:

Dedique algum tempo para considerar essas duas primeiras colunas na sua formulação. Assim como nos exercícios anteriores, tente encontrar um momento em que possa ficar sem ser incomodado por alguns minutos. Encontre um espaço tranquilo para refletir sobre as experiências na sua vida e sobre como elas podem ter moldado os medos na sua relação com o mundo e com as outras pessoas e como você se relaciona com as suas emoções e a sua autoidentidade. Quando estiver pronto, responda às perguntas para reflexão no exercício seguinte ou no seu próprio diário.

EXERCÍCIO. Explorando minhas influências históricas e medos principais

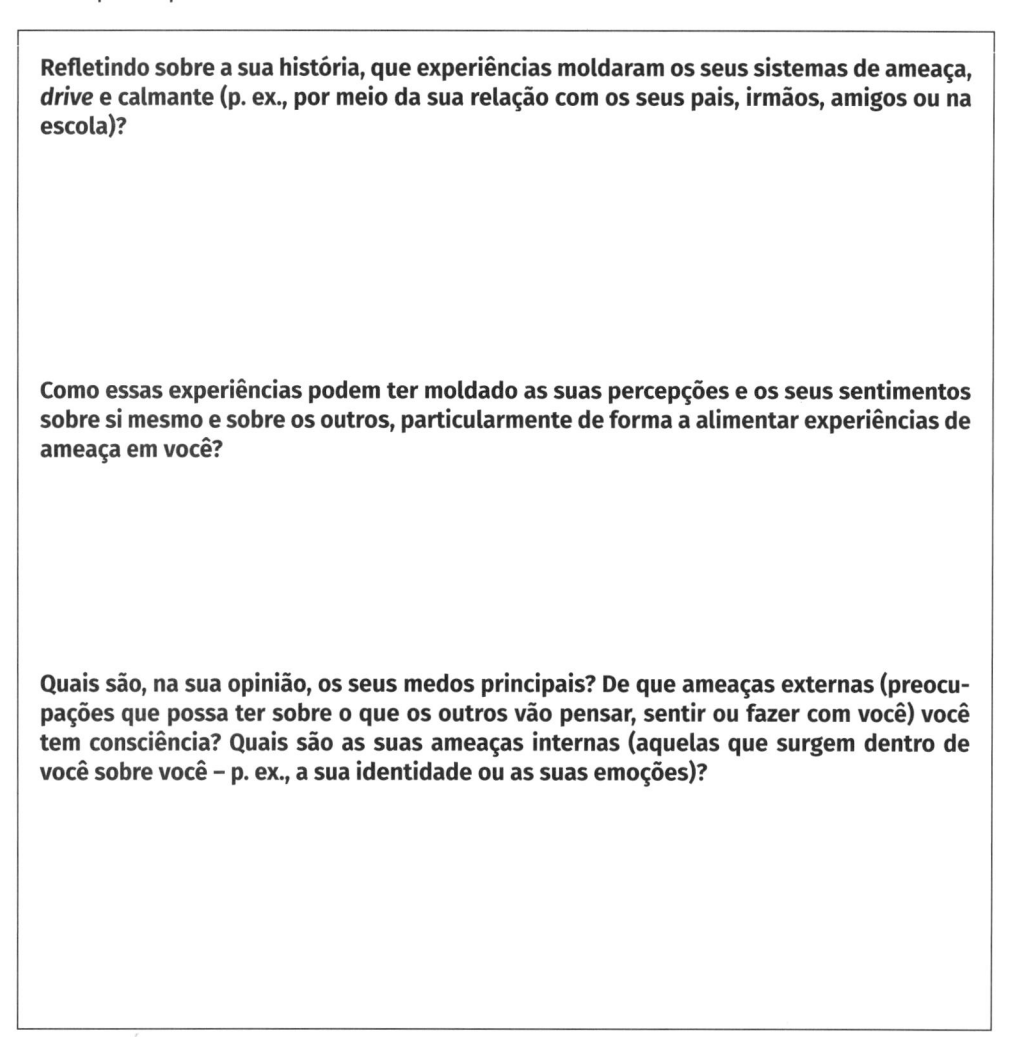

Refletindo sobre a sua história, que experiências moldaram os seus sistemas de ameaça, *drive* e calmante (p. ex., por meio da sua relação com os seus pais, irmãos, amigos ou na escola)?

Como essas experiências podem ter moldado as suas percepções e os seus sentimentos sobre si mesmo e sobre os outros, particularmente de forma a alimentar experiências de ameaça em você?

Quais são, na sua opinião, os seus medos principais? De que ameaças externas (preocupações que possa ter sobre o que os outros vão pensar, sentir ou fazer com você) você tem consciência? Quais são as suas ameaças internas (aquelas que surgem dentro de você sobre você – p. ex., a sua identidade ou as suas emoções)?

Assim como Fátima fez, você também pode resumir as suas informações na Folha de atividade de formulação de caso na TFC.

MINHA FOLHA DE ATIVIDADE DE FORMULAÇÃO DE CASO NA TFC

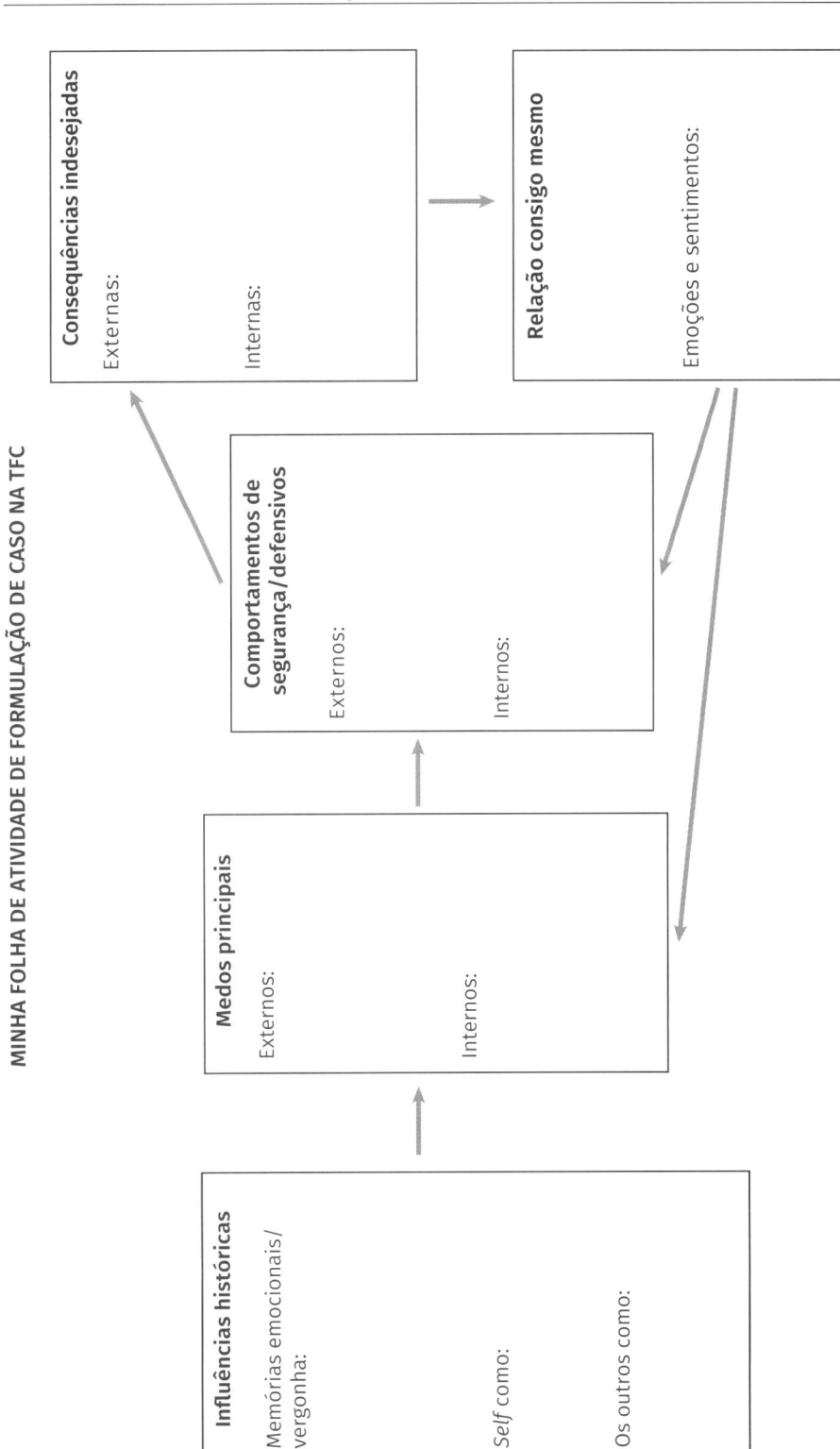

Influências históricas

Memórias emocionais/vergonha:

Self como:

Os outros como:

Medos principais

Externos:

Internos:

Comportamentos de segurança/defensivos

Externos:

Internos:

Consequências indesejadas

Externas:

Internas:

Relação consigo mesmo

Emoções e sentimentos:

De *Experimentando a terapia focada na compaixão de dentro para fora: um guia de autoprática/autorreflexão para terapeutas*, de Russell L. Kolts, Tobyn Bell, James Bennett-Levy e Chris Irons (Artmed, 2025). Este formulário é gratuito para reprodução e uso pessoal. Aqueles que adquirirem este livro podem fazer o *download* de cópias adicionais deste material na página do livro em loja.grupoa.com.br.

Dica de técnica: algumas vezes, nossos clientes (ou mesmo nós) podem ter dificuldade para identificar os medos mais importantes. Uma estratégia eficaz para fazer isso vem da terapia cognitivo-comportamental (TCC), na forma da técnica da *flecha descendente* de David Burns (1980). Com a flecha descendente, começamos identificando alguma coisa que está incomodando o indivíduo na sua vida cotidiana – talvez representado pelo que os terapeutas da TCC podem chamar de "pensamento automático". Começamos por esse pensamento ou medo e, então, perguntamos: "Por que isso é tão perturbador para você? O que significa?". Para chegar especificamente aos medos internos, a segunda pergunta pode ser feita como "O que isso significa *sobre você*?". Quando é dada uma resposta, as mesmas perguntas são feitas novamente. A repetição deste processo com algumas iterações normalmente nos levará diretamente ao medo principal, muitas vezes sinalizado pelo surgimento de emoção (ou, nos clientes, um comportamento não verbal que sinaliza uma resposta emocional). Depois de chegar ao medo principal, podem ser usadas perguntas socráticas para associar o medo à sua própria história ou à história do cliente, como no exemplo de Joe, a seguir.

EXEMPLO: Flecha descendente de Joe

Mais uma vez, fui ríspido com a minha esposa e minha filha na noite passada.
Por que isso é perturbador? O que significa? Eu não deveria fazer isso. Elas não merecem ser tratadas assim.
Por que isso é perturbador? O que significa? Significa que eu estava fazendo um péssimo trabalho como marido e pai.
Por que isso é perturbador? O que significa? Talvez eu <u>seja</u> um péssimo marido e pai.
Esse medo – de ser um péssimo marido e pai – faz sentido quando pensamos nele em termos da sua história? Você consegue entender como pode ter adquirido esse medo? Sim. Meu pai era frequentemente crítico e apontava quando eu fazia besteiras – e isso é o que é mais importante para mim, por isso é claro que eu tinha medo de fazer besteiras.

PERGUNTAS PARA AUTORREFLEXÃO

Qual foi a sua experiência ao considerar a sua história e os seus medos principais? Que emoções ou experiências corporais esse exercício despertou em você?

Se você sentiu relutância em continuar ou uma evitação sutil em qualquer fase do processo, como lidou com isso?

Você sentiu alguma compaixão (ou não) ao considerar suas experiências históricas, seus medos principais e como eles podem estar relacionados?

Refletindo sobre a sua própria experiência com esses exercícios, quais são as implicações para o seu trabalho com seus clientes? Como você poderia introduzir o diagrama da formulação?

_____
_____
_____
_____
_____
_____
_____
_____
_____
_____
_____
_____

Sua experiência com esse aspecto da formulação faz sentido em termos da sua compreensão do modelo da TFC? Você ficou com alguma dúvida?

_____
_____
_____
_____
_____
_____
_____
_____
_____
_____
_____
_____

Módulo 13

Formulação focada na ameaça na terapia focada na compaixão:
estratégias de segurança e consequências indesejadas

No Módulo 12, você explorou os dois primeiros elementos da formulação baseada na ameaça: influências históricas formativas e principais medos e ameaças. Muitos clientes chegam à terapia com problemas relacionados a essas ameaças centrais e como eles tentaram lidar com elas. Muitas vezes, esses esforços envolveram o uso de estratégias que produziram consequências indesejadas que não ajudam (Gilbert, 2010). Na terapia focada na compaixão (TFC), esses esforços são frequentemente chamados de "estratégias de segurança" e tendem a envolver tentativas de reduzir o contato agudo com experiências de ameaça desconfortáveis. Em consequência, essas estratégias tendem frequentemente a envolver evitação ativa ou passiva. Os exemplos incluem o indivíduo socialmente ansioso (talvez com muita vergonha sobre aspectos de si mesmo que receia que os outros vejam e que teme a rejeição) que evita relacionamentos, ou o indivíduo que luta com a raiva, mas culpa os outros pela sua explosão. As duas estratégias servem para limitar o contato imediato com uma ameaça (a situação social ou a constatação de que a pessoa tem problemas com a raiva), mas acabam por produzir consequências indesejadas que podem ser devastadoras e que, com o tempo, podem moldar negativamente a experiência que o indivíduo tem de si mesmo e dos outros (Gilbert, 2010). Assim como fizemos no Módulo 12, vamos explorar brevemente esses aspectos da formulação.

ESTRATÉGIAS DE SEGURANÇA, DE PROTEÇÃO E DE COMPENSAÇÃO

Assim como os outros animais, quando ameaçados, os seres humanos adotam uma variedade de estratégias na tentativa de manejar e lidar com a situação. Essas estratégias geralmente estão associadas a respostas comportamentais evoluídas – por exemplo, procurar proteção dos outros, afastar-se dos outros (fugir/evitar), agressão (lutar) ou submissão (paralisar) – e podem estar associadas a ameaças externas ou internas (Gilbert, 2009, 2010). Essas estratégias com frequência se desenvolvem na infância ou na adolescência, mas podem ser elaboradas e reforçadas por processos de condicionamento na vida adulta.

CONSEQUÊNCIAS INDESEJADAS E RELAÇÃO CONSIGO MESMO

Devido à sua natureza frequentemente reativa e evitativa – focada em limitar o contato com as ameaças percebidas em curto prazo, sem consideração do longo prazo –, as estratégias de segurança em geral têm consequências desadaptativas indesejadas. É importante ajudar os clientes – e a nós mesmos – a reconhecer que essas consequências não são intencionais – que não nos propomos a adotar comportamentos que, em última análise, vão piorar as coisas. Além do mais, em curto prazo, essas estratégias são muitas vezes experimentadas e descritas como sendo relativamente úteis no manejo de ameaças. No entanto, essas consequências podem muitas vezes afetar a forma como vemos a nós mesmos (p. ex., como fracos, incompetentes, desagradáveis, maus ou com algum tipo de falha) e aos outros (p. ex., como não confiáveis, críticos ou que devem ser evitados) (Gilbert, 2010). Por sua vez, essas consequências podem levar ao desenvolvimento ou à manutenção de estilos de relacionamento consigo mesmo pouco úteis, que podem produzir mal-estar, desencadear mais estratégias de segurança e reativar ou alimentar nossos medos principais. É provável que se desenvolva um *loop* de *feedback*, em que o sistema se reforça ao longo do tempo, impedindo a correção natural.

Vamos nos reconectar com Fátima e Érica enquanto elas exploram essas partes da formulação de Fátima.

Érica: Fátima, você me contou um pouco sobre os seus principais medos, que parecem focados na antecipação de ser criticada e rejeitada, de não ser suficientemente boa e, talvez, de ter medo das suas próprias emoções. (*Aponta a Folha de atividade de formulação de caso na TFC.*) Isso lhe parece correto?

Fátima: (*Faz uma pausa, olha para baixo.*) Sim, parece que é assim.

Érica: (*Inclina-se um pouco.*) Você pode me dizer como está se sentindo agora?

Fátima: É que... é que é difícil e, ao mesmo tempo, um alívio ver isso no papel. É difícil admitir que as experiências que tive durante o meu crescimento me deixaram com esses medos, mas é uma sensação de validação finalmente dizer: "Tenho muito medo de rejeição", "Tenho muito medo de que haja algo de errado comigo". Também é difícil admitir para mim mesma o quanto a minha vida tem sido guiada por esses medos.

Érica: (*Pausa.*) Parece que você está juntando algumas coisas neste momento. Você mencionou que partes da sua vida têm sido guiadas pelos seus medos – essas parecem ser estratégias de segurança, que é a próxima parte da formulação. Você pode falar um pouco mais sobre isso?

Fátima: Para começar, acho que os medos afetaram a forma como me relaciono com as outras pessoas. Os meus pais podiam ser tão críticos que parei de compartilhar

	as coisas com eles, o que meio que se generalizou para as outras pessoas. Mesmo com amigos, sempre fui muito mais de ouvir do que de falar, e encontro formas de não compartilhar informações sobre mim.
Érica:	Você diria que tenta evitar as críticas não compartilhando suas coisas com os outros – não lhes fornecendo informações sobre você que eles poderiam criticar?
Fátima:	Exatamente. É como: "O que eles não sabem não pode me magoar". (*Dá um risinho.*)
Érica:	(*Sorri.*) Isso faz sentido para mim, e posso ver como isso pode ajudá-la a evitar as situações que teme. Essa estratégia teve alguma consequência indesejada?
Fátima:	Sim, acho que sim – descobri que, muitas vezes, isso sufoca as minhas relações. Algumas pessoas já me disseram que eu sou "difícil de conhecer". Acho que sempre houve uma parte de mim que sentia que não valia a pena me conhecerem. Acho que é por isso que também tenho tendência a evitar oportunidades sociais. Não me interprete mal – eu tenho amigos, e alguns muito próximos. Mas tenho tendência a evitar oportunidades sociais que envolvam estar perto de pessoas novas e aprofundar demais as relações que já tenho.
Érica:	Como esse padrão impactou a sua vida?
Fátima:	É difícil saber, mas, em um nível prático, significa que não tenho feito muito *networking* profissional. Recebo notificações de reuniões para novos terapeutas e jovens profissionais, mas acabo não indo. Sei que o *networking* é útil para receber encaminhamentos e outras oportunidades, mas não tenho feito muito isso. Também não tenho tido muitos encontros, que é algo que eu gostaria de fazer, mas é muito intimidante.
Érica:	Então você tende a evitar tudo o que envolva se abrir para os outros?
Fátima:	Sim – isso faz com que eu me sinta muito vulnerável, por isso tenho tendência a não fazer. Sou muito caseira.
Érica:	Fico me perguntando se há outras estratégias que você tenha utilizado para tentar lidar com esses medos.
Fátima:	(*Faz uma pausa, pensativa.*) Na escola, eu me esforcei muito, mesmo, para ter boas notas, e isso também se traduziu no meu trabalho. Sinto que é muito importante poder ajudar os meus clientes. Muito disso se deve ao fato de eu ter compaixão por eles e pelas suas dificuldades e por querer ajudá-los, mas acho que parte disso também tem a ver comigo.
Érica:	Como se estivesse tentando provar alguma coisa para si mesma?
Fátima:	Talvez. Ou talvez refutar alguma coisa. É como se, por trás de tudo, estivesse esse medo de que eu não devia estar fazendo isso – de que não tenho o que é necessário. Mesmo quando olho para as coisas que faço bem, esse medo ainda está ali.
Érica:	Considerando as experiências que você teve durante o seu crescimento, faz sentido que esse medo perdure?

Fátima:	Sim, faz. Mas é difícil, porque cada vez que tenho dificuldades com um cliente, isso ativa o meu sistema de ameaça, e aquela parte autocrítica de mim volta a aparecer. Então, eu acabo perseverando na questão de saber se tenho ou não o que é necessário para ser uma boa terapeuta, em vez de pensar na melhor forma de ajudar os meus clientes – o que, com certeza, me torna uma terapeuta menos eficaz.
Érica:	Isso parece complicado.
Fátima:	E é. Claro que, no fundo, sei que todos os terapeutas têm dificuldades algumas vezes, e que os clientes terão altos e baixos durante a terapia. Mas, mesmo sabendo disso, estou aprendendo que os baixos ativam os meus medos, e eu acabo ruminando.
Érica:	Você diria que ruminar sobre esses medos é outra estratégia de segurança? Como se continuar pensando se você é ou não uma boa terapeuta fosse, de algum modo, torná-la melhor?
Fátima:	(*Sorri.*) Parece ridículo, mas acho que é exatamente o que eu faço.
Érica:	Se não houver problema, eu gostaria de resumir agora, porque você me deu muitas informações sobre as suas estratégias de segurança e as suas consequências indesejadas.
Fátima:	Tudo bem.
Érica:	Parece que você lidou com seus medos de crítica e rejeição não se abrindo realmente com os outros – primeiro com seus pais, depois de uma forma mais geral – e que talvez a consequência indesejada dessa estratégia de segurança tenha sido ter menos relações e talvez menos significativas. Isso lhe parece correto?
Fátima:	(*Acena com a cabeça.*) Parece.
Érica:	Acho que também ouvi você dizer que evita oportunidades sociais que podem ser úteis – oportunidades de *networking* e até mesmo encontros –, o que faz com que perca oportunidades potenciais e relações que podem contribuir para a sua vida.
Fátima:	Aham.
Érica:	Por fim, você não usou o termo *perfeccionismo*, mas parece que há um toque disso – talvez você lide com esse medo de não ser suficientemente boa se esforçando muito para se sair bem na escola e no trabalho, mas, depois, fica ruminando sobre isso e se criticando quando tem dificuldades e não atinge as suas altas expectativas.
Fátima:	(*Acena com a cabeça.*) É isso mesmo.
Érica:	Na Folha de atividade, no item sobre os medos, também temos "sentimentos com os quais não consigo lidar". Você acha que tem alguma estratégia de segurança em relação a eles?
Fátima:	Acho que é mais do que temos falado. Ao longo dos módulos, percebi que, até agora, não tinha prestado muita atenção aos meus sentimentos. Normalmente, não os compartilho com os outros e, mesmo quando estou sozinha, me ocupo com traba-

lho, leitura, tarefas domésticas e atividades como levar meu cachorro para passear. Mas não presto muita atenção aos meus sentimentos, talvez porque tenha medo de me perder neles. Como se, se eu fosse até lá, não conseguisse voltar.

Érica: Você acha que há alguma consequência em evitar as suas emoções dessa forma?

Fátima: (*Sorri.*) Nada é resolvido! A evitação me mantém presa onde estou. Parece tão estúpido, agora que olho para isso no papel. Estou fazendo toda essa evitação que me impede de trabalhar esses sentimentos assustadores que nem mesmo reconhecia que tinha. Como terapeuta, consigo olhar para tudo isso e dizer: "Estou evitando". Preciso fazer alguma coisa a respeito disso.

Érica: Parece que, por um momento, a sua versão autocrítica apareceu, chamando-a de estúpida… mas, depois, pareceu que o seu *self* compassivo assumiu o controle, orientando-a para o que poderia ser útil para resolver esse problema. Estive lendo um pouco mais à frente, se é que você não percebeu. (*Sorri.*)

Fátima: (*Ri um pouco.*) Sim. Não vai ser fácil, mas estou me sentindo um pouco mais otimista.

Érica: Isso é ótimo, Fátima. A última parte da formulação tem a ver com a forma como tudo isso – particularmente as estratégias de segurança e suas consequências – moldou sua relação consigo mesma. Você pode falar sobre isso?

Fátima: Bem, quando olho para isso agora, parece muito claro que o fato de me retrair socialmente e não compartilhar nada sobre mim apenas reforçou o meu sentimento de não ser suficientemente boa e alimentou a minha autocrítica. O tempo todo, eu falo sobre isso com os meus clientes – quando evitamos as relações sociais, isso nos impede de ter boas interações que possam ajudar a nos sentirmos de forma diferente.

Érica: E fazer funcionar esse sistema de segurança.

Fátima: Sim. Além disso, acho que o perfeccionismo também se enquadra aí. Estabelecer padrões que nunca poderei cumprir torna impossível que eu me sinta melhor com o meu desempenho.

Érica: (*Sorri e acena com a cabeça.*) Você realmente entendeu essa questão da formulação. E quanto à evitação emocional de que estava falando? Como isso molda a forma como você se relaciona consigo mesma?

Fátima: (*Pausa.*) Para mim, evitar as emoções me impede de me sentir confortável com elas – mas elas fazem parte de mim, sabe? (*Faz uma pausa, pensativa.*) Por isso, acho que esse tipo de evitação pode alimentar a ideia de que não sou suficientemente boa ou de que há algo de errado comigo – porque nem sequer consigo lidar com meus próprios sentimentos.

Érica: (*Sorri gentilmente.*) Os sentimentos podem ser muito difíceis de lidar, algumas vezes.

Fátima: Com certeza. Mas eu posso fazer melhor. Realmente posso.

Vamos dar uma olhada na Folha de atividade da formulação preenchida por Fátima.

FOLHA DE ATIVIDADE DE FORMULAÇÃO DE CASO NA TFC DE FÁTIMA

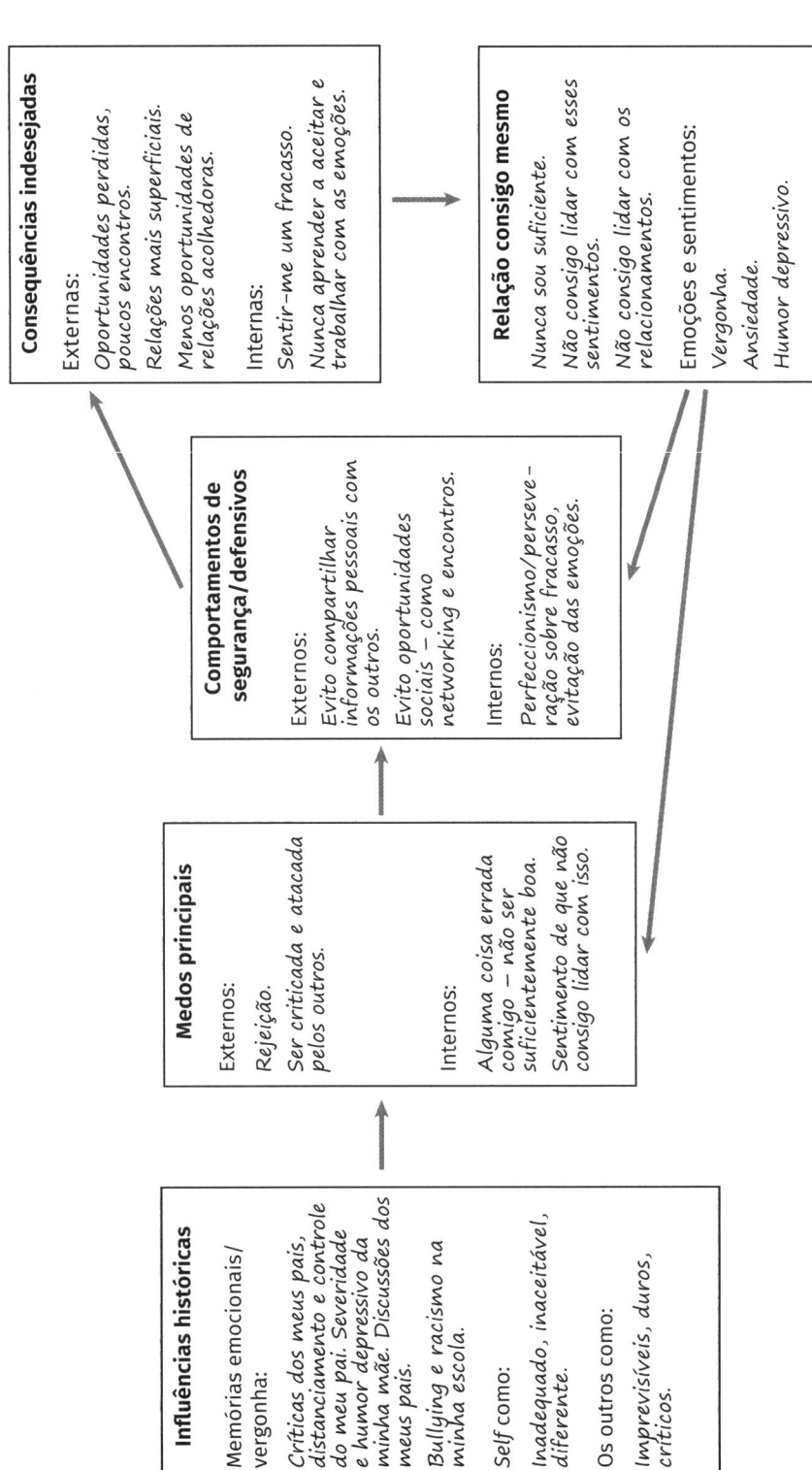

Influências históricas

Memórias emocionais/vergonha:

Críticas dos meus pais, distanciamento e controle do meu pai. Severidade e humor depressivo da minha mãe. Discussões dos meus pais.

Bullying e racismo na minha escola.

Self como:

Inadequado, inaceitável, diferente.

Os outros como:

Imprevisíveis, duros, críticos.

Medos principais

Externos:

Rejeição.

Ser criticada e atacada pelos outros.

Internos:

Alguma coisa errada comigo – não ser suficientemente boa.

Sentimento de que não consigo lidar com isso.

Comportamentos de segurança/defensivos

Externos:

Evito compartilhar informações pessoais com os outros.

Evito oportunidades sociais – como networking e encontros.

Internos:

Perfeccionismo/perseveração sobre fracasso, evitação das emoções.

Consequências indesejadas

Externas:

Oportunidades perdidas, poucos encontros.

Relações mais superficiais.

Menos oportunidades de relações acolhedoras.

Internas:

Sentir-me um fracasso.

Nunca aprender a aceitar e trabalhar com as emoções.

Relação consigo mesmo

Nunca sou suficiente.

Não consigo lidar com esses sentimentos.

Não consigo lidar com os relacionamentos.

Emoções e sentimentos:

Vergonha.

Ansiedade.

Humor depressivo.

Esperamos que as conversas entre Fátima e Érica tenham dado uma ideia de como uma exploração como essa pode se desenrolar em uma díade de coterapia limitada e de como você pode facilitar uma conversa desse tipo com um cliente. Se você estiver fazendo o programa sozinho, mais uma vez, poderá encontrar um espaço tranquilo onde possa ficar sem ser interrompido por algum tempo, passar alguns momentos fazendo uma respiração de ritmo calmante e, depois, rever o que escreveu sobre a sua história e os seus medos principais no Módulo 12. Quando as suas respostas estiverem frescas na sua mente, considere as reflexões a seguir.

EXERCÍCIO. Explorando minhas estratégias de segurança, consequências indesejadas e suas relações

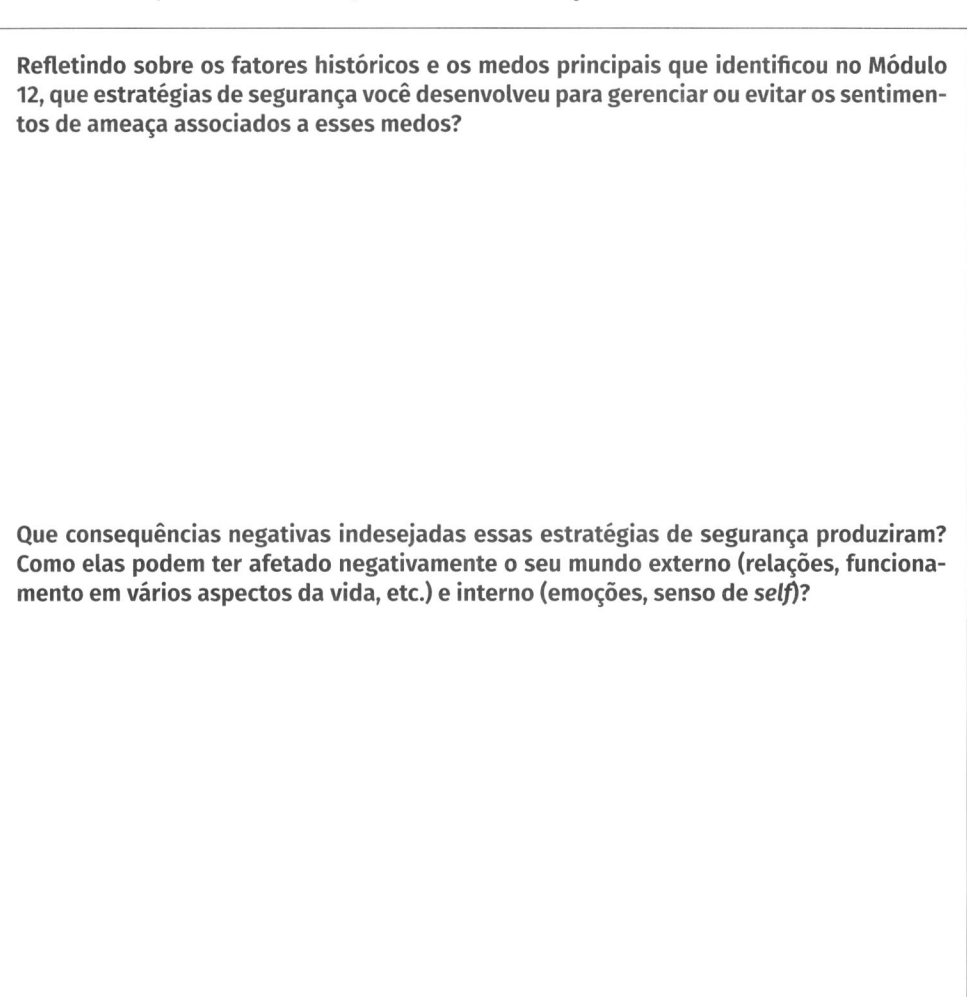

Refletindo sobre os fatores históricos e os medos principais que identificou no Módulo 12, que estratégias de segurança você desenvolveu para gerenciar ou evitar os sentimentos de ameaça associados a esses medos?

Que consequências negativas indesejadas essas estratégias de segurança produziram? Como elas podem ter afetado negativamente o seu mundo externo (relações, funcionamento em vários aspectos da vida, etc.) e interno (emoções, senso de *self*)?

Como você acha que esses medos, estratégias de segurança e consequências indesejadas podem ter afetado a forma como você vivencia e se relaciona consigo mesmo? Como podem ter afetado a forma como você vive e se relaciona com os outros?

Por fim, como esses fatores podem criar um *loop* que potencialmente pode mantê-lo preso onde você está? Como as estratégias de segurança, as consequências indesejadas e a forma como se relaciona consigo mesmo podem alimentar as suas principais ameaças e medos e a utilização de estratégias de segurança relacionadas?

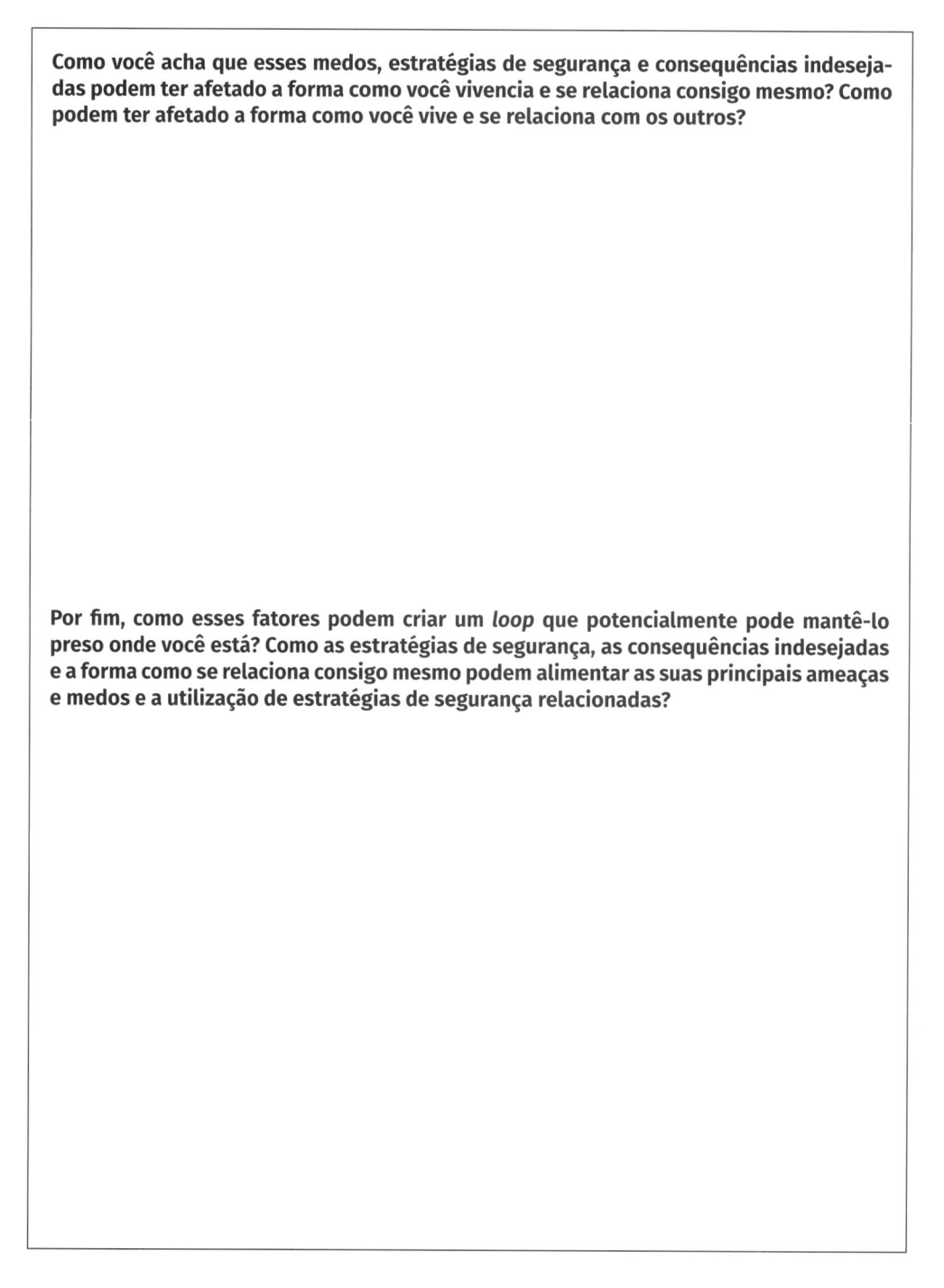

Agora que você completou todos os aspectos da formulação nas quatro colunas, pode ser útil resumir a sua formulação de forma concisa na Folha de atividade de formulação de caso na TFC.

MINHA FOLHA DE ATIVIDADE DE FORMULAÇÃO DE CASO NA TFC

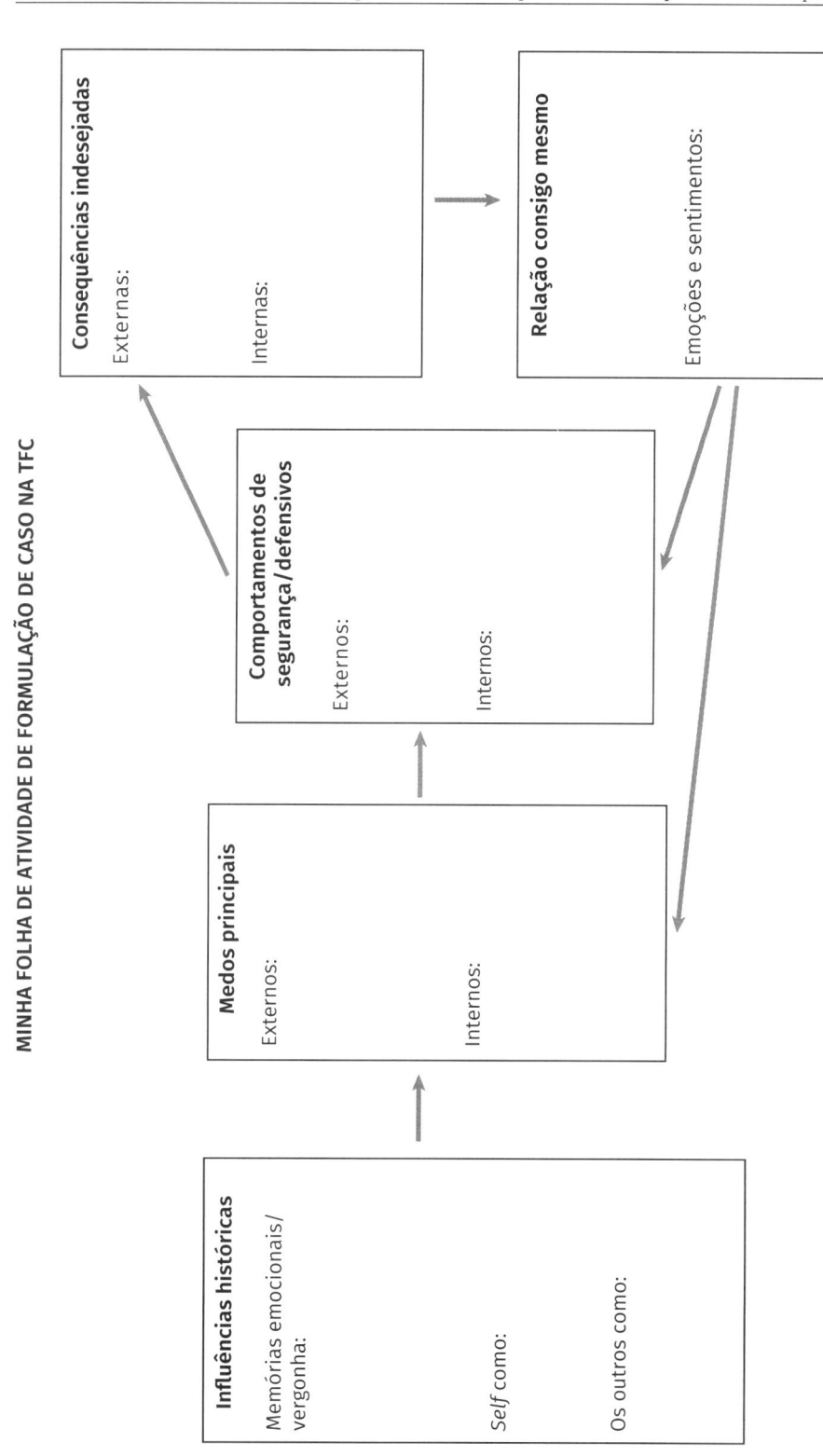

Influências históricas

Memórias emocionais/vergonha:

Self como:

Os outros como:

Medos principais

Externos:

Internos:

Comportamentos de segurança/defensivos

Externos:

Internos:

Consequências indesejadas

Externas:

Internas:

Relação consigo mesmo

Emoções e sentimentos:

De *Experimentando a terapia focada na compaixão de dentro para fora: um guia de autoprática/autorreflexão para terapeutas*, de Russell L. Kolts, Tobyn Bell, James Bennett-Levy e Chris Irons (Artmed, 2025). Este formulário é gratuito para reprodução e uso pessoal. Aqueles que adquirirem este livro podem fazer o *download* de cópias adicionais deste material na página do livro em loja.grupoa.com.br.

PERGUNTAS PARA AUTORREFLEXÃO

Você conseguiu identificar facilmente as suas estratégias de segurança, ou foi difícil? Elas fizeram sentido? E quanto às consequências indesejadas e a sua ligação com a forma como você se relaciona consigo mesmo e com os outros? O quanto essa maneira de formular esses fatores em relação à sua compreensão de si mesmo foi útil?

Surgiu algum obstáculo durante a formulação? Se sim, como você lidou com isso?

Quando fez a formulação, você sentiu alguma compaixão por si mesmo? Como você entende isso?

_____

Como você acha que pode utilizar esse tipo de formulação com os clientes? Você consegue antecipar algum problema? Como poderia resolvê-lo?

_____

Módulo 14

Checagem consciente

A construção do hábito da consciência atenta é importante na terapia focada na compaixão (TFC), mas é uma capacidade que pode levar algum tempo para ser desenvolvida. No Módulo 6, você foi apresentado à respiração consciente. Este módulo irá familiarizá-lo com a checagem consciente, uma prática breve que permite nos conectarmos rapidamente com a nossa experiência corporal, as nossas emoções e os nossos pensamentos.

O QUE É UMA CHECAGEM CONSCIENTE?

A checagem consciente envolve trazer a atenção para as suas experiências de uma forma sequencial (conforme descrito no exercício a seguir). A checagem é um momento para trazer a consciência atenta e sem julgamento para as suas experiências à medida que elas ocorrem em um cenário da vida real (Kolts, 2011). Essa prática visa a criar uma ponte entre a meditação formal (como a respiração consciente) e uma consciência atenta da nossa vida diária à medida que interagimos com outras pessoas e fazemos nosso trabalho clínico. Dessa forma, a prática visa a cultivar o *hábito* de *mindfulness*. Também é um ponto de investigação útil para pessoas que poderiam se beneficiar da consciência atenta, mas que podem ser resistentes à ideia de fazer meditação.

APRENDENDO A NOTAR A MENTE E O CORPO

Como já discutimos em capítulos anteriores, nossas emoções e motivações organizam a mente de forma poderosa: captando a nossa atenção, colorindo nosso pensamento e orientando nosso comportamento. O objetivo da prática de checagem consciente é nos ajudar a conhecer esses processos em tempo real, para que possamos aprender a notar as primeiras movimentações das nossas emoções, bem como as nossas reações habituais a determinados estímulos. Em última análise, a prática é concebida para nos ajudar a reduzir a nossa atuação "irracional" das emoções, das motivações e dos antigos padrões de pensamento e comportamento, ao mesmo tempo que nos dá a oportunidade de escolher como gostaríamos de responder à nossa situação e às experiências imediatas. Na checagem consciente, você começará trazendo a atenção para a sua experiência corporal, passando gradualmente para o seu pensamento, suas emoções, sua motivação e, depois, para as suas reações ao próprio exercício.

✏️ EXERCÍCIO. Prática de checagem consciente

1. O que noto no meu corpo:
- *O que eu sinto no meu corpo?*
- *Estou tenso ou relaxado? Como posso distinguir? Onde sinto isso?*
- *Que sensações são proeminentes?*
- *Qual é a temperatura do meu corpo?*
- *Quais são os pontos de contato do meu corpo com o mundo externo (p. ex., pés no chão)?*
- *Qual é a minha postura corporal? Como estou sentado ou de pé?*

2. O que noto nas minhas emoções:
- *Que emoções eu sinto?*
- *Que tom emocional estou sentindo? Posso atribuir um rótulo emocional aos meus sentimentos?*
- *Há mais do que uma emoção? Que emoções se destacam?*

3. O que noto no meu pensamento:
- *Em que estou pensando? Qual é o conteúdo dos meus pensamentos (sobre o que eles são)?*
- *Que imagens ou figuras me vêm à mente?*
- *Como é o meu processo de pensamento? Os meus pensamentos são rápidos ou lentos, estritamente focados ou reflexivos?*

4. O que noto que quero fazer (impulso para agir):
- *Há alguma coisa que eu queira fazer neste momento?*

5. O que noto nas minhas reações:
- *Quais são as minhas reações ao exercício?*
- *Quando noto os pensamentos, sentimentos, emoções ou impulsos que sinto, tenho alguma reação forte?*
- *Tenho algum pensamento adicional sobre o que notei que está acontecendo na minha mente ou no meu corpo?*
- *Estou fazendo julgamentos ou críticas?*
- *Noto julgamentos – pensamentos de que certas experiências estão certas ou erradas?*
- *Algumas experiências são desejadas ou indesejadas?*
- *Noto que quero fazer alguma coisa em relação ao que descobri nas minhas experiências?*
- *Que pensamentos surgem em relação a determinadas emoções ou sensações corporais, ou vice-versa?*

Vamos dar uma olhada no Registro de checagem consciente de Érica:

EXEMPLO: Registro de checagem consciente de Érica

Dia da semana/hora	O que notei quando fiz a checagem consciente (sensações corporais, pensamentos, emoções, impulsos para agir e reações)
Segunda-feira 13h	Noto que estou tensa nos ombros e no pescoço, e estou pensando: "Estou cansada demais para atender mais clientes". Sinto-me estressada e fatigada. Tenho consciência de que há um verdadeiro impulso para ir para casa e voltar para a cama. Também noto julgamentos sobre o que estou sentindo: "Eu não deveria estar sentindo isso" e "Deve haver alguma coisa de errado", o que me deixa um pouco ansiosa.

Como um dos principais desafios para os nossos clientes (e para nós mesmos) quando se trata de uma prática como esta é lembrar de praticar, é útil elaborar um plano. Marque uma hora todos os dias em que possa, de forma realista, fazer a checagem consigo mesmo. Você pode considerar a possibilidade de programar um alarme no seu telefone ou no seu relógio, ou encontrar outra forma que possa ajudá-lo a lembrar. Depois de tentar alguns dias em um horário fixo, você pode experimentar horários alternativos. Utilize o seguinte formulário para acompanhar o que observa durante a checagem na próxima semana.

EXERCÍCIO. Meu Registro de checagem consciente

Dia da semana/hora	O que notei quando fiz a checagem consciente (sensações corporais, pensamentos, emoções, impulsos para agir e reações)
Segunda-feira	
Terça-feira	

Quarta-feira	
Quinta-feira	
Sexta-feira	
Sábado	
Domingo	

De *Experimentando a terapia focada na compaixão de dentro para fora: um guia de autoprática/autorreflexão para terapeutas*, de Russell L. Kolts, Tobyn Bell, James Bennett-Levy e Chris Irons (Artmed, 2025). Este formulário é gratuito para reprodução e uso pessoal. Aqueles que adquirirem este livro podem fazer o *download* de cópias adicionais deste material na página do livro em loja.grupoa.com.br.

✍️ EXERCÍCIO. Minha checagem consciente durante a ativação da ameaça

Quando estiver familiarizado com a checagem consciente, tente usá-la quando o seu sistema de ameaça tiver sido ativado. Isso envolve voltar-se conscientemente *em direção* à sua experiência interna quando as emoções focadas na ameaça, como ansiedade e raiva, estão organizando o seu pensamento, as suas sensações e os seus impulsos comportamentais. Trazer a consciência atenta para o seu sistema de ameaça em ação permite que você cultive uma maior consciência de como essas reações à ameaça se manifestam na sua vida, em momentos em que a atenção plena é talvez mais difícil, mas também mais benéfica.

Da próxima vez que notar que o seu sistema de ameaça está sendo ativado, faça uma pausa e preencha o seguinte quadro. Note a situação ou o desencadeante para a sua experiência de ameaça e documente a sua experiência sem julgamento. Assim como no exercício anterior, preste atenção a como você reage a essas situações: por exemplo, como as sensações corporais relacionadas com a ansiedade podem ser seguidas de pensamentos de julgamento e autocriticismo. Veja se consegue dar uma orientação consciente semelhante a qualquer julgamento ou criticismo que perceba. Se tiver dificuldade para se lembrar de fazer o exercício durante uma experiência de ameaça aleatória, você pode começar trazendo à mente uma experiência recente e, depois, fazer uma checagem em relação às experiências que surgirem.

Situação/desencadeante da minha reação à ameaça	O que notei quando fiz a checagem consciente (sensações corporais, pensamentos, emoções, impulsos para agir e reações)

💭 PERGUNTAS PARA AUTORREFLEXÃO

Como foi sair do "piloto automático" e verificar as suas experiências? Houve alguma surpresa? O que você aprendeu?

_____
_____
_____
_____
_____
_____
_____
_____
_____
_____
_____
_____

O que você achou de fazer a checagem consciente regularmente? Com que facilidade você conseguiu completar a tarefa diariamente? O que o ajudou ou atrapalhou?

_____
_____
_____
_____
_____
_____
_____
_____
_____
_____
_____
_____

Como foi "sintonizar" com as suas reações de proteção contra a ameaça de uma forma consciente? O que você descobriu ou aprendeu?

_____

_____

_____

_____

_____

_____

_____

_____

_____

_____

_____

_____

_____

_____

Com base na sua experiência, qual seria a melhor forma de apresentar *mindfulness* aos seus clientes? Qual seria a melhor forma de ajudá-los a desenvolver uma prática de *mindfulness* ao longo do tratamento?

_____

_____

_____

_____

_____

_____

_____

_____

_____

_____

_____

_____

Com base na sua experiência, como você acha que *mindfulness* apoia e complementa o cultivo da compaixão?

Módulo 15

Desvendando a compaixão

Se você olhar para as diferentes medidas que procuram avaliar a compaixão, descobrirá alguma variabilidade entre elas. Isso se deve ao fato de que, ao contrário de algumas qualidades que os profissionais da saúde mental procuram medir, experimentar e agir com compaixão envolve uma série de processos psicológicos diferentes. A terapia focada na compaixão (TFC) abordou essa complexidade começando com uma definição padrão de compaixão, que, por si só, tem múltiplos componentes, e, depois, explorando especificamente os processos necessários para que essa compaixão seja experimentada e aplicada com habilidade (Gilbert, 2010; Kolts, 2016). Na TFC, a compaixão não é simplesmente um valor a ser cultivado, mas sim uma orientação para o sofrimento, uma resposta a uma pergunta que é crucial para o mundo da psicoterapia: *o que fazemos quando nos deparamos com sofrimento e dificuldades em nós mesmos e nos outros?* Ao longo de vários dos módulos seguintes, iremos gradualmente desvendar e explorar como a compaixão é definida e cultivada na TFC.

DEFININDO COMPAIXÃO

No Prefácio, Gilbert apresentou a definição operacional da TFC de compaixão: "sensibilidade ao sofrimento em si e nos outros com o compromisso de tentar aliviá-lo e evitá-lo". Essa definição destaca que a compaixão requer tanto *sensibilidade* – a disposição corajosa de notar e se envolver com o sofrimento – quanto a *motivação comprometida* e as *habilidades* para ajudar a fazer alguma coisa a respeito. Vamos fazer um exercício de reflexão para explorar como você vivencia esses aspectos da compaixão.

RELACIONANDO-SE COM O SOFRIMENTO E AS DIFICULDADES

No exercício a seguir, você deverá refletir sobre como tende a lidar com o sofrimento e as dificuldades – seus e dos outros. Ao fazê-lo, irá considerar a sensibilidade ao sofrimento: você percebe o sofrimento em si mesmo e nos outros ou ele tende a não aparecer no seu "radar"? Você se sente tocado por ele ou tende a ficar insensível? Tende a olhar mais profundamente para compreendê-lo, ou o ignora e afasta-se dele? Depois de ter notado o sofrimento, há ainda a questão de *O que fazer a respeito?* Como você tende a se comportar diante do sofrimento e das dificuldades? Você tende a avançar e trabalhar ativamente com o problema, ou desiste e passa para outra coisa? Você tende a tentar se acalmar e se encorajar quando nota que você (ou outra pessoa) está sofrendo ou se fecha, ou até mesmo se torna crítico?

No próximo exercício, consideramos os dois aspectos da definição de compaixão da TFC. Começamos explorando a sensibilidade especificamente em relação a como você se relaciona com o sofrimento em si mesmo e nos outros. Primeiramente, estas são as reflexões de Joe sobre como ele se relaciona com o sofrimento.

EXEMPLO: Reflexões de Joe

Sensibilidade ao sofrimento dos outros: considere como você tende a responder quando os outros estão sofrendo e em dificuldades. Você tem tendência a notar e estar atento quando isso acontece? Como você responde?

Esta é uma pergunta um pouco complicada, pois como eu saberia disso se não notasse? Mas acho que entendo o que você quer dizer. Acho que a resposta para mim é que depende. Se estou orientado para notar – prestando atenção aos sinais de sofrimento e dificuldades, como faço com os meus clientes –, acho que sou bom em notar. Quando isso acontece, sinto-me solidário com eles e quero ajudá-los. Mas, muitas vezes, acho que isso não acontece, porque não estou prestando atenção ou porque alguma outra coisa se coloca no caminho. Isso pode se manifestar com a minha família. Se chego em casa depois de um longo dia e estou estressado com o meu trabalho, não sou muito sensível ao sofrimento deles, porque ainda estou focado em mim. É como o sistema de ameaça dos módulos anteriores. Quando isso acontece comigo, pode ser difícil notar quando os outros estão passando por dificuldades ou precisam de ajuda, pois estou focado nas minhas próprias coisas. Provavelmente também é assim com o meu chefe. Talvez ele esteja estressado com a produtividade no trabalho, mas ele me irrita tanto que não noto nem penso no que ele possa estar sentindo – só fico irritado com ele.

Sensibilidade ao seu próprio sofrimento: considere como você tende a responder quando está sofrendo e tendo dificuldades. Você tem tendência a notar e estar atento quando isso acontece? Como você responde?

Ah! Estas perguntas são difíceis de responder. Acho que eu poderia dizer que noto porque obviamente estou sentindo, certo? No entanto, depois de fazer os módulos de mindfulness, é claro que há uma diferença entre estar consciente do que estou sentindo e ser capturado por isso. Acho que, na maior parte das vezes, acabo por ser apanhado pelo sentimento, por isso acho que não estou realmente notando. Quando noto isso, não estou seguro de que a forma como tenho respondido tenha sido muito útil. Embora eu esteja trabalhando nisso, muitas vezes, quando noto o quanto estou frustrado ou estressado, eu me critico por me sentir assim ou fantasio que vou me vingar do meu supervisor – nenhuma das duas coisas ajuda a me sentir melhor.

> **Motivação para ajudar no sofrimento: quando você realmente nota e toma consciência do sofrimento dos outros, o que tende a fazer a respeito? Você acaba se aproximando e ajudando (ou querendo se aproximar e ajudar), ou faz outra coisa?**
>
> *Quando se trata de outras pessoas, acho que sou melhor nisso. Com os meus clientes, eu me esforço muito para compreender os seus problemas e encontrar formas de ajudá-los. Embora eu tenha feito menos isso no meu emprego atual – em parte devido à pressão pela produtividade –, historicamente tenho passado boa parte do tempo no planejamento do tratamento para me certificar de que o que estou fazendo provavelmente será útil para os meus clientes. Acho que essa motivação provoca parte da minha frustração neste momento, porque acho que os meus cuidados foram prejudicados como resultado dessas exigências.*
>
> *No nível pessoal, eu poderia fazer isso melhor. Quando chego em casa estressado, mesmo quando vejo os meus filhos ou minha esposa com dificuldades, nem sempre dou o melhor de mim para ajudar. Na outra noite, cheguei em casa e meu filho estava tendo muita dificuldade com o dever de casa de matemática. O que eu gostaria de ter feito era me sentar pacientemente com ele e ajudá-lo a aprender como fazer o trabalho sozinho. Em vez disso, percebi que estava frustrado por ele estar tendo dificuldades – ele parecia não estar se esforçando muito para entender a matéria. Tentei ajudá-lo, mas a minha mulher acabou assumindo o controle, porque estava evidente que eu não tinha muita paciência com ele. Sinto-me muito mal por isso.*
>
> **Motivação para ajudar no sofrimento: quando nota e toma consciência do seu próprio sofrimento, o que tende a fazer a respeito? Você percebe que está pensando em formas de ajudar a si mesmo nesse desafio, ou faz outra coisa?**
>
> *Estou melhorando nesse aspecto à medida que vou avançando no programa, mas às vezes ainda me dou conta de que estou sendo autocrítico. Um bom exemplo é o que escrevi acima – pensar que estava sendo impaciente quando estava ajudando o meu filho com o dever de casa e ter a minha esposa se intrometendo e assumindo o controle. É fácil ficar preso a pensamentos de que sou um mau pai por ficar frustrado com o meu filho e ter raiva da minha esposa por se intrometer, depois ficar tentando me distrair para não ter que pensar nisso. Isso tem sido um verdadeiro problema para mim. O módulo de modelagem social ajudou nesse aspecto, em termos das perguntas que aprendi a fazer a mim mesmo: considerando o que está acontecendo no trabalho, faz sentido que eu tenha dificuldades com isso? E é claro que faz. Mas ainda quero estar presente para o meu filho quando ele está com dificuldades e não entrar em conflito com a minha esposa, por isso preciso fazer um trabalho melhor para me ajudar a lidar com o estresse no trabalho, porque é o que está motivando tudo isso. E talvez fazer um trabalho melhor em deixar que ela me ajude quando não estou nas minhas melhores condições.*

Assim como nos outros exercícios, encorajamos você a preparar o terreno para este exercício, encontrando um local agradável e confortável onde possa ficar por alguns minutos sem ser incomodado. Quem sabe prepare uma boa xícara de chá, acomode-se e passe 1 ou 2 minutos fazendo uma respiração de ritmo calmante – o objetivo é ativar o sistema de segurança para que possa refletir honestamente sobre a sua experiência. Quando estiver pronto, dedique alguns momentos para refletir sobre como você tende a lidar com o sofrimento e as dificuldades quando estes aparecem na sua vida e na vida das pessoas que o rodeiam.

✍️ EXERCÍCIO. Como me relaciono com o sofrimento e as dificuldades

Sensibilidade ao sofrimento dos outros: considere como você tende a responder quando os outros estão sofrendo e em dificuldades. Você tem tendência a notar e estar atento quando isso acontece? Como você responde?

Sensibilidade ao seu próprio sofrimento: considere como você tende a responder quando está sofrendo e tendo dificuldades. Você tem tendência a notar e estar atento quando isso acontece? Como você responde?

Motivação para ajudar no sofrimento: quando você realmente nota e toma consciência do sofrimento dos outros, o que tende a fazer a respeito? Você acaba se aproximando e ajudando (ou querendo se aproximar e ajudar), ou faz outra coisa?

Motivação para ajudar no sofrimento: quando nota e toma consciência do seu próprio sofrimento, o que tende a fazer a respeito? Você percebe que está pensando em formas de ajudar a si mesmo nesse desafio, ou faz outra coisa?

PERGUNTAS PARA AUTORREFLEXÃO

Considere a sua experiência com este módulo. O que você notou ao refletir sobre as formas como tende a lidar com o sofrimento em si mesmo e nos outros? Você notou alguma coisa que talvez não tenha percebido anteriormente?

_____
_____
_____
_____
_____
_____
_____
_____
_____
_____
_____
_____

Você notou algum obstáculo ou resistência? Se sim, como entendeu e trabalhou com isso?

_____
_____
_____
_____
_____
_____
_____
_____
_____

Em geral, quais foram as ramificações dessa forma de se relacionar com seu próprio sofrimento ou com o dos outros?

_____
_____
_____
_____
_____
_____
_____
_____
_____
_____
_____
_____
_____
_____

Como as percepções que você teve com este módulo podem influenciar seu trabalho com os clientes?

_____
_____
_____
_____
_____
_____
_____
_____
_____
_____
_____
_____
_____
_____

Em relação ao modelo da TFC, em que medida a sua experiência se enquadra nele? Há alguma coisa que não se enquadre?

Módulo 16

Diário de *mindfulness* do autocriticismo

Em geral, temos consciência de que tendemos ou não a ser autocríticos. No entanto, se tivermos tendência para a autocrítica, podemos muitas vezes persistir de forma automática, sem sequer percebermos que estamos nos criticando. Se notarmos, podemos tentar nos distrair de várias formas, como, por exemplo, ficar em frente à televisão ou na internet ou beber demais. Raramente paramos para ouvir essa voz interna autocrítica de um ponto de vista consciente, a fim de compreender o seu impacto em nossa vida. É preciso *coragem* para parar e ouvir essa voz. A coragem é uma das características da compaixão.

Este módulo é sobre parar e ouvir o crítico interno usando o Diário de *Mindfulness* do Autocriticismo (MSCD, do inglês *Mindfulness of Self-Criticism Diary*). Utilizando o MSCD, monitoramos a atividade do nosso crítico interno ao longo de uma semana e notamos como nos sentimos diante das críticas. Então, damos um passo adiante e verificamos se esse crítico está obtendo os resultados desejados. Nesse processo, começaremos a tecer alguns dos atributos compassivos, como a tolerância ao mal-estar, o não julgamento e o cuidado com o bem-estar. Embora esta seja a primeira aparição do MSCD em um livro de terapia focada na compaixão (TFC), ele é bastante consistente com a abordagem da TFC e tem se revelado útil no trabalho de grupo.

O MSCD tem semelhanças superficiais com o registro de pensamentos utilizado na terapia cognitivo-comportamental (TCC) (Bennett-Levy et al., 2015; Greenberger & Padesky, 2015), mas o seu papel é bem diferente. O objetivo tanto do registro de pensamentos como do MSCD é dirigir a atenção consciente para a voz crítica. No entanto, o objetivo da utilização do MSCD não é mudar a voz crítica ou responder a ela. Em vez disso, o intuito é desenvolver a consciência em torno dessa voz autocrítica, aproximar-se dela, em vez de evitá-la, e avaliar se ela está atingindo os objetivos que aparentemente pretende (p. ex., ela está melhorando o nosso desempenho? Está nos ajudando a nos sentirmos melhor em relação a nós mesmos? Está aumentando o nosso bem-estar?).

Acima de tudo, as entradas no MSCD ajudam a informar a análise funcional do autocriticismo e dos problemas do indivíduo como um todo. Por sua vez, a análise funcional contribui para a formulação, ajudando a construir a justificativa para o desenvolvimento do *self* compassivo, que discutiremos posteriormente. A ideia é explorar o criticismo no contexto e notar as experiências que tendem a desencadeá-lo e as funções que esse criticismo desempenha na sua vida e na vida dos seus clientes.

EXEMPLO: O Diário de *Mindfulness* do Autocriticismo de Érica

Trabalhando em um par de coterapia com Fátima, Érica preencheu o MSCD durante uma semana. O exemplo a seguir foi retirado do quarto dia em que ela preencheu o diário, uma quinta-feira. Nesse dia, foram registradas três entradas no diário. Nessa fase, Érica já estava entrando em sintonia com a sua voz autocrítica. Embora ainda fosse frequentemente consumida por ela, como na primeira e terceira entradas (11h e 21h25), a sua consciência da voz estava aumentando e estava ficando mais curiosa sobre o seu impacto extraordinariamente negativo na sua vida. Ocasionalmente, ela até começava a se distanciar um pouco da voz. Embora não fizesse parte das instruções tentar mudar a sua voz autocrítica, Érica reconheceu, antes de atender um dos seus clientes mais desafiadores, Jeff (entrada das 14h50), que a sua voz autocrítica não estava ajudando em nada e que, para que a sessão fosse de alguma ajuda para Jeff, ela precisava encontrar alguma motivação compassiva para si mesma. Ela encontrou e percebeu que isso mudou a sua experiência – e a de Jeff – com a sessão.

Experimentando a terapia focada na compaixão de dentro para fora 163

DIÁRIO DE *MINDFULNESS* DO AUTOCRITICISMO DE ÉRICA

Data/hora/situação (ameaça percebida)	Frase(s) autocrítica(s) que usei. Qual foi o tom de voz? Alguma imagem (p. ex., apontar o dedo) ou sensação (p. ex., aspereza) acompanhou a voz?	Emoções e sensações corporais (0-100%)	Consequências – que ajudam ou que não ajudam? Como me senti? Funcionou bem?
Quinta-feira, 11h No trabalho. Atrasada para terminar o relatório – não conseguia me concentrar.	Você definitivamente não tem jeito. O que aconteceu com você? Você nunca foi assim – você deveria se aposentar e dar espaço para alguém que possa fazer o trabalho adequadamente. Imagem: carrancuda, testa franzida, dedo em riste. Tom de voz: crítico, beirando o desprezo.	Zangada (70%) Exausta (80%)	Sinto-me tão vazia. Criticar-me, na verdade, só parece se somar ao peso que já sinto.
Quinta-feira, 14h50 Jeff está vindo para a terapia. Espero que ele não apareça.	Alguns anos atrás, eu estaria apreciando o desafio de Jeff – qual é a melhor forma de envolvê-lo, como trazê-lo a bordo e trabalharmos juntos. Agora, parece ser uma grande luta. Eu realmente estou perdida e não consigo acompanhar o ritmo, está na hora de tirar o time de campo. Imagem: corpo afundado, depois calma. Tom de voz: depreciativo inicialmente, depois mudou para um pouco de afetuosidade e compreensão.	Deprimida (75%) Exausta (70%), depois com alguma energia (50%)	Felizmente, depois de escrever isso, percebi que aquilo realmente não estava funcionando. Peguei a minha mão, encontrei um pouco de compaixão por mim mesma, antes da sessão, e consegui me conectar muito bem com ele. Boa sessão – mas foi porque mudei a minha sintonia.
Quinta-feira, 21h25 Assistindo à TV, mas com os pensamentos girando na cabeça.	O que vou fazer? Estou indo ladeira abaixo. Fazendo um péssimo trabalho. É hora de me aposentar. Sem energia para ver meus amigos, não vejo Stacey há meses, nem Jenny, nem Larry... Imagem: sentada no sofá, atirada, de novo. Tom de voz: moderadamente desesperado.	Deprimida (70%) Ansiosa (40%) Culpada (75%)	Bater cabeça o tempo todo com esses tipos de pensamento não vai ajudar em nada – só me sinto pior.

Quando refletiu sobre as entradas no diário da semana, Érica ficou surpresa com a frequência e a intensidade do seu autocriticismo, e percebeu o quanto isso era inútil para a sua recuperação. Revisando a semana com Fátima, Érica refletiu:

> Que diferença incrível fez quando notei o quanto eu estava me condenando – eu estava me preparando para o fracasso, me preparando para uma sessão horrível. Pensando nisso agora, foi porque eu não queria decepcionar Jeff e porque peguei a minha mão e dei a mim mesma a compaixão e a compreensão de que precisava. Era isso que eu precisava fazer por mim, não é? Não posso fazer isso somente quando outras pessoas estão envolvidas. Preciso fazê-lo por mim mesma e reconhecer que eu nunca sugeri a algum cliente que se recriminasse tão duramente a cada erro que cometia quando tinham se passado apenas alguns meses depois da morte da sua mãe.

EXERCÍCIO. Meu Diário de *Mindfulness* do Autocriticismo

Sugerimos que você faça sete cópias do MSCD, uma para cada dia. Durante a próxima semana, veja se consegue preencher duas ou três entradas por dia. Fique à vontade para fazer ainda mais entradas, se puder. Se funcionar melhor fazer mais em alguns dias, menos em outros, tudo bem. O objetivo geral é tornar-se consciente da sua voz autocrítica, notar como ela opera na sua vida e considerar se ela está atingindo resultados que funcionam para você.

MEU DIÁRIO DE *MINDFULNESS* DO AUTOCRITICISMO

Data/hora/situação (ameaça percebida)	Frase(s) autocrítica(s) que usei. Qual foi o tom de voz? Alguma imagem (p. ex., apontar o dedo) ou sensação (p. ex., aspereza) acompanhou a voz?	Emoções e sensações corporais (0-100%)	Consequências – que ajudam ou que não ajudam? Como me senti? Funcionou bem?

De *Experimentando a terapia focada na compaixão de dentro para fora: um guia de autoprática/autorreflexão para terapeutas*, de Russell L. Kolts, Tobyn Bell, James Bennett-Levy e Chris Irons (Artmed, 2025). Este formulário é gratuito para reprodução e uso pessoal. Aqueles que adquirirem este livro podem fazer o *download* de cópias adicionais deste material na página do livro em loja.grupoa.com.br.

PERGUNTAS PARA AUTORREFLEXÃO

Como você se sentiu ao utilizar o MSCD? Houve alguma coisa que o impediu? O quê?

_____

Qual foi a sua experiência ao utilizá-lo? Como se sentiu?

_____

Alguma coisa o surpreendeu ao fazer o diário? O quê?

O que você aprendeu com a sua experiência que pode ser útil para trabalhar com clientes que têm um elevado nível de autocriticismo?

Como você acha que este diário funcionaria para outros aspectos do fluxo da compaixão – por exemplo, como funcionaria se fosse o Diário de *Mindfulness* para Criticar Outras Pessoas ou o Diário de *Mindfulness* para Sentir-se Criticado?

Módulo 17

Avaliação na metade do programa

No Módulo 1, você completou as medidas de evitação e ansiedade de apego, medos de compaixão e autocompaixão. Você também selecionou e descreveu um problema desafiador para ter em mente durante a leitura deste livro. Os ganhos do tratamento foram associados ao uso de avaliação e *feedback* contínuos no curso da terapia (Reese, Norsworthy, & Rowlands, 2009), e, como chegamos à metade dos módulos, vamos revisitar as medidas e considerar qualquer movimento que possa ter ocorrido, especialmente em relação ao problema que você identificou no Módulo 1.

EXERCÍCIO. Avaliação na metade do programa: ECR, FOCS e CEAS-SC

Primeiramente, vamos revisar os itens escala Experiences in Close Relationships (ECR) adaptada, nossa medida de evitação e ansiedade de apego. Para pontuá-lo, some suas respostas nos seis primeiros itens para obter uma medida da evitação de apego e, em seguida, some os três últimos itens para obter uma medida da ansiedade de apego. Como você viu anteriormente, a direção dos números muda no meio da medida, pois os quatro primeiros itens têm pontuação invertida. Basta circular a resposta que melhor se encaixa na sua experiência e, depois, somar suas pontuações.

ECR-RS: AVALIAÇÃO NA METADE DO PROGRAMA

Por favor, leia cada afirmação a seguir e classifique até que ponto você acha que cada afirmação melhor descreve os seus sentimentos sobre as **relações íntimas em geral**.	Discordo totalmente						Concordo totalmente
1. Me ajuda recorrer às pessoas em momentos de necessidade.	7	6	5	4	3	2	1
2. Costumo discutir meus problemas e preocupações com os outros.	7	6	5	4	3	2	1
3. Costumo falar sobre as coisas com as pessoas.	7	6	5	4	3	2	1
4. Acho fácil depender dos outros.	7	6	5	4	3	2	1
5. Não me sinto à vontade para me abrir com os outros.	1	2	3	4	5	6	7
6. Prefiro não mostrar aos outros como me sinto no meu íntimo.	1	2	3	4	5	6	7
7. Preocupo-me frequentemente que os outros possam não gostar realmente de mim.	1	2	3	4	5	6	7
8. Tenho medo de que os outros me abandonem.	1	2	3	4	5	6	7
9. Preocupo-me que os outros não se preocupem comigo tanto quanto eu me preocupo com eles.	1	2	3	4	5	6	7

Adaptada de Mikulincer e Shaver (2016). Copyright © 2016 The Guilford Press. Reproduzida em *Experimentando a terapia focada na compaixão de dentro para fora: um manual de autoprática/autorreflexão para terapeutas*, de Russell L. Kolts, Tobyn Bell, James Bennett-Levy e Chris Irons (Artmed, 2025). Este formulário é gratuito para reprodução e uso pessoal. Aqueles que adquirirem este livro podem fazer o *download* de cópias adicionais deste material na página do livro em loja.grupoa.com.br.

> Evitação de apego (soma dos itens 1-6): _____
> Ansiedade de apego (soma dos itens 7-9): _____

Agora, vamos revisitar os itens da Fears of Compassion Scale (FOCS). Dedique alguns minutos para completar e pontuar os itens a seguir, que avaliam os sentimentos de relutância em se relacionar compassivamente com os outros, receber compaixão dos outros e dirigir compaixão a si mesmo. Tenha em mente que os itens a seguir são apenas uma amostra de alguns itens da escala, combinados com alguns itens resumidos desenvolvidos para este livro (a escala completa e validada era muito longa para ser incluída aqui). Ela não foi validada, portanto, não a utilize com clientes ou em pesquisas – você pode fazer o *download* da escala completa e validada, em inglês, em https://compassionatemind.co.uk/resources/scales.

ITENS DA FOCS: AVALIAÇÃO NA METADE DO PROGRAMA

Por favor, utilize esta escala para classificar seu grau de concordância com cada afirmação.	Discordo totalmente		Concordo em parte		Concordo totalmente
1. Pessoas muito compassivas se tornam ingênuas e fáceis de se tirar proveito.	0	1	2	3	4
2. Eu receio que ser muito compassivo torna as pessoas um alvo fácil.	0	1	2	3	4
3. Eu receio que, se eu for compassivo, algumas pessoas se tornarão muito dependentes de mim.	0	1	2	3	4
4. Percebo que estou evitando sentir e expressar compaixão pelos outros.	0	1	2	3	4
5. Eu tento manter distância das outras pessoas mesmo quando eu sei que elas são bondosas.	0	1	2	3	4
6. Sentimentos de bondade por parte dos outros são, de certo modo, assustadores.	0	1	2	3	4
7. Se eu acho que alguém está se importando e sendo bondoso comigo, eu levanto uma barreira e me fecho.	0	1	2	3	4
8. Tenho dificuldade em aceitar a bondade e o cuidado dos outros.	0	1	2	3	4
9. Eu me preocupo que, se eu começar a desenvolver compaixão por mim mesmo, vou ficar dependente disso.	0	1	2	3	4
10. Receio que, se eu me tornar muito compassivo comigo mesmo, perderei minha autocrítica e os meus defeitos aparecerão.	0	1	2	3	4
11. Receio que, se eu me tornar mais bondoso e menos crítico comigo mesmo, meus níveis de exigência vão cair.	0	1	2	3	4
12. Tenho dificuldade para me relacionar de forma gentil e compassiva comigo mesmo.	0	1	2	3	4

Nota. Esta adaptação envolve uma seleção limitada de itens da FOCS, além de itens adicionais resumidos desenvolvidos para este livro. Ela foi desenvolvida para que os leitores pudessem ter uma forma breve de acompanhar seu progresso no trabalho ao longo dos módulos. Como tal, esta seleção de itens não foi validada e não é apropriada para uso em pesquisa ou no trabalho clínico. Os leitores podem adquirir uma cópia da versão completa e validada da escala, em inglês, que é apropriada para fins de pesquisa clínica, em https://compassionatemind.co.uk/resources/scales.

Adaptada de Gilbert, McEwan, Matos e Rivis (2011). Copyright © 2011 The British Psychological Society. Reproduzida, com permissão, de John Wiley & Sons, Inc., em *Experimentando a terapia focada na compaixão de dentro para fora: um manual de autoprática/autorreflexão para terapeutas*, de Russell L. Kolts, Tobyn Bell, James Bennett-Levy e Chris Irons (Artmed, 2025). Este formulário é gratuito para reprodução e uso pessoal.

> Medos de estender a compaixão (soma dos itens 1-4): _____
> Medos de receber compaixão (soma dos itens 5-8): _____
> Medos de autocompaixão (soma dos itens 9-12): _____

Por fim, vamos revisitar a Compassionate Engagement and Action Scales (CEAS-SC).

CEAS-SC: AVALIAÇÃO NA METADE DO PROGRAMA

Quando fico angustiado ou perturbado por coisas...	Nunca								Sempre
1. Fico *motivado* para me engajar e trabalhar com o meu mal-estar quando ele surge.	1	2	3	4	5	6	7	8	9	10
2. *Noto* e sou *sensível* aos meus sentimentos de mal-estar quando eles surgem em mim.	1	2	3	4	5	6	7	8	9	10
3. Sou *emocionalmente tocado* pelos meus sentimentos ou situações de mal-estar.	1	2	3	4	5	6	7	8	9	10
4. *Tolero* os vários sentimentos que fazem parte do meu mal-estar.	1	2	3	4	5	6	7	8	9	10
5. *Reflito* e *dou sentido* aos meus sentimentos de mal-estar.	1	2	3	4	5	6	7	8	9	10
6. *Aceito*, *não critico* e *não julgo* meus sentimentos de mal-estar.	1	2	3	4	5	6	7	8	9	10
7. Dirijo minha *atenção* para o que provavelmente será útil para mim.	1	2	3	4	5	6	7	8	9	10
8. *Penso* e encontro formas úteis de lidar com o meu mal-estar.	1	2	3	4	5	6	7	8	9	10
9. Tomo as *medidas* e faço as coisas que serão úteis para mim.	1	2	3	4	5	6	7	8	9	10
10. Crio sentimentos internos de *apoio*, *ajuda* e *encorajamento*.	1	2	3	4	5	6	7	8	9	10

Subescalas extraídas de Gilbert et al. (2017). Copyright © 2017 Gilbert et al. Reproduzida, com permissão, dos autores (ver https://creativecommons.org/licenses/by/4.0) em *Experimentando a Terapia focada na compaixão de dentro para fora: manual de autoprática/autorreflexão para terapeutas*, de Russell L. Kolts, Tobyn Bell, James Bennett-Levy e Chris Irons (Artmed, 2025). Este formulário é gratuito para reprodução e uso pessoal. Aqueles que adquirirem este livro podem fazer o *download* de cópias adicionais deste material na página do livro em loja.grupoa.com.br.

> Engajamento compassivo (soma dos itens 1-6): _____
> Ação compassiva (soma dos itens 7-10): _____

Agora que as medidas foram concluídas, vamos revisitar o desafio ou problema que você identificou no Módulo 1. Antes de considerar seu desafio, vamos revisitar os desafios dos três terapeutas que nos acompanham.

EXEMPLO: Revisitando o problema desafiador de Fátima

Fátima identificou sua dificuldade com uma cliente que a faz lembrar de si mesma quando mais jovem e que, às vezes, é hostil com ela. Isso provocou sentimentos de autodúvida em relação à sua competência como terapeuta e sentimentos de querer evitar se encontrar com a cliente.

> **Reflexão atual de Fátima:** *embora eu ainda esteja com dificuldades com essa cliente, os exercícios me ajudaram a ter uma compreensão mais compassiva do seu comportamento e das minhas reações a ele. Os três sistemas e os exercícios de modelagem social realmente me ajudaram, pois posso ver como a história dela moldou os comportamentos que estavam me ativando, em resposta aos seus próprios sentimentos de ameaça. Isso também me ajudou a perceber como minhas reações fazem sentido à luz da minha história. As imagens mentais de um lugar seguro também me ajudaram, e as conversas com Érica me motivaram a me reconectar com meus círculos sociais e a trabalhar para aceitar melhor a ajuda de pessoas que se importam comigo. Ainda tenho experimentado alguma autocrítica e autodúvidas em relação aos meus desafios com a minha cliente, e espero ansiosamente pelas partes do programa que lidam com isso.*

EXEMPLO: Revisitando o problema desafiador de Joe

Tendo mudado de emprego recentemente, Joe agora se encontra em um cargo com altas expectativas de produtividade e com um supervisor que ele considera autoritário e mais preocupado com as horas faturadas do que com a qualidade do atendimento prestado aos clientes. Joe tem experimentado sentimentos de irritabilidade e raiva em torno dessa questão, e está preocupado com o fato de esses sentimentos terem "se infiltrado" em sua vida pessoal em suas interações com sua esposa e seu filho.

> **Reflexão atual de Joe:** *meu supervisor persiste com o mesmo comportamento, o que continua a mexer comigo. Quando considerei meu histórico, fez sentido que ele seja tão bom em me irritar. Isso me ajudou a não ficar tão neurótico em relação à situação, pensando que deve haver algo de errado comigo. Pragmaticamente, o que mais me ajudou foram os exercícios de respiração e mindfulness. Estou melhor em notar quando meu sistema de ameaça é ativado, e a respiração me ajuda a voltar a me concentrar um pouco, o que me ajudou a estar mais presente para meus clientes e minha família.*

🗣 EXEMPLO: Revisitando o problema desafiador de Érica

A escolha de Érica de iniciar o programa de autoprática/autorreflexão (AP/AR) foi precedida por um período desafiador de 6 meses após a morte da mãe. Nos primeiros 2 meses, Érica enfrentou um luto avassalador, tirando uma longa licença do trabalho e se afastando de suas atividades sociais. Embora a dor tenha diminuído com o passar do tempo, Érica teve dificuldades para voltar a se envolver com a sua vida, e ainda não retomou as atividades que haviam sido interrompidas durante o período de luto intenso. O mais preocupante é que, apesar de historicamente se sentir muito apaixonada por seu trabalho, ela percebeu que sua motivação ainda não voltou; em vez disso, ela fantasia com a aposentadoria e se autocritica por não se sentir tão envolvida e comprometida com seus clientes quanto costumava.

> **Reflexão atual de Érica:** *tem sido interessante pensar sobre os três círculos em relação aos meus problemas. Minha principal emoção desafiadora tem sido a tristeza, que não se encaixa perfeitamente nos círculos. Mas posso ver que meu sistema drive ficou subativado desde que minha mãe morreu e, embora eu não esteja mais de luto, tenho consciência de que, quando ela morreu (junto ao meu divórcio, há dois anos), perdi muito do que me ajudava a me sentir segura. Acho que, em resposta a isso, tenho praticado muito a evitação e, em geral, tenho investido menos nos relacionamentos, que era o que costumava me animar. O programa me ajudou a entender como tudo isso faz sentido e como não é tanto minha culpa. Dito isso, preciso me mexer. Tenho alguma experiência em abordagens de ativação comportamental, portanto sei como fazer isso, e o trabalho em díade de coterapia com Fátima tem me ajudado muito. Tem sido animador me sentir útil para ela e sentir um carinho genuíno entre nós.*

✍ EXERCÍCIO. Revisitando meu problema desafiador

Mais uma vez, reserve um tempo para fazer o exercício em um lugar tranquilo e confortável, onde não seja interrompido, talvez com uma boa xícara de chá ou café. A essa altura, provavelmente você já reconhece que essa sugestão visa a ajudar a colocar seu sistema de segurança em ação e trabalhando para você, o que o ajudará a abordar seu desafio de forma flexível e reflexiva, e não pelas lentes limitadas do seu sistema de ameaça. Então, sente-se, relaxe, passe alguns momentos fazendo uma respiração de ritmo calmante e, quando estiver pronto, volte ao Módulo 1 e releia a descrição do problema desafiador que você identificou. Depois de trazê-lo à mente, reserve um tempo para refletir sobre esse desafio e como você o está vivenciando atualmente em sua vida. Houve alguma mudança na forma como você entende esse problema? Em que aspecto faz sentido que você tenha dificuldades com ele, considerando sua história e as formas complicadas de funcionamento do nosso cérebro? Você percebeu alguma mudança em como está se sentindo em relação a esse desafio? Considere como o que você aprendeu sobre a TFC pode ter impactado sua experiência com esse problema e com a versão de você que tem lutado contra ele. Algum aspecto do programa foi útil? Houve algum obstáculo ao longo do caminho? Como você lidou com ele?

REVISITANDO MEU PROBLEMA DESAFIADOR

💭 PERGUNTAS PARA AUTORREFLEXÃO

O que você depreende das suas classificações intermediárias nos questionários? Como se sente em relação às mudanças ou à ausência de mudanças? O que você nota sobre como se sente? Como se sente em relação ao que está sentindo?

___
___
___
___
___
___
___
___
___
___
___

Qual foi a sua experiência enquanto revisitava a sua situação ou problema desafiador? Em que aspectos ela foi diferente das suas reflexões no Módulo 1?

___

Surgiu alguma dificuldade ou obstáculo enquanto você revisitava o problema desafiador? Em caso afirmativo, como você entende isso? Faz sentido que você tenha tido esse obstáculo?

___

Que lições você pode tirar da sua experiência que podem ser úteis para seu trabalho com os clientes?

_____
_____
_____
_____
_____
_____
_____
_____
_____
_____
_____
_____
_____
_____

Como a sua experiência neste módulo se relaciona com a sua compreensão do modelo da TFC e de como aplicá-lo?

_____
_____
_____
_____
_____
_____
_____
_____
_____
_____
_____
_____
_____
_____

PARTE II
Cultivando formas compassivas de ser

Módulo 18

Diferentes versões do *self*:
o self baseado na ameaça

Pesquisas em neurociência dos afetos identificaram vários sistemas básicos de regulação emocional evoluídos nos seres humanos e em outros animais (p. ex., Panksepp & Biven, 2012; LeDoux, 1998). Você já deve ter notado que, quando está em diferentes estados emocionais – feliz, com medo, com raiva, em paz –, pode ser como se uma versão diferente de você tivesse aparecido. Muitos de nós podemos nos sentir constrangidos ao refletirmos sobre como nos comportamos quando estávamos com raiva ou deprimidos, pois nossas ações nesses momentos foram muito diferentes de como gostamos de pensar sobre nós mesmos. Isso pode ser confuso e angustiante, e muitas vezes é a base para o autocriticismo. No entanto, pela perspectiva da terapia focada na compaixão (TFC), essas experiências fazem todo o sentido. Um tema importante na TFC é que *diferentes emoções e motivações evoluídas organizam nossa mente e nosso corpo de maneiras muito diferentes*, levando a padrões muito distintos de atenção, pensamento e raciocínio, imagens mentais, experiência emocional sentida, motivação e comportamento (Gilbert, 2009, 2010). Na TFC, essa interação complexa é frequentemente retratada em "diagramas de aranha", como o da Figura M18.1.

Mente ameaçada

(diagrama: Ameaça no centro, conectada a Atenção, Pensamento/Raciocínio, Comportamento, Emoções, Motivação, Imagem mental/Fantasia)

FIGURA M18.1 Como a ameaça organiza nossa experiência. De Gilbert (2009), *The Compassionate Mind*. Reproduzida, com permissão, de Little, Brown Book Group.

Na TFC, a configuração da experiência produzida por essa interação complexa de processos mentais é muitas vezes refletida na linguagem de "múltiplos *selves*"; por exemplo, podemos dizer: "Parece que o seu *self* zangado estava comandando o *show* na noite passada". A observação de que diferentes emoções e estados motivacionais podem organizar em nós, de forma poderosa, os padrões de experiência é importante para o desenvolvimento da autocompaixão, pois nos ajuda a entendermos como podemos nos envolver nesses padrões confusos de sentimento, pensamento e comportamento. A TFC também discute o conceito de mentalidades sociais, ou seja, orientações interpessoais fundamentadas em motivos básicos (p. ex., prestação de cuidados, competitivo, defensivo, compassivo) que organizam a forma como experienciamos e nos relacionamos com os outros e, às vezes, como nos relacionamos com nós mesmos (Gilbert, 2010). Assim como as emoções e os motivos, essas mentalidades sociais podem organizar nossa experiência de maneiras muito diferentes. Considere, por exemplo, as diferenças na forma como você vivencia os outros, dependendo de se está se relacionando com eles a partir de uma perspectiva competitiva, defensiva ou de cuidado. Você consegue imaginar as diferenças em como experienciaria prestar atenção nos outros, pensar sobre eles, imaginá-los em sua mente, sentir-se em relação a eles, sentir-se motivado a tratá-los e comportar-se em relação a eles dependendo de qual dessas mentalidades estivesse organizando sua mente e suas emoções?

Compreender as poderosas maneiras como esses estados emocionais e motivacionais organizam a mente pode ajudar os clientes a se relacionarem mais compassivamente com suas próprias dificuldades: "Ahh... então é por isso que eu penso, sinto e ajo dessa forma quando essas emoções são desencadeadas". Isso cria a possibilidade de ter compaixão por essa versão do *self* que enfrentou essa situação difícil. Isso também dá aos clientes, e a nós, um caminho a seguir. Embora não possamos escolher ou controlar como essas diferentes emoções, motivações e mentalidades sociais organizam a mente, podemos optar por cultivar propositadamente diferentes motivações e formas de nos relacionarmos com os outros e com nós mesmos. Não é de surpreender que, na TFC, nos concentremos em cultivar e fortalecer as motivações e mentalidades *compassivas* para nos organizarmos de formas que podem ser particularmente úteis para trabalhar efetivamente com o sofrimento – o nosso e o dos nossos clientes (ver Figura M18.2).

FIGURA M18.2 Como a compaixão organiza nossa experiência. De Gilbert (2009), *The Compassionate Mind*. Reproduzida, com permissão, de Little, Brown Book Group.

Os próximos módulos concentram-se em ajudá-lo a explorar essas diferentes perspectivas. Neste módulo, pedimos a você que relembre um momento em que teve um sentimento de ameaça (p. ex., raiva, ansiedade, medo) ou talvez uma mentalidade social ancorada na ameaça (p. ex., atitude defensiva) e explore como essa resposta organizou sua mente. Em seguida, no Módulo 19, você imaginará como a compaixão poderia ter organizado as coisas de forma diferente na mesma situação. Vamos começar com um exemplo de Joe.

EXEMPLO: Reflexão de Joe

Descreva brevemente a situação.

*Duas noites atrás, cheguei em casa depois de um dia muito irritante no trabalho. Eu tinha acabado de me sentar com uma cerveja, querendo relaxar um pouco, quando Gwen entrou e me perguntou: "Como foi o trabalho?", com uma voz animada. Simplesmente respondi: "Como você acha que foi? Foi ótimo. Assim como são **ótimos todos os dias** neste **trabalho maravilhoso**. Não vejo a hora de voltar. **Obrigado por perguntar**". Fui muito desagradável e sarcástico. Ela ficou quieta e me evitou pelo resto da noite.*

Que emoção ou motivação estava comandando o *show* para você? O que estaria no meio desse diagrama de aranha?

Sem dúvida, irritação e talvez até raiva. Definitivamente, eu estava irritado.

Que emoções ou experiências corporais você notou?

Eu estava irritado e podia sentir isso em todo o meu corpo. Assim que ela perguntou sobre o meu dia, meu corpo ficou tenso, principalmente no abdome, no pescoço e na testa. Minha mandíbula se cerrou. Eu podia sentir aquela energia de irritação – você sabe, uma forte motivação para descontar nela, mesmo sabendo que essa é a pior coisa que eu poderia fazer naquele momento. E eu estava certo; isso com certeza não ajudou. Essa tensão ficou comigo pelo resto da noite.

Onde sua atenção estava focada durante a situação? Seu foco era amplo ou restrito?

Durante a interação, minha atenção com certeza estava focada em como o meu dia tinha sido horrível e como ela deveria saber disso e na minha irritação com a maneira como ela falou comigo. Mais tarde, a atenção permaneceu restrita, mas o foco estava em me sentir péssimo pela maneira como eu havia falado com Gwen.

Descreva seu pensamento e raciocínio durante a experiência. O que você estava pensando? Seu pensamento estava estreitamente focado, ruminativo ou aberto e reflexivo?

Meu pensamento estava restrito e ruminativo; fiquei remoendo as mesmas coisas repetidamente – que ela sabe que eu tenho tido dificuldades no trabalho e que perguntar como foi meu dia só serve para me irritar; que foi ela quem me incentivou a aceitar aquele emprego. Eu estava com muita raiva. Depois disso, fiquei pensando em como tinha lidado mal com a situação, em como sou um péssimo marido por ter brigado com ela quando ela só estava tentando ajudar e me animar. Eu queria pedir desculpas, mas tive medo de que ela me mandasse para o inferno.

Como eram suas imagens mentais durante a experiência? Que imagens ou cenários estavam passando pela sua mente?

Não sei se havia alguma imagem mental em curso quando estávamos conversando, mas houve muitas depois. Primeiro, fiquei repetindo na minha mente, inúmeras vezes, a imagem dela me perguntado e lembrando como ela me encorajou a mudar de emprego. Mais tarde, foi toda a interação – vendo-me ser desagradável com ela repetidamente na minha cabeça, como um filme. Também a imaginei me dizendo que não aguentava mais, que ia pegar as crianças e ir embora. Aquilo foi terrível. Acho que tenho medo de que chegue a esse ponto – que, em algum momento, ela simplesmente termine tudo comigo.

Como era sua motivação? O que você queria fazer?

Bem, obviamente, durante a situação, eu queria atacá-la, e foi o que eu fiz. Depois, acho que me vi não só querendo sair de casa, mas também pedir desculpas.

Como foi seu comportamento? O que você fez?

Já descrevi o que eu fiz durante a situação, mas, depois, simplesmente me escondi no escritório. Fiquei sentado na minha cadeira pelo resto da noite, distraído com jogos de computador, pensando em tudo, sentindo vergonha e preocupação. Quando vi que ela já estava deitada e provavelmente dormindo, troquei de roupa e fui para a cama o mais silenciosamente possível.

Refletindo sobre o ocorrido, como você se sente sobre como se desenrolou essa experiência?

Muito arrependido. As coisas melhoraram no dia seguinte, mas isso foi por causa da Gwen. Ela me deu um pouco de espaço pela manhã, mas ainda assim foi simpática e não pareceu guardar mágoa de mim. Ela é realmente melhor do que eu mereço. Nunca mais quero tratá-la dessa maneira.

Agora, vamos experimentar o exercício. Escolha uma experiência de ameaça relativamente recente que talvez ainda esteja vívida na sua mente. Considerando as perguntas que Joe acabou de responder, reserve alguns momentos para imaginar essa situação (e talvez, como Joe fez, o período posterior, se isso parecer relevante) e as diferentes maneiras como sua resposta à situação se manifestou na sua mente, no seu corpo e no seu comportamento. Por fim, pense em como se sente ao olhar para trás, para essa situação desafiadora e para as experiências que ela desencadeou em você.

EXERCÍCIO. Explorando como a ameaça organiza minha mente e meu corpo

Neste exercício, considere uma situação recente que desencadeou uma resposta de ameaça ou motivação em você e, então, explore a maneira como essa resposta organizou sua mente.

Descreva resumidamente a situação.

Que emoção ou motivação estava comandando o *show* para você? O que estaria no meio desse diagrama de aranha?

Que emoções ou experiências corporais você notou?

Onde sua atenção estava focada durante a situação? Seu foco era amplo ou restrito?

Descreva seu pensamento e raciocínio durante a experiência. O que você estava pensando? Seu pensamento estava estreitamente focado, ruminativo, ou aberto e reflexivo?

Como eram suas imagens mentais durante a experiência? Que imagens ou cenários estavam passando pela sua mente?

Como era sua motivação? O que você queria fazer?

Como foi seu comportamento? O que você fez?

Refletindo sobre o ocorrido, como você se sente sobre como se desenrolou essa experiência?

💭 PERGUNTAS PARA AUTORREFLEXÃO

Considere a sua experiência com este módulo. O que você notou ao refletir sobre como a sua emoção ou seu motivo baseado em ameaça organizou a sua mente? Que emoções e experiências corporais surgiram para você?

_____
_____
_____
_____
_____
_____
_____
_____
_____
_____
_____
_____
_____
_____

Você notou algum obstáculo ou resistência? Em caso afirmativo, como você entendeu e lidou com isso?

_____
_____
_____

O quanto o diagrama de aranha lhe pareceu útil como uma forma de pensar sobre suas emoções e seus motivos?

O diagrama de aranha é algo que você consideraria usar com os clientes? Em caso afirmativo, como o utilizaria?

Módulo 19

Cultivando o *self* compassivo

No restante do livro, focamos no cultivo de formas compassivas de nos relacionarmos e trabalharmos com diferentes experiências e emoções. É importante dizer que, na terapia focada na compaixão (TFC), o cultivo da compaixão não é abordado como uma *técnica* que *aplicamos*, mas como um *modo de vida* adaptativo que *cultivamos*. Um crescente corpo de pesquisa demonstra que a meditação da compaixão e as formas compassivas de estar no mundo estão associadas a uma série de resultados positivos, incluindo diminuição de ansiedade, depressão, hormônios do estresse e inflamação e aumento do funcionamento do sistema imunológico (Frederickson, Cohn, Coffee, Pek, & Finkel, 2008; Pace et al, 2009; Pace et al., 2013; Neff, Kirkpatrick, & Rude, 2007); melhora da empatia (Mascaro, Rilling, Negi, & Raison, 2013; Hutcherson, Seppälä, & Gross, 2015); melhora da regulação emocional (Lutz, Brefczynski-Lewis, Johnstone, & Davidson, 2008; Kemeny et al., 2012; Jazaieri et al., 2013; Desbordes et al., 2012); comportamento pró-social (Leiberg, Limecki, & Singer, 2011); e aumento das experiências de conexão social (Hutcherson, Seppälä, & Gross, 2008), bem-estar (Neff, 2011) e resiliência (Neff & McGehee, 2010). Também são observados benefícios no local de trabalho, inclusive o aumento do desempenho organizacional, da produtividade e do envolvimento dos funcionários (Cameron, Mora, Leutscher & Calarco, 2011) (ver Seppälä, 2016, para obter um bom resumo desta literatura). Neste módulo, apresentamos uma prática que pode servir como estrutura para o cultivo de uma versão compassiva do *self* para ajudar você e seus clientes a desenvolverem atributos mentais compassivos que o ajudarão (e a eles) a trabalhar de forma bondosa e corajosa com o sofrimento e as dificuldades da vida.

A PRÁTICA DO *SELF* COMPASSIVO: UMA ABORDAGEM DE AÇÃO PARA CULTIVAR A COMPAIXÃO

No módulo anterior, você explorou como as emoções, motivações e mentalidades sociais relacionadas à ameaça podem organizar a sua experiência. Neste módulo, você examinará como a sua experiência pode ser organizada pelo cultivo de uma motivação compassiva. A prática do *self* compassivo não é apenas uma técnica isolada na TFC; ela fornece uma estrutura de organização para todas as práticas de treino da mente compassiva que podemos usar com nossos clientes.

Um obstáculo comum para os clientes (e talvez para a nossa própria autoprática) é a tendência de ficarmos tão presos em um foco relacionado à ameaça que não conseguimos imaginar como seria uma perspectiva compassiva. Outro obstáculo é que simplesmente não conseguimos nos imaginar respondendo compassivamente, pois isso está muito distante da experiência atual que temos de nós mesmos. Dada a frequência desses obstáculos, a TFC usa uma abordagem de atuação para desenvolver uma versão sábia, forte e atenciosa de nós mesmos, a qual chamamos de *self compassivo*. Na prática do *self* compassivo, o objetivo é tentar deixar de lado os julgamentos sobre nós mesmos (ou sobre a situação) em relação ao fato de a compaixão ser ou não possível – ou se sentimos que temos os atributos compassivos envolvidos na prática. Em vez disso, seguimos a abordagem que os atores usam para entrar em um papel, personagem ou motivação. Embora os atores às vezes representem papéis que podem ser muito semelhantes – ou pelo menos familiares – a como eles próprios se sentem, também são frequentemente solicitados a representar papéis que são inteiramente diferentes de como eles se veem. Vamos considerar as habilidades que os atores usam para entrar em vários papéis. Às vezes, eles usam lembranças de momentos em que se sentiram como o personagem ou que tiveram experiências semelhantes às do personagem que estão interpretando. Também podem fazer pesquisas ou passar algum tempo imaginando como esse personagem poderia pensar, sentir ou se comportar em várias situações. Muitas vezes, eles passam algum tempo observando pessoas com qualidades semelhantes às do papel que vão representar e, a partir disso, tentam incorporar certas qualidades do personagem (p. ex., tom de voz, expressão facial, postura corporal e movimentos).

Assim como um ator que desempenha o papel de um ser profundamente compassivo, em vez de considerarmos se somos ou não compassivos, imaginamos *como seria se possuíssemos uma variedade de atributos compassivos* – e como poderíamos pensar, sentir, prestar atenção e nos comportar a partir dessa perspectiva compassiva. Ao trabalhar com o próximo exercício, não se preocupe se esse *self* compassivo for diferente de como você se sente normalmente. A ideia é imaginar como seria se você *realmente* tivesse essas qualidades – como se sentiria, pensaria, seria motivado a se comportar e se comportaria de fato.

Se você se pegar preso a pensamentos que o distraem ou tendo muita resistência, veja se é possível se relacionar compassivamente com essas experiências: "Não é fácil fazer isso. Faz sentido que eu tenha dificuldades enquanto aprendo. Isso me ajudará a entender profundamente os tipos de dificuldades que meus clientes podem ter com essa prática". Em seguida, volte sua atenção gentilmente para imaginar como seria ter essas qualidades compassivas. Algumas pessoas acham útil se reconectar começando pelo corpo – criando uma expressão facial compassiva (p. ex., um meio-sorriso gentil) e imaginando como seria a sensação física de ser forte, bondoso, sábio e compassivo. Alguns terapeutas da TFC até mesmo pedem aos clientes que se levantem e andem pela sala no papel dos seus *selves* compassivos – imaginando como se sentiriam, andariam e interagiriam como essa versão compassiva de si mesmos. O segredo é *encontrar uma maneira que funcione para você (e, na terapia, para cada cliente individualmente)* – que lhe permita imaginar e começar a habitar essa perspectiva compassiva. Vamos tentar.

✍️ EXERCÍCIO. A prática do *self* compassivo

Neste exercício, vamos imaginar como seria ser uma pessoa profundamente compassiva, cheia de compaixão, bondade, sabedoria, confiança e coragem.

Vamos começar preparando o corpo com uma respiração de ritmo calmante. Sentado em uma posição confortável, com a cabeça em uma postura ereta e solene, reserve 1 ou 2 minutos para desacelerar a respiração, gastando de 4 a 5 segundos na inspiração e na expiração. Foque sua atenção nas sensações da desaceleração: desacelerando o corpo, desacelerando a mente.

Enquanto permite que sua respiração retorne a um ritmo normal e confortável, imagine que seu corpo está cheio de força e vitalidade. Permita-se assumir um meio-sorriso bondoso, imaginando a aparência do seu rosto e como você pode se considerar um ser compassivo, profundamente bondoso, sábio e confiante. Reserve 1 ou 2 minutos para aproveitar a sensação em seu corpo dessa maneira, imaginando como se sentiria, sua aparência e até mesmo como sua voz soaria como esse ser profundamente compassivo.

Agora, vamos imaginar como é ter certas qualidades compassivas.

- Primeiramente, imagine como seria ser preenchido com a *motivação carinhosa de ajudar* – um desejo profundo de aliviar e evitar o sofrimento em você e nos outros e de ajudar você e os outros a terem vidas felizes. Se quiser, pode imaginar essa motivação se desenvolvendo no nível do seu coração, pulsando e, gradualmente, enchendo seu corpo com luz ou cor à medida que cada vez mais você sente um desejo profundo de ser útil a si mesmo e aos outros.
- Em seguida, imagine que, junto a essa motivação de cuidado, você está preenchido com uma profunda experiência de sabedoria. Na TFC, a sabedoria tem vários aspectos. Um deles está associado ao modelo evolutivo, na medida em que o *self* compassivo entende que simplesmente nos encontramos aqui, com um corpo e um cérebro que não escolhemos, o que dá origem à experiência de vários pensamentos, sentimentos e impulsos. A sabedoria, aqui, também está ligada à compreensão de que todos nós fomos moldados por coisas na vida, muitas das quais tivemos pouca capacidade de escolher ou controlar. A sabedoria também traz a capacidade de ver as experiências e situações por diferentes perspectivas. Quando surgem dificuldades, seu *self* compassivo sábio é capaz de examiná-las profundamente – para entender as causas e as condições que as produzem e as mantêm. Imagine ser capaz de pensar de forma flexível, baseado na sua experiência de vida e sabedoria intuitiva ao enfrentar os desafios na sua vida.
- Agora, imagine que, com essa motivação de cuidado e sabedoria, surja dentro de você um profundo sentimento de confiança, coragem e compromisso inabalável de aliviar e prevenir o sofrimento – não arrogância, mas um profundo conhecimento de que *"o que quer que surja na minha mente ou na minha vida, encontrarei uma maneira de trabalhar com isso também"*. Sendo capaz de confiar em seu *self* compassivo futuro para trabalhar com o que quer que se defronte e de buscar ajuda quando precisar, imagine-se cheio de coragem para enfrentar emoções e situações difíceis e com a convicção de fazê-lo – olhar corajosa e profundamente até mesmo para os obstáculos que o assustam ou para as coisas de que você menos gosta em si mesmo.

- Reserve mais alguns momentos para imaginar como se sentiria, pensaria e se comportaria como esse ser profundamente compassivo, cheio de bondade, sabedoria, compromisso corajoso e compaixão. Qual seria a sua motivação? Que entendimentos surgiriam dentro de você? Como seria a sensação em seu corpo? Caso surjam dificuldades, dores ou obstáculos, veja se é possível se relacionar também com eles de forma gentil e compassiva: "Ahhh… isso é difícil. Faz sentido que seja. A partir deste lugar de compaixão, como posso entender esse obstáculo? Como posso me encorajar a prosseguir?".

Vamos considerar a reflexão de Joe sobre como foi a prática para ele.

EXEMPLO: Reflexão de Joe

Para começar, como foi sua experiência com o exercício? O que você notou?

De modo geral, eu gostei. No início, foi difícil entrar no exercício, mas focar em como meu corpo poderia se sentir ajudou. Foi bom pensar em como seria ter essas qualidades. Estou muito longe disso, agora, mas se parece muito mais com a pessoa que eu gostaria de ser no trabalho e, particularmente, em casa, com a minha família.

Que obstáculos ou resistências surgiram durante o exercício? Houve coisas sobre a prática que você não gostou ou que impediram que ela fosse útil?

*Inicialmente, parecia um pouco artificial… tipo: "**Oh, agora vou me imaginar sendo realmente compassivo**". Mas, à medida que segui as instruções, meio que consegui ter uma noção do que se tratava. Eu me distraí várias vezes, e percebi que estava um pouco frustrado com isso, mas consegui retomar o rumo. O grande desafio para mim foi que, embora as instruções tenham sido úteis, o exercício pareceu um pouco vago – foi difícil me imaginar sendo preenchido com bondade, ou sendo sábio ou confiante sem ter uma situação com a qual relacionar isso. Mais uma vez, o foco no corpo foi útil, pois me deu algo um pouco mais concreto a que me apegar.*

O que você acha que pode ser útil para ajudá-lo a se conectar com essa perspectiva compassiva e aprofundá-la para si mesmo?

O mais importante para mim, eu acho, seria ter uma situação na qual me concentrar. Acho que seria útil imaginar como seria a sensação de aplicar essas diferentes qualidades a uma situação específica, para que talvez não parecesse tão vaga.

Seguindo o exemplo de Joe, reserve um momento para refletir sobre como foi o exercício do *self* compassivo para você: o que você gostou, que obstáculos surgiram e o que poderia ser útil considerar ao se conectar com essa perspectiva compassiva no futuro.

EXERCÍCIO. Refletindo sobre minha prática autocompassiva

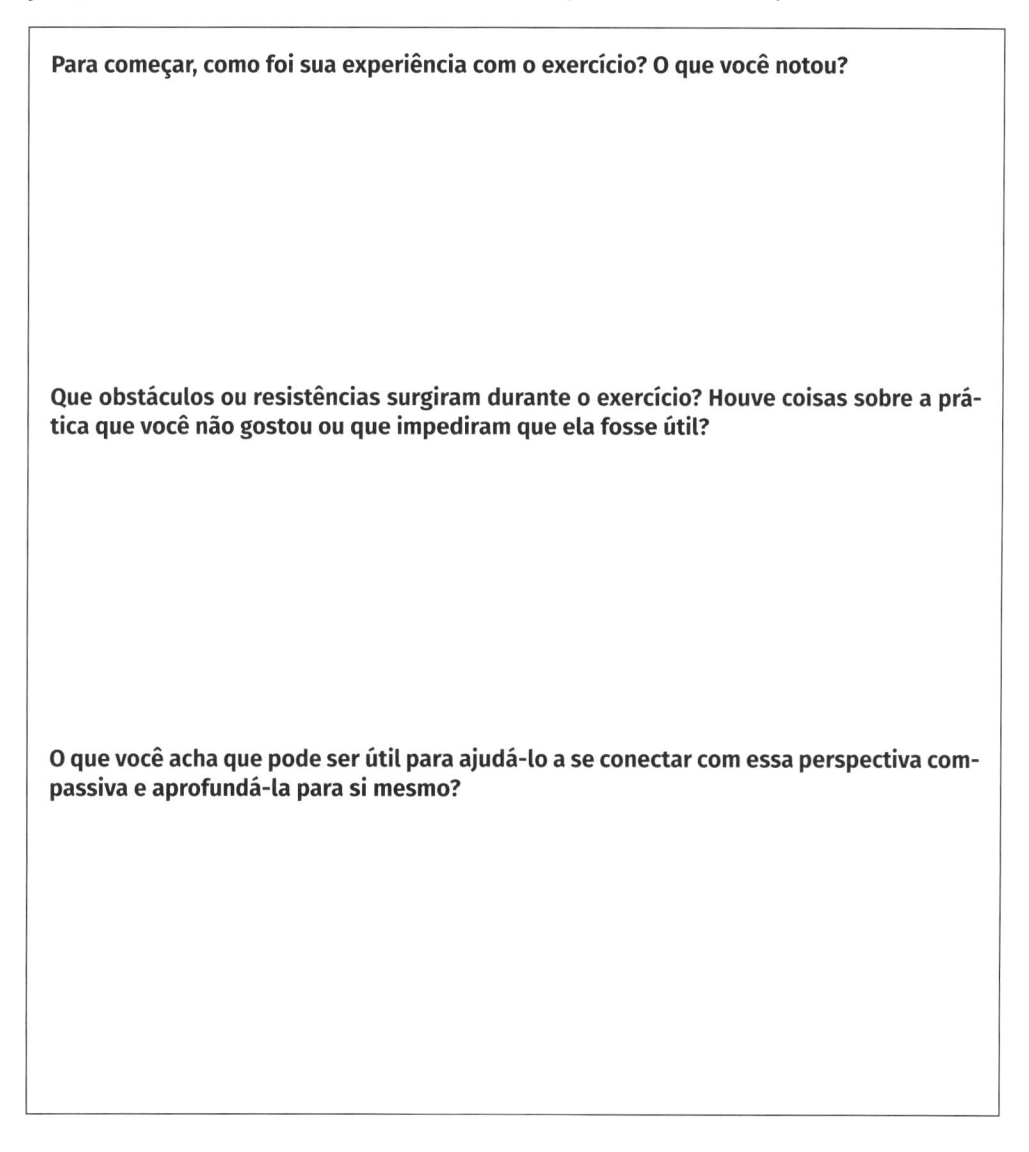

Para começar, como foi sua experiência com o exercício? O que você notou?

Que obstáculos ou resistências surgiram durante o exercício? Houve coisas sobre a prática que você não gostou ou que impediram que ela fosse útil?

O que você acha que pode ser útil para ajudá-lo a se conectar com essa perspectiva compassiva e aprofundá-la para si mesmo?

Como mencionamos anteriormente, um dos objetivos do desenvolvimento do seu *self* compassivo é estabelecer uma estrutura de organização para as outras habilidades compassivas que você vai cultivar. Não há nada de mágico em uma única prática, e esta não é exceção; o segredo é mudar repetidamente para essa mentalidade compassiva, aprofundando gradualmente a sua motivação compassiva e as formas de sentir, pensar e se comportar que a acompanham. Ao assumir esse papel repetidamente, a ideia é que desenvolveremos os hábitos mentais (e a arquitetura neural subjacente) que ajudarão a nos sentirmos mais naturais, gradualmente fechando a lacuna entre nosso *self* compassivo e a maneira como tendemos a nos vivenciar em nosso cotidiano.

Ao fazer essa reflexão, você provavelmente percebeu alguns obstáculos ou desafios. É importante refletir sobre eles e sobre como você pode aprofundar sua experiência com a prática. Queremos estar focados no *processo* (o processo de nos ajudarmos a criar estados mentais compassivos), em vez de na técnica (usando exatamente as mesmas palavras/procedimentos todas as vezes). Portanto, à medida que você se familiarizar mais com a prática e com a experiência que tem com ela, não tenha medo de experimentar um pouco enquanto explora e descobre aspectos que o ajudam a sentir e pensar compassivamente e outros que não são tão úteis ou que podem atrapalhar.

PERGUNTAS PARA AUTORREFLEXÃO

Como você se relacionou com esse exercício? Houve alguma parte de você ou vozes internas que o questionaram? Em caso afirmativo, o que elas disseram? E o que você fez com essas vozes?

Sua experiência contém alguma implicação de como você poderia facilitar o *self* compassivo em seus clientes? O que você poderia dizer ou fazer para ajudar as pessoas que podem questionar a abordagem ou que têm dificuldade de se envolver com o *self* compassivo?

# Módulo 20

O *self* compassivo em ação

No módulo anterior, você praticou imaginar como seria estar repleto de várias qualidades compassivas. Você deve ter notado que Joe observou um obstáculo em sua reflexão: que a prática parecia um pouco vaga sem uma situação específica para a qual as diferentes qualidades compassivas fossem direcionadas. Essa é uma experiência bastante comum; pode ser difícil imaginar coisas como cuidado, sabedoria, força e compromisso sem uma situação à qual esses atributos estejam sendo aplicados. Portanto, aprendendo com a experiência de Joe, vamos explorar uma maneira de tornar a prática mais concreta – aplicando-a aos desafios na vida real que exploramos no Módulo 18.

Nesta prática, você se conectará novamente com a mentalidade do *self* compassivo usando a prática descrita no Módulo 19. Em seguida, imaginará como essa versão compassiva de você experienciaria e se relacionaria com o problema desafiador que você descreveu no Módulo 18, à medida que se envolve com ele segundo a perspectiva cuidadosa, sábia e corajosa do *self* compassivo. Você pode dedicar o tempo que quiser a esse exercício, seja ele longo ou curto. O segredo não é tanto a quantidade de tempo que você gasta, mas a experiência sentida de habitar o *self* compassivo no corpo e na mente, à medida que imagina como seria ser preenchido com essas qualidades compassivas.

Vamos dar uma olhada em como foi esse exercício para Joe.

EXEMPLO: Reflexão sobre a prática de Joe

Descreva resumidamente a situação.

Duas noites atrás, cheguei em casa depois de um dia muito irritante no trabalho. Eu tinha acabado de me sentar com uma cerveja, querendo relaxar um pouco, quando Gwen entrou e me perguntou: "Como foi o trabalho?", com uma voz animada. Simplesmente respondi: "Como você acha que foi? Foi **ótimo**. Assim como são **ótimos todos os dias** neste **trabalho maravilhoso**. Não vejo a hora de voltar. **Obrigado por perguntar**". Fui muito desagradável e sarcástico. Ela ficou quieta e me evitou pelo resto da noite.

Veja se é possível olhar para trás com compaixão para a versão de você que estava com dificuldades naquela situação, vendo como ela foi difícil para você. Reserve alguns instantes, talvez para fazer uma respiração calmante, e retome a prática do *self* compassivo do módulo anterior. A partir dessa perspectiva compassiva de cuidado e compreensão, como você se sente em relação a essa versão de si mesmo em dificuldades? O que você entende sobre ela?

Huh. Essa é uma pergunta meio estranha. Eu me sinto mal por ele, sabe. Ele... quero dizer... eu só estava cansado. Eu só estava ali, sentado, tentando relaxar depois de um péssimo dia no trabalho. Sei que Gwen só estava tentando ser amigável, mas eu ainda não estava pronto para isso. Eu só precisava de um pouco de espaço para mim, para desanuviar do dia. Eu me irritei com ela – e me sinto péssimo por isso, porque não é assim que quero tratá-la –, mas não queria magoá-la, só queria um pouco de espaço.

Sabendo o que você sabe sobre si e sobre sua experiência prévia, faz sentido que tenha reagido dessa forma? Vamos tentar *entender* a sua reação, em vez de julgá-la.

Sim, faz sentido. Sabe, apesar do que acabei de escrever, acho que talvez eu quisesse cutucar um pouco a Gwen. Eu estava com raiva. Ela estava tão animada que eu me senti invalidado – como se ela estivesse ignorando completamente o fato de que, no momento, o meu trabalho é muito difícil, e a maioria dos meus dias de trabalho é bem infeliz. Por isso, me senti muito mal por ela ter me abordado dessa forma, embora eu saiba que ela tinha boas intenções e estava apenas tentando me animar. Deve ser difícil para ela também, porque é como se ela não pudesse vencer – se ela está animada, eu fico irritado, e se ela está triste, como eu estou, ela pode se preocupar que isso piore as coisas. Sei que ela se sente culpada por ter me incentivado a aceitar esse novo emprego, embora não tenha sido culpa dela o fato de não ter sido como esperávamos.

Agora, vamos imaginar esse diagrama de aranha novamente, dessa vez colocando a compaixão bem no meio. Veja se é possível imaginar como seria estar de volta àquela situação, agora como seu *self* cuidadoso, sábio e corajosamente compassivo. Imagine-se naquela situação, dessa vez vivenciando-a com a mentalidade dessa perspectiva profundamente compassiva. Tente imaginar isso (e até anotar) como se estivesse acontecendo novamente, em tempo real. A partir dessa mentalidade compassiva, o que você sente? Como esses sentimentos se manifestam em seu corpo?

Eu me sinto calmo. Não totalmente relaxado, porque foi um dia difícil, mas calmo... tipo, meio que em paz, embora o dia não tenha sido como eu esperava.

A partir dessa mentalidade compassiva, onde sua atenção está focada durante a situação? Seu foco é amplo ou restrito?

Com certeza, é mais amplamente focado do que antes. Em vez de estar focado no dia ruim ou em ficar irritado com o que Gwen disse, meu self compassivo está prestando atenção a como é bom estar em casa e com ela. Estou consciente das muitas coisas na minha vida que são realmente muito boas, mesmo que o meu trabalho não seja o melhor no momento. Por exemplo, em como ela só está tentando me animar. E como ela é inteligente e bonita, e como eu a aprecio. E como tenho sorte de ter uma família que me ama e me apoia. Tenho vontade de chorar só de pensar neles. Eu os amo tanto. Só quero que eles saibam disso.

A partir dessa mentalidade compassiva, em que você está pensando durante a experiência? Como está atribuindo sentido a ela?

Acho que entendi muitos dos pensamentos da pergunta anterior. Como mencionei, meu self compassivo tem uma perspectiva muito mais ampla e flexível. Consigo ver as coisas pela perspectiva da Gwen, que realmente estava tentando me ajudar. É muito importante perceber isso.

A partir dessa mentalidade compassiva, qual é a sua motivação nessa situação? O que essa versão compassiva de você quer fazer?

Meu self compassivo quer ajudar a melhorar as coisas para mim — fazer algo além de apenas ficar sentado e remoendo — e me conectar com Gwen, em vez de afastá-la.

Nessa situação, sentindo-se e agindo com essa mentalidade bondosa, sábia e compassiva, o que essa versão compassiva de você faz?

Em primeiro lugar, eu não pegaria uma cerveja e me sentaria para ficar remoendo as coisas — eu faria alguma coisa que gosto, como dar uma caminhada ou tocar violão. Depois, quando Gwen chegasse em casa, em vez de me apegar ao que me deixa infeliz, eu a cumprimentaria calorosamente e lhe diria como estou feliz em vê-la e como tenho sorte por estar com ela, mesmo que as coisas não estejam fáceis no trabalho neste momento. Estou me imaginando acariciando seus ombros e suas costas. Ela adora, e isso cria proximidade entre nós, em vez da distância que surgiu quando eu a ataquei. A noite se desenrolaria de forma muito diferente.

Olhando para trás, para esse cenário imaginado de como você poderia ter lidado com as coisas a partir dessa mentalidade compassiva, como se sente?

Um pouco arrependido e triste, imaginando como as coisas poderiam ter sido diferentes se eu tivesse reagido de outra forma. Mas também esperançoso, porque agora, em vez de me sentir preso ao que estava sentindo, está claro que a situação muda completamente quando me apresento como meu self compassivo — isso realmente mudaria o tempo que passo com minha família. Pode ser que eu nunca ame esse trabalho, mas não preciso odiar a minha vida. Também estou ansioso para ver a minha família esta noite e ter a chance de lhes mostrar o quanto gosto deles.

> **Uma última pergunta: imagine que essa versão cuidadosa, sábia e compassiva de você fosse capaz de voltar, de forma invisível, para aquela situação e oferecer apoio, incentivo e conselhos à sua versão com dificuldades que estava passando por um momento tão difícil. Como você poderia apoiar, encorajar ou aconselhar essa sua versão com dificuldades para que pudesse dar o melhor de si ao lidar com esse desafio?**
>
> *Isso é fácil. Eu diria a mim mesmo que faz sentido estar tendo um dia ruim, porque meu trabalho está péssimo no momento. Mas eu me lembraria de que há muito mais na minha vida do que esse emprego ruim. E me lembraria de que, em alguns minutos, uma mulher maravilhosa que eu amo mais do que tudo entrará por aquela porta e que posso me conectar com ela e ter uma noite divertida com as pessoas que amo, ou afastá-la e passar o resto da noite remoendo algo que não posso resolver agora. Acho que, mesmo quando eu estivesse de mau humor, essa seria uma escolha bem fácil.*

Agora que Joe nos deu um exemplo de como esse exercício pode ser feito, vamos aplicar a prática do *self* compassivo a uma situação desafiadora na sua vida – talvez a situação que você descreveu no Módulo 18. Você começará se conectando com a prática do *self* compassivo da mesma forma que fizemos no Módulo 19 e, depois, trabalhará com as reflexões a seguir. Lembre-se de que o segredo é imaginar como seria se relacionar com essa situação desafiadora (e com a versão de você que teve dificuldades nessa situação) a partir da perspectiva de uma versão sua cuidadosa, sábia e corajosamente compassiva. Se parecer difícil, tente se lembrar de que não precisa sentir que já tem essas qualidades – você está apenas imaginando como seria *se as tivesse*, como um ator assumindo um papel. Se surgirem dificuldades, veja se consegue estender a compaixão ao fato de que fazer isso pode ser realmente desafiador – imagine como você pode se relacionar com essas dificuldades pela perspectiva de seu *self* compassivo e o que poderia ajudá-lo a se encorajar a prosseguir, mesmo quando ficar difícil.

EXERCÍCIO. Meu *self* compassivo em ação

Voltando à prática do *self* compassivo do Módulo 19, conecte-se com a perspectiva do seu *self* compassivo, levando o tempo que quiser. Imagine como seria estar repleto dessas qualidades compassivas: a motivação bondosa e atenciosa de ajudar; a sabedoria para olhar profundamente para o sofrimento e compreendê-lo; e a coragem para enfrentar os desafios e o desconforto, cara a cara, e trabalhar com eles. O segredo não é a quantidade de tempo que você gasta, mas a experiência de habitar essa mentalidade, imaginando como seria ser preenchido com essas qualidades compassivas. Depois de ter feito isso, vamos revisitar a situação desafiadora que você descreveu no Módulo 18. Dessa vez, porém, tente imaginar como poderia ter se envolvido com essa experiência a partir da perspectiva cuidadosa, sábia e corajosa do *self* compassivo.

Descreva resumidamente a situação.

Veja se é possível olhar para trás com compaixão para a versão de você que estava com dificuldades naquela situação, vendo como ela foi difícil para você. Reserve alguns instantes, talvez para fazer uma respiração calmante, e retome a prática do *self* compassivo do módulo anterior. A partir dessa perspectiva compassiva de cuidado e compreensão, como você se sente em relação a essa versão de si mesmo em dificuldades? O que você entende sobre ela?

Sabendo o que você sabe sobre si mesmo e sua experiência anterior, faz sentido que tenha reagido dessa forma? Vamos tentar *entender* a sua reação, em vez de julgá-la.

Agora, vamos imaginar esse diagrama de aranha novamente, dessa vez colocando a compaixão bem no meio. Veja se é possível imaginar como seria estar de volta àquela situação, agora como seu *self* cuidadoso, sábio e corajosamente compassivo. Imagine-se naquela situação, dessa vez vivenciando-a com a mentalidade dessa perspectiva profundamente compassiva. Tente imaginar isso (e até anotar) como se estivesse acontecendo novamente, em tempo real. A partir dessa mentalidade compassiva, o que você sente? Como esses sentimentos se manifestam em seu corpo?

A partir dessa mentalidade compassiva, onde sua atenção está focada durante a situação? Seu foco é amplo ou restrito?

A partir dessa mentalidade compassiva, em que você está pensando durante a experiência? Como está atribuindo sentido a ela?

A partir dessa mentalidade compassiva, qual é a sua motivação nessa situação? O que essa versão compassiva de você quer fazer?

Imagine que você está de volta nessa situação, sentindo-se e agindo a partir dessa mentalidade bondosa, sábia e compassiva. O que essa versão compassiva de você faz?

Olhando para trás, para esse cenário imaginado de como você poderia ter lidado com as coisas a partir dessa mentalidade compassiva, como se sente?

Uma última pergunta: imagine que essa sua versão cuidadosa, sábia e compassiva de você fosse capaz de voltar, de forma invisível, para aquela situação e oferecer apoio, incentivo e conselhos à sua versão com dificuldades que estava passando por um momento tão difícil. Como você poderia apoiar, encorajar ou aconselhar essa sua versão com dificuldades para que pudesse dar o melhor de si ao lidar com esse desafio?

PERGUNTAS PARA AUTORREFLEXÃO

Comparando sua experiência com o *self* compassivo neste módulo com a sua experiência com o *self* compassivo no módulo anterior, que diferença fez (se houve alguma) ter uma situação específica na qual focar?

Que obstáculos ou resistências surgiram durante o exercício? Houve aspectos da prática de que você não gostou ou que impediram que ela fosse útil? Em caso afirmativo, como lidou com eles, ou o que acha que poderia ser útil ao trabalhar com eles no futuro?

_____
_____
_____
_____
_____
_____
_____
_____
_____
_____
_____
_____

Refletindo sobre sua experiência neste módulo, há algo que se destaque e que poderia informar como você aborda esse processo com seus clientes? Pense em um cliente específico – como sua experiência poderia afetar sua abordagem com ele?

_____
_____
_____
_____
_____
_____
_____
_____
_____
_____
_____
_____

Módulo 21

Aprofundando o *self* compassivo

No Módulo 15, exploramos uma definição operacional de compaixão envolvendo tanto a *sensibilidade* ao sofrimento e às dificuldades quanto o *compromisso* de trabalhar para aliviar e prevenir esse sofrimento. No Módulo 19, apresentamos a prática do *self* compassivo para ajudar você e seus clientes a dar vida a essa definição e incorporar a compaixão às suas vidas. Examinando mais de perto essa definição de compaixão, vemos que dois conjuntos de capacidades estão envolvidos: como respondemos ou nos *envolvemos* com o sofrimento e o que *fazemos a respeito* – como nos preparamos para aliviar e prevenir o sofrimento. O fundador da terapia focada na compaixão (TFC), Paul Gilbert, refere-se a isso como as duas *psicologias da compaixão* e, na TFC, cada aspecto da compaixão é operacionalizado nos processos envolvidos quando a compaixão é manifestada no mundo real (Gilbert, 2009, 2010).

ENVOLVIMENTO: EXPLORANDO A PRIMEIRA PSICOLOGIA DA COMPAIXÃO

Em primeiro lugar, e talvez acima de tudo, a compaixão exigirá que nossos clientes mudem a forma como se relacionam com seu sofrimento. Muitos deles terão lidado anteriormente com experiências e emoções dolorosas buscando evitá-las ou suprimi-las e, algumas vezes, atacando a si mesmos por experienciarem sofrimento (o que pode ser visto como mais um método de evitação). Ao ajudar os clientes a desenvolverem compaixão, estamos trabalhando para ajudá-los a se voltarem para o sofrimento com cuidado, sabedoria e coragem. Como terapeutas, às vezes também podemos observar essas tendências em nós mesmos. Nesta seção, exploraremos os vários atributos envolvidos nessa capacidade de se envolver compassivamente com o sofrimento, conforme observado na Figura M21.1.

FIGURA M21.1 A primeira psicologia da compaixão: envolvimento. Adaptada de Gilbert (2009), *The Compassionate Mind*. Reproduzida, com permissão, de Little, Brown Book Group.

Vamos explorar brevemente cada uma dessas qualidades com um pouco mais de detalhes.

- *Cuidado com o bem-estar*. Um ponto de partida importante para a compaixão é a *motivação de cuidar*: ou seja, experienciar um desejo básico de reduzir o sofrimento e aumentar o bem-estar e a felicidade em nós mesmos e naqueles com quem estamos em contato.
- *Sensibilidade*. A sensibilidade ao mal-estar envolve *notar* – tomar consciência do mal-estar e do sofrimento – e prestar atenção a ele, em vez de bloqueá-lo ou se afastar dele. Com a sensibilidade, o sofrimento aparece em nosso radar, permitindo que sintonizemos com a pessoa que precisa de cuidados – incluindo nós mesmos.
- *Simpatia*. A simpatia envolve ser *emocionalmente tocado* pelas experiências e pelos sentimentos que nós ou outras pessoas enfrentamos. Simpatia tem a ver com a *experiência sentida*, e não com conceitos ou uma compreensão mental. Para muitas pessoas que estão sentindo dor emocional, sentir simpatia pode ser difícil; elas podem se sentir bastante entorpecidas, desligadas ou ter aprendido a bloquear rapidamente os sentimentos que surgem em resposta à sua própria dor ou à dor dos outros. No contexto da ação compassiva, é importante observar que a simpatia é vista como uma ajuda para nos motivar a abordar e lidar com o sofrimento. No entanto, é importante que ela não seja tão forte a ponto de atrapalhar a ajuda (p. ex., desviando o foco da pessoa que sofre para o nosso próprio mal-estar solidário).
- *Tolerância ao mal-estar*. O envolvimento no sofrimento nos colocará em contato com muita dor e desconforto, o que tem o potencial de nos sobrecarregar e barrar nossa compaixão. Por essa razão, uma qualidade essencial da compaixão é a tolerância ao mal-estar: a capacidade de se envolver, tolerar e adotar uma postura de aceitação em relação às dificuldades e ao desconforto que surgem quando trabalhamos com experiências difíceis. Isso não significa nos resignarmos passivamente com a nossa dor ou continuarmos a nos expor a danos contínuos; significa que podemos tolerar compassivamente as experiências desconfortáveis enquanto trabalhamos para resolvê-las.

- *Empatia.* Empatia envolve a compreensão da experiência da pessoa que está sofrendo, seja nós mesmos ou outra pessoa. Empatia inclui tanto um componente *emocional* – entrar em sintonia com a experiência emocional da pessoa que está sofrendo – quanto a capacidade cognitiva de considerar e *entender* a experiência dela (e, se quisermos ir mais além, acrescentando validação, como *faz sentido* que ela esteja tendo essa experiência). A empatia pode ser facilmente bloqueada quando nos sentimos ameaçados.
- *Não julgamento.* Não julgar não significa que não temos preferências ou escolhas, ou que não discriminamos entre o que ajuda ou atrapalha. Em vez disso, significa que fazemos o possível para não criticar ou condenar nossa própria experiência ou a dos outros.

Na próxima seção, você analisará duas questões: *Como você se sente em relação à sua capacidade de se envolver com esses aspectos do envolvimento compassivo?* e *O que você poderia fazer para cultivar ainda mais essas habilidades?* Antes de considerar sua própria experiência, vamos ver como Érica e Fátima exploraram essas áreas em sua sessão de coterapia limitada.

EXEMPLO: Explorando o envolvimento compassivo

Fátima: Érica, neste módulo, iremos analisar os seis aspectos do envolvimento compassivo do manual. Vou lhe perguntar primeiro sobre como você consegue experienciar cada uma das qualidades e, depois, o que poderia ser útil para que as desenvolva mais. Isso parece bom?

Érica: *(Acena com a cabeça.)* Parece bom.

Fátima: Então, vamos trabalhar em volta do círculo. Você poderia falar sobre sua experiência de motivação compassiva – ou seja, sua experiência de cuidar do bem-estar de si mesma e dos outros?

Érica: Sempre tive muita motivação para ajudar outras pessoas; isso me deu um verdadeiro senso de propósito na minha vida. Mas, por algum tempo, logo depois que minha mãe morreu, parecia que eu simplesmente não tinha nenhuma motivação. Acho que tentei evitar a dor das outras pessoas para não desencadear a minha própria dor. Também tive um período em que não me importava muito com meu próprio bem-estar – eu me sentia completamente sobrecarregada. Lentamente, esse cuidado começou a voltar, e me vi cada vez mais envolvida com os clientes e outras pessoas. Gostei muito dessas reuniões com você, por exemplo. Por meio das práticas, também estou aprendendo que preciso trabalhar para trazer esse mesmo cuidado para mim e estar mais aberta a receber ajuda de outras pessoas.

Fátima: Fico muito feliz em saber que você está se sentindo mais engajada à medida que a dor abranda. Parece que descobriu algumas maneiras pelas quais deseja crescer nessa área. O que poderia ajudá-la a desenvolver a motivação para ter os cuidados que mencionou?

Érica: Honestamente, acho que só preciso encontrar maneiras de manter isso presente na minha mente, de me lembrar que quero me relacionar de forma bondosa comigo mesma e com os outros. Há vários tipos de ferramentas de terapia que usei para ajudar meus clientes a se lembrarem de coisas como essa. Nós falamos sobre escrever em um diário em uma sessão anterior, e acho que manter um diário da compaixão em que eu escreva um pouco todos os dias – para que se torne parte da minha rotina – realmente ajudaria.

Fátima: Parece uma ótima ideia! Eu deveria tentar isso, também. Vamos passar para a próxima qualidade: sensibilidade. O quanto você consegue notar quando você ou outras pessoas estão sofrendo ou tendo dificuldades?

Érica: Isso depende. Quanto a mim, estou melhorando em perceber quando estou angustiada, mas, durante aquele período de luto muito intenso, não havia muita consciência – eu estava simplesmente *mergulhada naquilo*, como se fosse daquele jeito, mesmo. Estou melhorando em notar o surgimento desses sentimentos, e os exercícios de *mindfulness* que fizemos ajudaram nisso.

Fátima: E quanto a perceber quando as outras pessoas estão sofrendo?

Érica: Sempre fui boa nisso – em notar mudanças no rosto ou no tom de voz das pessoas que sinalizassem que elas estavam sentindo alguma coisa. Tive dificuldades com isso logo depois que a minha mãe morreu, porque eu estava muito presa aos meus próprios sentimentos, mas, em geral, isso é algo em que sou muito boa.

Fátima: O que poderia ser útil para desenvolver ainda mais a sua sensibilidade?

Érica: Duas coisas me vêm à mente. A primeira é gerenciar um pouco melhor meu próprio mal-estar, para que ele não me atrapalhe. Isso ressoou em mim quando aprendemos sobre o sistema de ameaça e como ele limita a nossa atenção. Também quero continuar praticando os exercícios de *mindfulness*, porque parece que eles me permitiram uma certa distância para notar o que estou experienciando, em vez de ficar completamente presa nisso.

Fátima: Isso é ótimo. Realmente aprecio como você está analisando detidamente a sua experiência. Como está se sentindo?

Érica: Muito bem, na verdade. Você definitivamente se tornou uma das minhas "pessoas seguras". (*Sorri.*)

Fátima: (*Sorri calorosamente.*) Obrigada. É muito bom ouvir isso. Pronta para a próxima área?

Érica: Por que não?

Fátima: E quanto à simpatia? Como é isso para você?

Érica: Nem sempre fui a pessoa que se comove com mais facilidade – nem sempre choro em filmes ou coisas do gênero, mas sem dúvida me sensibilizo com as pessoas quando as vejo sofrer. Com meus clientes, sinto que, na minha carreira, consegui um equilíbrio apropriado entre sentir por eles e não ficar sobrecarregada pelo seu sofrimento – o que parece ser importante. Como mencionei

	anteriormente, fiquei muito desconectada logo após a morte da minha mãe, mas isso está melhorando.
Fátima:	E com relação a você? Você é capaz de sentir compaixão por si mesma quando está sofrendo ou com dificuldades?
Érica:	Isso tem sido diferente. Honestamente, não sei se alguma vez me ocorreu que eu poderia ter compaixão *por mim mesma*. No passado, eu tendia a prestar muito pouca atenção ao meu próprio mal-estar ou, às vezes, simplesmente o ignorava e esperava me reanimar e prosseguir com as coisas. O exercício do *self* compassivo que fizemos no último módulo mudou isso para mim, eu acho. Quando olhei para trás e me vi lutando depois da morte da minha mãe, ficou claro o quanto eu estava sofrendo naquela época – na verdade, fiquei muito tocada com isso. Tive alguns bons momentos de choro depois desse exercício, e acho que isso realmente me ajudou. É a primeira vez que reconheço o quanto aquilo foi difícil para mim e me permito sentir alguma coisa a respeito. (*Ficando chorosa.*)
Fátima:	(*Faz uma pausa, sorrindo gentilmente, um pouco emocionada.*) O que poderia ajudá-la a continuar a desenvolver essa simpatia por si mesma?
Érica:	(*Faz uma pausa.*) Acho que apenas ir mais devagar e estar disposta a reconhecer quando estou sofrendo, e me lembrar de que a minha dor é tão válida quanto a de qualquer outra pessoa. (*Ainda chorosa.*)
Fátima:	(*Calorosamente.*) É sim, você sabe. A sua dor *é* tão válida quanto a de qualquer outra pessoa.
Érica:	(*Sorri levemente, chora abertamente, assoa o nariz.*) Você realmente me pegou. Mas você está certa. É verdade. E preciso me lembrar disso.
Fátima:	(*Inclina-se e sorri.*) Pronta para a próxima?
Érica:	(*Sorri.*) Sim.
Fátima:	E quanto à tolerância ao mal-estar? Você é capaz de lidar com o mal-estar quando o vê em seus clientes ou em si mesma?
Érica:	Sempre fui muito boa em tolerar o mal-estar dos meus clientes. Acho que você tem que aprender a fazer isso se quiser ser terapeuta por muito tempo. Ao longo da minha vida, como lhe disse, eu era muito boa em gerenciar meu próprio mal-estar também – mas meio que desmoronei nesse aspecto depois que minha mãe morreu. A tristeza era avassaladora. Como eu disse, isso está melhorando gradualmente.
Fátima:	Alguma ideia sobre como desenvolver ainda mais essa capacidade de tolerar o mal-estar?
Érica:	Na verdade, apenas usar o que eu sei e as coisas que aprendi recentemente e que foram úteis, como a respiração de ritmo calmante e alguns dos exercícios de imagem mental. Como fazemos com nossos clientes: pensar no que foi útil para mim ao trabalhar com o mal-estar no passado e certificar-me de usar isso. Isso foi o que eu não fiz depois que a minha mãe morreu. Outra coisa seria não deixar de

	me conectar com meus amigos o quanto antes. Quando estou sofrendo, essa é a última coisa que tenho vontade de fazer, mas isso também ajuda muito.
Fátima:	(*Acena com a cabeça.*) Sim, eu me identifico com isso.
Érica:	(*Sorri.*) Achei que você provavelmente se identificaria.
Fátima:	E quanto à empatia? Você é boa em reconhecer e compreender as emoções e experiências que você e os outros sentem?
Érica:	Quando não estou sob ameaça, sou boa em sentir empatia pelos meus clientes. Sempre me senti muito bem em considerar suas experiências e como poderia ser para eles enfrentar situações diferentes. Não tenho feito muito isso por mim, principalmente porque acho que não parei para perguntar: "O que estou sentindo?". As práticas de *mindfulness* e de tentar me lembrar de verificar e considerar o que estou sentindo parecem estar ajudando nisso.
Fátima:	Isso é ótimo. Mais alguma coisa que possa ajudar nisso?
Érica:	Talvez escrever um diário. Colocar meus sentimentos no papel parece me ajudar a olhar para eles com mais objetividade e ver como fazem sentido.
Fátima:	(*Acena com a cabeça.*) Estamos na última, que é o não julgamento. Parece que essa tem a ver com evitar ser crítica quando vê seus clientes ou você mesma com dificuldades ou sofrendo. Como você está em relação a isso?
Érica:	Na verdade, nunca fui muito crítica com os outros. Quero dizer, algumas pessoas me provocam irritação, mas mesmo assim... quando era criança, minha mãe me educou para não julgar. Ela sempre dizia que nunca se sabe a história de como as pessoas chegaram a ser como são. (*Faz uma pausa.*) Mas já passei por períodos em que era autocrítica. Posso me tratar muito duramente se perceber que estou estragando tudo ou que não estou fazendo as coisas da maneira que gostaria.
Fátima:	O que você acha que pode ajudar nisso?
Érica:	Na verdade, o que estávamos falando antes. Apenas me dar permissão para ter dificuldades. Porque *é claro* que terei dificuldades, assim como todo mundo terá. Se eu puder me lembrar disso, acho que ajudará.
Fátima:	(*Sorri e acena com a cabeça.*) Isso é ótimo, Érica. Também me identifico com isso. Estamos chegando ao fim do exercício. Gostaria de mencionar mais alguma coisa?
Érica:	Não, mas eu queria agradecer. Isso foi muito útil para mim. (*Sorri suavemente.*)
Fátima:	Obrigada. E quero agradecer a você também. (*Sorri calorosamente.*)

Agora é hora de você considerar as mesmas perguntas: como você vivencia as diferentes qualidades do envolvimento compassivo e o que pode ser útil para ajudá-lo a aprofundar essas qualidades? Se estiver fazendo este exercício individualmente, crie um espaço físico e psicológico confortável, como fez nos exercícios anteriores. Por outro lado, se estiver trabalhando com um grupo ou com um par de coterapia limitada, este pode ser um bom exercício para ser explorado interativamente com um parceiro, como Érica e Fátima demonstraram.

EXERCÍCIO. Explorando meu envolvimento compassivo

Crie um ambiente confortável para si mesmo e use sua respiração de ritmo calmante. Em seguida, reflita sobre esses diferentes aspectos do envolvimento compassivo.

Motivação compassiva: explore a sua experiência de conexão com o desejo bondoso de ajudar a si mesmo e aos outros diante de sofrimento ou dificuldades. Isso é fácil ou desafiador para você?

O que poderia ser útil para desenvolver ainda mais a sua motivação compassiva?

Sensibilidade: explore a sua experiência de ser capaz de perceber e se conscientizar do sofrimento e da luta que estão presentes em você ou em outras pessoas. Isso é fácil ou desafiador para você?

O que poderia ser útil para desenvolver ainda mais sua capacidade de perceber compassivamente e se conscientizar do sofrimento e da luta em você e nos outros?

Simpatia: explore sua experiência de se comover com suas observações do sofrimento e da luta em si mesmo e nos outros. Isso é fácil ou desafiador para você?

O que poderia ser útil para desenvolver ainda mais a sua capacidade de ser compassivamente tocado ao observar sofrimento e dificuldades em si e nos outros?

Tolerância ao mal-estar: explore sua experiência de ser capaz de lidar com o desconforto ou o mal-estar sem ter de evitar ou fugir da experiência. Isso é fácil ou mais desafiador para você?

O que poderia ser útil para desenvolver ainda mais a sua capacidade de tolerar o mal-estar compassivamente e trabalhar com ele sem ter de evitar ou fugir da experiência?

Empatia: explore sua experiência de ser capaz de reconhecer e entender as emoções que você e outras pessoas estão experimentando em momentos de sofrimento e dificuldades. Isso é fácil ou desafiador para você?

O que poderia ser útil para desenvolver ainda mais sua capacidade de reconhecer e entender compassivamente as emoções que você e outras pessoas estão sentindo em momentos de sofrimento e dificuldades?

Não julgamento: **explore a sua experiência de ser capaz de não criticar, condenar ou desvalorizar a si mesmo e aos outros em momentos de sofrimento e dificuldades. Isso é fácil ou desafiador para você?**

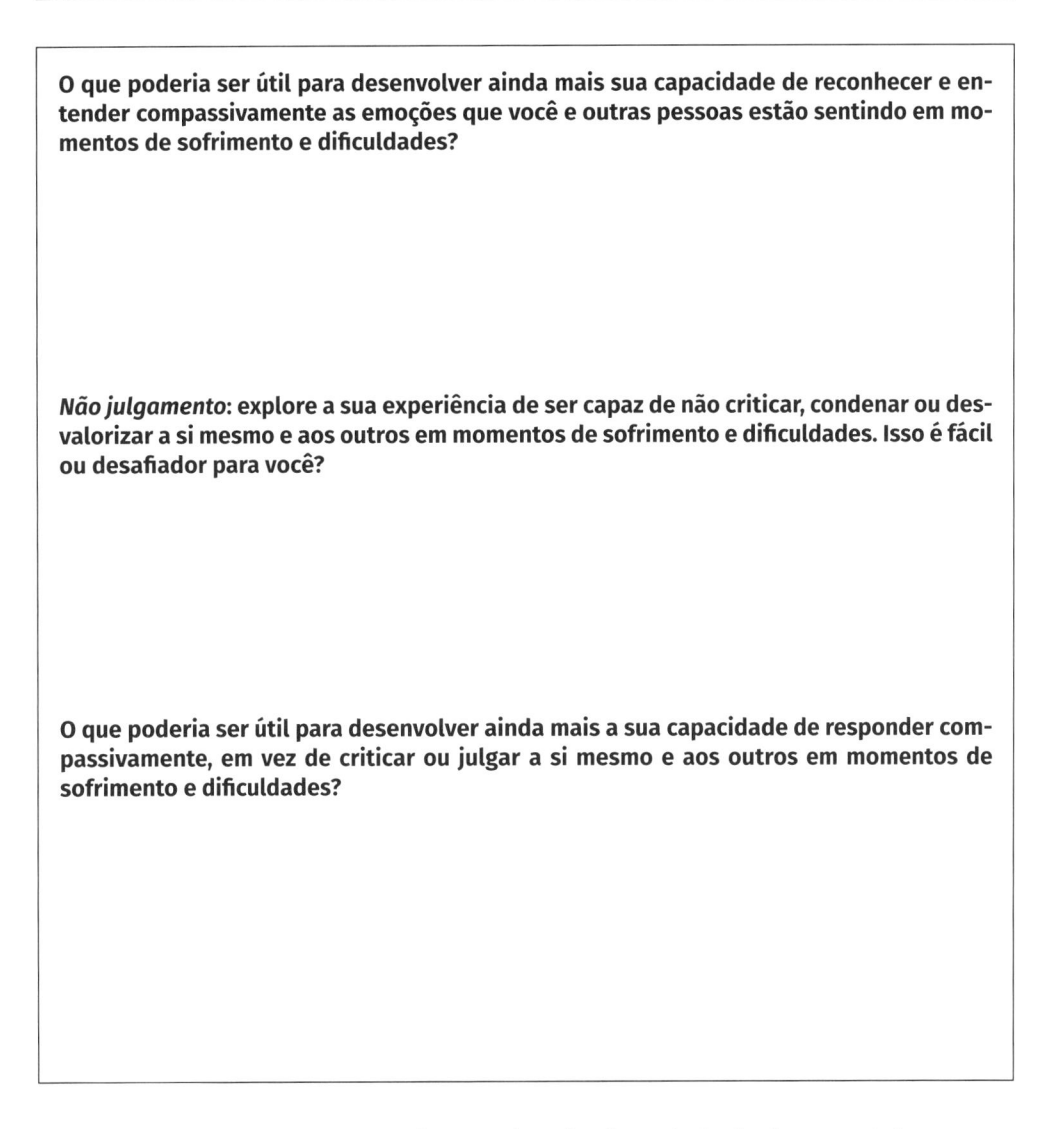

O que poderia ser útil para desenvolver ainda mais a sua capacidade de responder compassivamente, em vez de criticar ou julgar a si mesmo e aos outros em momentos de sofrimento e dificuldades?

Neste módulo, focamos na exploração da primeira psicologia da compaixão: sua capacidade de se envolver com o sofrimento de forma compassiva. A segunda psicologia da compaixão envolve as formas como nos preparamos para *responder compassivamente* ao sofrimento e fazer algo para aliviá-lo e preveni-lo. Na TFC, essa resposta compassiva é operacionalizada em termos de treino de habilidades multimodais, que envolve o trabalho com nossa atenção, imagem mental, pensamento e raciocínio, estados de sentimento, foco sensorial e comportamento, conforme observado na Figura M21.2. O espaço impede uma exploração mais extensa dessas funções neste módulo – mas não há necessidade, pois você verá muitos desses métodos de treinamento demonstrados ao longo do manual.

FIGURA M21.2 Atributos compassivos e treino de habilidades. Adaptada de Gilbert (2009), *The Compassionate Mind*. Reproduzida, com permissão, de Little, Brown Book Group.

PERGUNTAS PARA AUTORREFLEXÃO

O quanto foi fácil ou difícil para você experienciar os seis atributos do envolvimento compassivo? Alguns foram mais fáceis do que outros? Quais?

Que sentido você atribui aos seus pontos fortes e fracos na experiência dos seis atributos? Você pode relacioná-los com experiências anteriores na sua vida? É útil fazer isso?

_____
_____
_____
_____
_____
_____
_____
_____
_____
_____
_____
_____
_____

Como sua experiência neste módulo afeta o que você pode fazer com os clientes? Que estratégias você poderia usar para facilitar os seis atributos neles?

_____
_____
_____
_____
_____
_____
_____
_____
_____
_____
_____
_____
_____

Os seis atributos de envolvimento e as seis habilidades fazem parte da estrutura da TFC. Que valor você atribui a essa conceitualização? Há algo que poderia acrescentar ou alterar como resultado da sua experiência?

Módulo 22

Experimentos comportamentais na terapia focada na compaixão

Embora até o momento não haja nenhuma pesquisa específica sobre a terapia focada na compaixão (TFC) examinando a eficácia dos experimentos comportamentais, os pesquisadores da tradição da terapia cognitivo-comportamental (TCC) sugeriram que os experimentos comportamentais são uma das estratégias mais eficazes para a mudança terapêutica (Bennett-Levy et al., 2004; McMillan & Lee, 2010; Salkovskis, Hackmann, Wells, Gelder, & Clark, 2007). Considerando essas recomendações e a observação de que, em seus escritos, Paul Gilbert salientou que os experimentos comportamentais podem ser facilmente adaptados para a TFC (Gilbert, 2010), achamos que seria útil incluir um módulo que demonstrasse como eles podem ser usados em um contexto da TFC.

Em geral, os experimentos comportamentais começam com o terapeuta e o cliente identificando uma ideia ou um pensamento que seja um obstáculo ao progresso e que possa ser testado no mundo real. Em seguida, os clientes classificam sua crença na(s) ideia(s) em uma escala de 0 a 100%. Sugerimos o uso de dois tipos de classificação: uma crença no nível *instintivo* ou do *coração* e uma crença *racional*, pois geralmente há uma discrepância entre o que sentimos "em nosso íntimo" ou no nosso coração e o que pensamos racionalmente (Bennett-Levy et al., 2015; Stott, 2007; Teasdale, 1996). Então, o cliente e o terapeuta trabalham juntos para desenvolver um experimento que teste a validade das duas ideias/crenças, o que pode ocorrer na sessão ou na vida cotidiana do cliente. Isso pode envolver um experimento comportamental de *role-play* em uma sessão de terapia (p. ex., o terapeuta pergunta: "Que tal eu encenar a sua voz crítica e você observar o que sente e o que passa pela sua mente?"). Também pode envolver ações tomadas no mundo externo (p. ex., "Que diferença faz se eu me envolver com meu *self* compassivo no trabalho?"). Outra variante de experimentos comportamentais envolve a observação de outras pessoas (p. ex., "Como as outras pessoas tratam a si mesmas quando cometem erros? Até que ponto isso funciona bem para elas?"). Os experimentos comportamentais podem surgir espontaneamente (p. ex., na sessão, o terapeuta pergunta: "Como acha que estou me sentindo em relação ao que você acabou de revelar sobre si mesmo?"). E, às vezes, o terapeuta e o cliente estabelecem experimentos de "descoberta", em que o cliente não tem ideia do que pode acontecer se ele mudar seu comportamento ("Que tal vermos se alguma coisa muda se você praticar a respiração de ritmo calmante por uma semana?"). Uma característica específica dos experimentos comportamentais na TFC é que eles provavelmente envolverão a exploração do impacto dos diferentes sistemas motivacionais (p. ex., proteção contra ameaças, *self* compassivo).

Às vezes, um experimento comportamental pode ser planejado para testar uma antiga ideia que não ajuda (hipótese A) derivada de uma estratégia de proteção contra ameaças (p. ex., "Ser muito duro comigo mesmo é a melhor maneira de melhorar meu desempenho"). Às vezes, a ideia antiga é comparada com uma nova ideia derivada do *self* compassivo (hipótese A *versus* hipótese B) (p. ex., "Se eu me tratar com cuidado e compaixão, assim como faria com meu filho, essa pode ser uma maneira melhor de melhorar meu desempenho"). E, às vezes, um experimento é desenvolvido com o objetivo principal de criar evidências para uma nova ideia, a hipótese B (p. ex., "Desenvolver meu *self* compassivo deve levar a melhores resultados"). Em cada um desses exemplos, o tom é de exploração curiosa: "Vamos ver o que acontece se tentarmos isso".

Depois de planejar um experimento (mas antes de realizá-lo), o participante faz previsões sobre o que pode acontecer. Depois disso, ele realiza o experimento. Após o experimento, o participante registra suas observações sobre o que realmente aconteceu, avalia novamente sua(s) crença(s) na(s) ideia(s) e reflete sobre as implicações da experiência para suas ideias sobre o valor da compaixão na sua vida. Para uma visão mais aprofundada dos experimentos comportamentais, ver Bennett-Levy et al. (2004, 2015).

EXEMPLO: Elaborando um experimento comportamental

Érica: Neste módulo, veremos como montar e concluir um experimento comportamental. Como você está se sentindo em relação a isso?

Fátima: Estou me sentindo um pouco ansiosa. Já ouvi falar desses experimentos, mas nunca os usei na terapia antes.

Érica: (*Sorri gentilmente.*) Posso entender – fazer coisas novas pela primeira vez pode despertar alguma ansiedade. Vamos fazer isso passo a passo e ver como vai ser.

Fátima: (*Sorri.*) Parece um plano.

Érica: Para começar, você pode pensar em uma ideia – talvez uma que já tenha tido há algum tempo – que reflita como seu sistema de ameaça pode ser um obstáculo para trabalhar com seus clientes da maneira que gostaria?

Fátima: Como já abordamos, às vezes me pego pensando que, se não trabalhar por muitas horas, vou decepcionar meus clientes.

Érica: Também tenho essa ideia. (*Sorri.*) No seu íntimo, o quanto você acredita nessa ideia em uma escala de 0 a 100%?

Fátima: Suponho que seja em torno de 80% – ela parece bem poderosa.

Érica: E em um nível mais racional e cognitivo?

Fátima: Acho que é um pouco menos. Parte de mim sabe que isso pode não ser verdade. Então, talvez 50%.

Érica:	Muito bem. A seguir, vamos explorar outra perspectiva – a hipótese B. Para isso, provavelmente seria útil que você entrasse em contato com seu *self* compassivo. Vamos passar alguns minutos fazendo isso?
Fátima:	Parece bom.
Érica:	(*Conduz Fátima para se conectar com sua postura e sua respiração e, em seguida, orienta-a em uma prática breve de* self *compassivo.*) Fátima, agora que você está conectada com seu *self* compassivo – a parte de você que é sábia, forte e comprometida com seu bem-estar –, como vê essa situação? Reserve alguns momentos para pensar em como seu *self* compassivo poderia entender e abordar essa questão.
Fátima:	(*Fica sentada em silêncio por alguns minutos, parecendo pensativa.*) Estou um pouco surpresa, pois foi mais fácil do que eu pensava que seria. Meu *self* compassivo reconhece que, se eu fizer um trabalho melhor para cuidar de mim, provavelmente me tornarei uma terapeuta melhor para os meus clientes – o que também é o que meu *self* ameaçado quer. Ele está apenas abordando o assunto por uma perspectiva diferente.
Érica:	(*Sorri calorosamente.*) Muito bem! Como você classifica a perspectiva do *self* compassivo?
Fátima:	Acho que, no nível emocional, mais instintivo, eu diria que é 30%. Racionalmente, acho que é cerca de 50%.
Érica:	Muito bem, Fátima. Definitivamente, você está pegando o jeito. Vamos ver como podemos testar isso. O que você poderia fazer nas próximas duas semanas?
Fátima:	Bem, parece que preciso testar as duas hipóteses. Talvez eu deva começar mantendo o que normalmente faço no trabalho durante a próxima semana para ver como isso me faz sentir.
Érica:	Ótimo. Isso parece bom para a próxima semana. O que você acha de testar algo diferente na segunda semana – uma maneira de estar no trabalho com base na perspectiva do seu *self* compassivo? Como poderia fazer isso?
Fátima:	Faria sentido sair às 17 horas, como todas as outras pessoas fazem.
Érica:	Esse parece ser um bom plano. Como você está se sentindo em relação a isso? Que previsões tem sobre como isso pode acontecer?
Fátima:	Acho que há diferentes respostas para essa pergunta. Estou realmente me conectando com a forma diferente como minha mente baseada na ameaça e minha mente compassiva veem as coisas. Minha mente baseada na ameaça está ansiosa para mudar as coisas – preocupada em decepcionar meus clientes e sentindo que não sou boa o suficiente como terapeuta e como pessoa. Sei o que acontece em seguida – tenho dificuldade para dormir e fico presa no autocriticismo e na ruminação, especialmente à noite.
Érica:	(*Calorosamente.*) Parece que você praticou muito para entrar em seu sistema de ameaça.

Fátima:	(*Sorri.*) Com certeza pratiquei! (*Faz uma pausa, pensando.*) Estou começando a perceber como sou boa em desviar para esse lugar cheio de ameaças. Dito isso, estou ficando mais confortável em desacelerar e me reconectar com meu *self* compassivo. Com toda a prática que estamos fazendo, isso está ficando mais claro para mim.
Érica:	O que seu *self* compassivo pensa sobre tudo isso?
Fátima:	(*Faz uma pausa, pensando.*) Meu *self* compassivo está me dizendo que, embora eu me sinta ansiosa, sou suficientemente forte para tolerar esses sentimentos e que, provavelmente, me sentirei aliviada – como se um peso fosse tirado dos meus ombros. Embora seja compreensível querer ajudar meus clientes, não estou fazendo nenhum favor a eles ao encaixá-los no final de um dia que já foi longo.
Érica:	Muito bem, Fátima. Posso ouvir seu lado compassivo surgindo aqui. Há mais alguma coisa que ele gostaria de ter em mente ao fazer este experimento?
Fátima:	Ele está me lembrando que posso me reconectar com essa perspectiva compassiva para ajudar a gerenciar quaisquer dificuldades que eu tenha durante a segunda semana. É estranho, mas realmente é uma sensação boa saber disso.

Fátima continuou a delinear o experimento com Érica e selecionou algumas medidas para ajudá-la a observar quaisquer mudanças entre as hipóteses A e B. Ela fez um conjunto de previsões sobre o que provavelmente aconteceria com base na hipótese A e outro conjunto com base na hipótese B. Então, realizou o experimento, fazendo anotações sobre os resultados da primeira e da segunda semanas. Em particular, para ajudá-la a seguir com o plano de sair do trabalho às 17h todos os dias, ela se certificou de praticar a conexão com seu *self* compassivo todas as manhãs antes de começar a trabalhar e se apegar à sua intenção compassiva para o dia (cuidar do seu bem-estar e tolerar sentimentos baseados em ameaça que poderiam dificultar sua saída do trabalho às 17h). Depois de completar a segunda semana, ela e Érica examinaram os resultados do experimento (considerando as diferenças tanto nas medidas de autorrelato quanto nas suas próprias reflexões sobre a experiência).

DESENVOLVENDO SEU EXPERIMENTO COMPORTAMENTAL

Depois de ter absorvido o processo do experimento de Fátima, tente desenvolver um experimento comportamental para testar algumas das suas ideias menos compassivas e compará-las com as ideias geradas pelo seu *self* compassivo. Seguindo o exemplo de Fátima, registre suas ideias a serem testadas, suas classificações iniciais de crenças instintivas e racionais, monte seu experimento, encontre algumas boas maneiras de medir qualquer progresso e faça previsões sobre o resultado provável. Em seguida, durante uma ou duas semanas, realize o experimento, encontre algumas boas maneiras de medir o progresso e, no final da semana, classifique novamente seu grau de crença nas suas ideias originais, como no exemplo de Fátima. Utilize a folha de registro do experimento comportamental em branco disponibilizada mais adiante como um guia para ajudá-lo nisso e tente não se preocupar em fazer tudo perfeitamente, em especial se esta for a primeira vez que você monta um experimento comportamental.

FOLHA DE REGISTRO DO EXPERIMENTO COMPORTAMENTAL DE FÁTIMA

Data	Pensamento/ideia	Experimento	Previsão(ões)	Resultado	O que aprendi
	Que pensamento, ideia, pressuposto ou crença você está testando? Existe uma perspectiva alternativa? Avalie sua crença na cognição (0-100%).	Planeje um experimento para testar o pensamento (p. ex., teste seus medos da compaixão, enfrente uma situação que você evitaria, abandone suas precauções, comporte-se de uma nova maneira).	O que você prevê que irá acontecer?	O que realmente aconteceu? O que você observou? Como o resultado se encaixa nas suas previsões?	O que esse resultado significa para a sua ideia/crença original? O quanto você acredita nela (0-100%)? Ela precisa ser modificada? Como?
2/9 a 16/9	Hipótese A: se eu não satisfizer as necessidades de consulta dos meus clientes, trabalhando de forma consistente até tarde, isso demonstrará falta de cuidado e de compaixão (mesmo que o custo seja a exaustão). Eu me sentirei mal. Crença instintiva: 80%. Crença racional: 50%. versus Hipótese B: se eu cuidar melhor de mim, me sentirei muito melhor comigo mesma e serei uma terapeuta melhor. Crença instintiva: 30%. Crença racional: 50%.	Trabalhar como usualmente na próxima semana. Na semana seguinte, ir para casa todos os dias às 17h. Comparar minha pontuação nas seguintes medidas: • Escala de Depressão, Ansiedade e Estresse (DASS) • Brief Irritability Scale • Compassion for Self and Others Scale • Autoclassificação da qualidade de cada sessão de terapia (0-10)	Não tenho certeza. Minha "mente ameaçada" diz que me sentirei incrivelmente culpada por ter que afastar as pessoas. Isso me causará muita ansiedade e me fará ruminar à noite. Posso me sentir muito irritada. A minha terapia pode não ser tão boa se eu estiver atendendo muito mais pessoas, mas me sentirei melhor. versus Minha mente compassiva diz que cuidar de mim será um alívio. Na verdade, posso ter um tempo à noite para fazer ioga – ou mesmo ir ao cinema no começo da noite com Robin! Suspeito que a minha terapia será muito mais agradável e, provavelmente, muito melhor. E, na realidade, esperar um dia ou mais será assim tão ruim para os meus clientes?	Como de costume, fiquei exausta na primeira semana. Me senti irritada e exausta em casa em 4/5 noites. As classificações na DASS e nas escalas de irritabilidade foram preocupantes. E percebi, pelas avaliações, que a qualidade da minha terapia começava a declinar à tarde, de modo que eu me senti insatisfeita com uma média de três sessões por dia. Na segunda semana, foi uma grande sensação de libertação poder sair do trabalho às 17h! Nos primeiros dias, me senti um pouco culpada, mas, no quarto dia, percebi, pelas avaliações, que a minha energia e compaixão eram muito maiores do que na primeira semana, e minhas pontuações nas duas escalas eram mais baixas. Tive uma média de apenas 0,8 sessão insatisfatória na semana da compaixão.	Reavaliar os pensamentos: "Não responder às necessidades dos clientes demonstra falta de cuidado e compaixão". Crença instintiva: 30%. Crença racional: 20%. "Se eu cuidar melhor de mim, me sentirei muito melhor comigo mesma e serei uma terapeuta melhor." Crença instintiva: 80%. Crença racional: 80%. Em todas as medidas, os benefícios de cuidar melhor de mim superaram em muito os custos. Depois que superei a culpa inicial, me senti muito melhor comigo mesma. E minha terapia foi muito melhor, como demonstraram minhas autoavaliações da qualidade.

MINHA FOLHA DE REGISTRO DE EXPERIMENTOS COMPORTAMENTAIS

	Pensamento/ideia	Experimento	Previsão(ões)	Resultado	O que aprendi
Data	Que pensamento, ideia, pressuposto ou crença você está testando? Existe uma perspectiva alternativa? Avalie sua crença na cognição (0-100%).	Planeje um experimento para testar o pensamento (p. ex., teste seus medos da compaixão, enfrente uma situação que você evitaria, abandone suas precauções, comporte-se de uma nova maneira).	O que você prevê que irá acontecer?	O que realmente aconteceu? O que você observou? Como o resultado se encaixa nas suas previsões?	O que esse resultado significa para a sua ideia/crença original? O quanto você acredita nela (0-100%)? Ela precisa ser modificada? Como?

De *Experimentando a terapia focada na compaixão de dentro para fora: um manual de autoprática/autorreflexão para terapeutas*, de Russell L. Kolts, Tobyn Bell, James Bennett-Levy e Chris Irons (Artmed, 2025). Este formulário é gratuito para reprodução e uso pessoal. Aqueles que adquirirem este livro podem fazer o *download* de cópias adicionais deste material na página do livro em toja.grupoa.com.br.

Lembre-se de que o segredo para esse processo é como você usa o *self* compassivo para ajudar a gerar a hipótese B, desenvolver o experimento e fazer previsões do que irá acontecer. Pode ser útil mudar para a mentalidade do seu *self* compassivo antes de tentar o comportamento alternativo para ajudá-lo a manter sua motivação e tolerar quaisquer experiências de ameaça que surjam. Por fim, essa mentalidade compassiva será útil quando você refletir sobre o experimento; se a sua reflexão for conduzida pela sua mente baseada na ameaça ou na autocrítica, pode ser difícil refletir claramente sobre o experimento e como ele foi realizado (p. ex., você pode se pegar criticando a maneira como conduziu o experimento, em vez de considerar o resultado do teste da hipótese B).

Pode ser útil dar uma rápida olhada no Módulo 19, se precisar de uma atualização sobre a autoprática da compaixão, e dedicar alguns minutos para usar essa prática para entrar na mentalidade compassiva antes de se envolver em cada uma das etapas mencionadas.

PERGUNTAS PARA AUTORREFLEXÃO

Foi fácil ou difícil planejar seu experimento? Por que você acha que foi assim?

_____
_____
_____
_____
_____
_____
_____
_____
_____
_____
_____
_____
_____
_____
_____
_____
_____
_____

Como foi a realização do experimento? Que dificuldades (se houve alguma) você notou? Como você se sentiu física e emocionalmente?

_____
_____
_____
_____
_____
_____
_____
_____
_____
_____
_____

Qual foi o impacto nas suas crenças no nível instintivo e no nível racional? Como você entende isso? Que lições você pode tirar da sua experiência que podem ser úteis para seu trabalho com os clientes?

_____
_____
_____
_____
_____
_____
_____
_____
_____
_____
_____

O que você achou de usar seu *self* compassivo para orientar o processo do experimento? Você teve alguma dificuldade? Em caso afirmativo, o que o ajudaria quanto a isso no futuro?

PARTE III

Desenvolvendo os fluxos da compaixão

Módulo 23

Compaixão do *self* pelos outros:
desenvolvimento de habilidades usando a memória

Os próximos módulos focam nos diferentes "fluxos" da compaixão. Como já discutimos, a ideia de fluxo está relacionada com as diferentes direções em que a compaixão pode ser focalizada, expressa e vivenciada. Este módulo aborda a compaixão que flui do *self* para os outros; é uma oportunidade para praticar o foco e a ação a partir da mentalidade do seu *self* compassivo quando direcionar a compaixão para os outros. A compaixão pelos outros é frequentemente considerada uma parte inerente e natural do papel do terapeuta e, muitas vezes, é o fluxo da compaixão "mais fácil" com o qual os terapeutas se identificam e se conectam. No entanto, a compaixão pelos outros pode se revelar mais complicada do que às vezes se imagina. Os próximos módulos apresentam práticas para ajudá-lo a se conectar com esse fluxo e se familiarizar mais com a forma como ele opera dentro de você.

COMPAIXÃO QUE FLUI DE UMA MEMÓRIA

Esta prática envolve focar em uma memória de ter agido compassivamente em relação à outra pessoa. As memórias são um bom lugar para começar a cultivar a compaixão, pois podem nos ajudar a nos conectarmos e nos basearmos em nossas experiências vividas de compaixão e com os sentimentos que as acompanham. Trabalhar com a memória é uma maneira de se envolver com imagens mentais para estimular nossa mente e nosso corpo de forma intencional. Quanto mais praticarmos esses exercícios de imagem mental, mais fácil será utilizar os sistemas em nosso cérebro que facilitam a compaixão e que nos ajudarão a trabalhar com nossos sistemas de ameaça (Gilbert, 2010).

Este primeiro exercício nos faz entrar em contato com a experiência de levar compaixão para outra pessoa, tornando-nos mais conscientes da presença e da influência da motivação compassiva à medida que ela molda nossa mente e influencia nossas emoções e sensações corporais. O exercício nos permite experienciar como o *self* compassivo opera em nós quando direcionamos o cuidado para outras pessoas.

Na prática a seguir, você pode usar uma memória de ter sido compassivo com um cliente com quem trabalhou ou uma lembrança envolvendo um amigo, um membro da família ou outra pessoa. O importante é selecionar uma memória de uma situação em que você agiu com compaixão genuína para ajudar a ativar sentimentos compassivos dentro de si. Assim como nos exercícios anteriores, tenha em mente que pode levar algum tempo para que seus sentimentos de compaixão se desenvolvam; continue a focar na sua intenção compassiva e nos desejos em relação à outra pessoa, mesmo que os próprios sentimentos de compaixão demorem a surgir.

EXERCÍCIO. Compaixão que flui de uma memória

1. Encontre um lugar tranquilo onde provavelmente não será interrompido e pratique alguns momentos de respiração de ritmo calmante. Adote a postura relaxada e solene e a expressão facial amistosa que você associa ao seu *self* compassivo.
2. Traga à sua mente uma memória de um momento em que você foi atencioso e compassivo com outra pessoa que estava com dificuldades ou sofrendo, talvez um de seus clientes. Tente não escolher uma memória em que a outra pessoa tenha passado por um sofrimento extremo. Desenvolva a memória imaginando a cena na sua mente. Imagine o ambiente ao seu redor e a aparência e os sons da outra pessoa.
3. Imagine-se em seu melhor momento de compaixão, demonstrando e incorporando qualidades de força, sabedoria, bondade e comprometimento. Imagine como você se apresenta ao incorporar essas qualidades como seu *self* compassivo. Adapte sua postura para ajudá-lo a expressar essas qualidades.
4. Concentre-se nas sensações e emoções em seu corpo ao se lembrar de ter sentido bondade e cuidado em relação a essa pessoa. Conecte esses sentimentos com a sua expressão facial amistosa.
5. Foque na sua intenção de cuidar e dar apoio a essa pessoa. Permita-se ser sensível à experiência de sofrimento dela e enfrente o sofrimento com um senso de confiança na sua capacidade de ajudar. Experimente o desejo de que a pessoa se livre do sofrimento e prospere. Permita que qualquer sentimento de afetuosidade se expanda em seu corpo.
6. Concentre-se no seu tom de voz compassivo e nas coisas sábias e bondosas que disse ou gostaria de dizer a essa pessoa. Pense nas coisas compassivas que você fez ou queria fazer e observe como isso o faz se sentir.
7. Passe algum tempo focando no seu prazer por ser capaz de expressar compaixão e ser bondoso e útil.
8. Quando estiver pronto, permita que a imagem desapareça e volte a sua atenção para a respiração de ritmo calmante. Abra os olhos e volte a se ajustar ao seu ambiente.

Depois de concluir o exercício, reserve um momento para refletir sobre a sua experiência com a prática e os sentimentos que ela lhe trouxe, conforme demonstrado no exemplo de Érica.

🧠 **EXEMPLO:** Reflexão de Érica sobre a compaixão que flui de uma memória

> **Como foi a sua experiência? O que ocorreu na sua mente e em seu corpo durante o exercício? Que emoções você experimentou? Como isso fez você se sentir? Suas experiências mudaram durante o exercício?**
>
> *Inicialmente, tive dificuldade para encontrar uma memória na qual pudesse focar. Imediatamente pensei em clientes com quem tive dificuldade, mas entendo que esse é meu sistema de ameaça fazendo o seu trabalho. Acabei me lembrando de uma sessão de terapia que tive com Sarah. Era a primeira vez que ela falava sobre a perda do seu pai, e criei espaço para que ela se conectasse com a sua tristeza. Ela chorava copiosamente, e pude reconhecer como estava sendo corajosa ao compartilhar sua dor comigo. Continuei incentivando-a a permanecer com suas experiências. Senti-me forte e estável por ela, e me imaginei com uma aparência ereta e atenta. Imaginei a afetuosidade que sentia por ela fluindo com a minha respiração. Suavizei e abrandei minha voz, transmitindo uma sensação de aceitação e cuidado. Posso me lembrar de ter notado impulsos de intervir e consertar as coisas, mas deixei esses impulsos passarem, pois sabia do que ela precisava. Foi bom lembrar que fui útil e me concentrar no fato de ela ter se beneficiado com o nosso trabalho. Fiquei com uma sensação de calor no meu peito.*

Agora, reserve um momento para considerar sua própria experiência com o exercício e os sentimentos que ele despertou em você.

✍️ **EXERCÍCIO.** Minha compaixão que flui de uma memória

> **Como foi a sua experiência? O que ocorreu na sua mente e em seu corpo durante o exercício? Que emoções você experimentou? Como isso fez você se sentir? Suas experiências mudaram durante o exercício?**

💭 PERGUNTAS PARA AUTORREFLEXÃO

Refletindo sobre o que aconteceu com você durante este exercício, até que ponto você experienciou os diferentes atributos da primeira psicologia da compaixão (sensibilidade, simpatia, tolerância ao mal-estar, empatia, não julgamento, cuidado com o bem-estar)? Você experimentou alguns desses atributos com mais intensidade do que outros?

_____
_____
_____
_____
_____
_____
_____
_____
_____
_____
_____
_____

Surgiram obstáculos durante o exercício? Em caso afirmativo, como você lidou com eles?

_____
_____
_____
_____
_____
_____
_____
_____
_____
_____
_____
_____

Como sua experiência neste módulo pode ser relevante para os clientes que estão tendo dificuldade em sentir compaixão pelos outros? O que você poderia fazer com eles?

Módulo 24

Compaixão do *self* pelos outros:
desenvolvimento de habilidades usando imagem mental

No módulo anterior, você se conectou com uma memória de oferecer compaixão para outra pessoa e observou os sentimentos que surgiram enquanto fazia isso. Este módulo foca no desenvolvimento do fluxo de compaixão do *self* para o outro ao focarmos a compaixão nas pessoas que estão à nossa volta, incluindo pessoas a quem somos indiferentes e aquelas que achamos difíceis. Este exercício é uma versão adaptada das meditações de bondade amorosa praticadas nas tradições budistas (p. ex., Salzberg, 2002). A prática também é conhecida como *Metta Bhavana*, que pode ser traduzida como o cultivo ou desenvolvimento (*Bhavana*) de bondade, amabilidade e amor não romântico (*Metta*). Nesta meditação, levamos uma atitude bondosa e compassiva para outras pessoas em quatro etapas:

1. Para pessoas que conhecemos e amamos.
2. Para pessoas que não conhecemos tão bem.
3. Para pessoas que achamos difíceis.
4. E, por fim, para todos os seres sencientes.

A prática envolve focarmos na conexão básica que temos com as outras pessoas e em nossas aspirações e experiências humanas compartilhadas. Como a prática está baseada em torno do desenvolvimento da compaixão incondicional pelos outros, ela também nos permite notar e trabalhar com nossas tendências naturais de julgar, criticar e rejeitar determinadas pessoas, ou mesmo de nos relacionarmos criticamente com nossos próprios sentimentos em relação a elas. Nesse sentido, ela pode nos ajudar a tomar consciência da ativação do sistema de ameaça quando nos relacionamos com outras pessoas, ao mesmo tempo que possibilita a prática da mudança do foco da nossa atenção para um foco de compaixão estimulante por nós mesmos e pelos outros de formas mutuamente benéficas.

A prática fornece um meio de cultivarmos várias facetas da compaixão pelos outros, que lembram as duas psicologias da compaixão apresentadas anteriormente. Elas incluem o *envolvimento* com a realidade do sofrimento dos outros, associado a desejo e *aspiração* genuínos de que eles se libertem de tal sofrimento. Sobretudo, também envolve a esperança e o desejo de que os outros floresçam ativamente, experimentando felicidade e prosperidade.

Quando nos deparamos com dificuldade ou resistência quando trazemos compaixão para os outros, pode ser útil adotarmos uma consciência atenta de como essas reações se manifestam em nosso corpo e nossa mente. Não precisamos fingir que somos compassivos, mas *podemos* optar por trazer um interesse bondosamente curioso e sábio para qualquer resistência que surja dentro de nós, enquanto reafirmamos nossa aspiração pelo bem-estar dos outros, ou talvez aspirando que nós, no futuro, possamos nos conectar com tais desejos e sentimentos pelas outras pessoas (p. ex., "Ainda que eu não consiga me abrir para esta pessoa no momento, posso aspirar ser mais aberto para cuidar dela no futuro").

EXERCÍCIO. Focando a compaixão nos outros

Adote uma postura que seja confortável, porém alerta, e comece sua respiração de ritmo calmante. Crie uma expressão facial amistosa e permita que seus olhos se fechem, se isso for confortável.

Agora, imagine que você está se identificando com seu *self* compassivo. Traga à mente as qualidades de seu *self* compassivo: afetuosidade, sabedoria, força e compromisso. Imagine essas qualidades vivamente dentro de você. Pratique ouvir sua voz, na sua própria mente, como bondosa e encorajadora.

Alguém de quem você é próximo

Lembre-se de alguém com quem você se importa e de quem se sente próximo: uma pessoa por quem sente naturalmente um afeto. Imagine essa pessoa diante de você – como ela se parece, soa e se move no mundo. Você pode imaginar a pessoa em uma imagem visual ou apenas criar uma sensação de que ela está presente com você.

Agora, imagine um momento em que essa pessoa passou por um acontecimento ou experiência difícil. Permita-se ser sensível ao sofrimento dela e ter empatia com as suas experiências. Observe seus sentimentos de cuidado e preocupação com essa pessoa, permitindo que a compaixão surja naturalmente. Observe sua motivação para ser útil e aliviar o sofrimento dessa pessoa.

Pela perspectiva do seu *self* compassivo (mantendo sua expressão facial amistosa e o tom de voz caloroso), imagine-se enviando os seguintes votos sinceros para essa pessoa:

- *Que você seja feliz e esteja bem,* [diga o nome dessa pessoa].
- *Que você esteja livre de sofrimento e dor,* [diga o nome dessa pessoa].
- *Que você experimente alegria e bem-estar,* [diga o nome dessa pessoa].

Repita essa sequência durante o próximo minuto, conectando-se com o fluxo da compaixão em relação a essa pessoa. Traga sua atenção para como se sente ao expressar esses desejos. Imagine essa pessoa experimentando os estados positivos que você está desejando para ela e observe os sentimentos que surgem em você enquanto imagina isso. Caso tenha alguma dificuldade no fluxo dos seus sentimentos em relação a essa pessoa, observe-os gentilmente e volte a se conectar com a sua intenção e motivação de ser compassivo, bondoso e comprometido.

Permita que a imagem desapareça e foque na sua respiração de ritmo calmante.

Alguém que seja neutro

Agora, pense em um cliente ou outra pessoa por quem você tem um sentimento neutro, alguém de quem não gosta nem desgosta. Pode ser alguém que conheceu brevemente ou com quem tem contato limitado, mas regular (p. ex., um vendedor de loja, um colega de trabalho).

Ao trazer essa pessoa à sua mente, reflita sobre a percepção compassiva de que, assim como você, essa pessoa se encontra no fluxo da vida, com emoções complexas e uma mente difícil de gerenciar. Assim como você e as pessoas que lhe são próximas, essa pessoa tem esperanças e sonhos e está tentando ser feliz e amada, apesar dos contratempos e das decepções na vida. Essa pessoa, assim como você, foi moldada por muitas circunstâncias fora do seu controle.

Agora, imagine essa pessoa sofrendo – por exemplo, sentindo-se solitária ou decepcionada. Permita-se sentir preocupação e cuidado, conectando-se com o sofrimento dela e tendo empatia com suas experiências difíceis. Durante o próximo minuto, repita os seguintes desejos e esperanças para a pessoa:

- *Que você seja feliz e esteja bem,* [diga o nome dessa pessoa].
- *Que você esteja livre de sofrimento e dor,* [diga o nome dessa pessoa].
- *Que você experimente alegria e bem-estar,* [diga o nome dessa pessoa].

Tenha consciência de como você se sente ao articular esses desejos. Pode haver um fluxo natural de preocupação e cuidado, ou você pode se sentir indiferente, incerto, ansioso ou frustrado. Observe como suas reações são sentidas em seu corpo. Tente trazer uma consciência curiosa e atenta a todas as experiências que surgem em você, talvez observando, com interesse bondoso, como a sua motivação compassiva e seu sistema de ameaça estão em conflito. Retorne gentilmente às suas aspirações de compaixão para essa pessoa. Imagine-a experimentando os estados positivos que você está desejando para ela e observe os sentimentos que surgem em você enquanto imagina isso.

Permita que a imagem desapareça e foque na sua respiração de ritmo calmante.

Alguém que você acha difícil

Agora, pense em alguém de quem você não gosta, com quem tem algum conflito ou com quem geralmente não gostaria de passar um tempo.

Imagine essa pessoa na sua mente, focando na sensação da sua presença. Quando começar a focar a compaixão nessa pessoa, lembre-se de que, como você, ela é um ser humano que quer ser feliz e evitar o sofrimento. Essa pessoa também se encontra no fluxo da vida, com um cérebro complexo moldado por milhões de anos de evolução e com um senso de *self* moldado por circunstâncias fora de seu controle. Assim como você, ela está fazendo o melhor que pode diante das dificuldades da vida. Assim como você, ela às vezes sofre de ansiedade, raiva e tristeza. Se as memórias de coisas que essa pessoa fez invadirem a sua reflexão compassiva, veja se é possível considerar que mesmo esses comportamentos difíceis tinham uma base válida do ponto de vista da pessoa – que, de alguma forma, pela perspectiva dela, os comportamentos faziam sentido. Permita-se também ter compaixão por si mesmo, reconhecendo que faz sentido que você tenha dificuldade para sentir compaixão por essa pessoa que pode estar acionando-o por motivos que não são culpa sua.

Agora, imagine essa pessoa sofrendo ou passando por dificuldades. Veja se é possível se permitir ficar comovido e conectado com o sofrimento e a dor dessa pessoa, talvez sentindo seu medo, solidão, decepção ou sentimentos de rejeição ou fracasso. Lembre-se de que, mesmo que as coisas que ela tenha feito sejam prejudiciais, ela o fez em resposta à dor, para evitar o sofrimento, para buscar a felicidade ou porque teve o infortúnio de crescer em uma situação que a ensinou a satisfazer suas necessidades de maneira prejudicial. Permita-se cuidar dessa pessoa como um ser humano e, talvez, desejar que ela experimente as coisas que a ajudarão a crescer em direções úteis. Mantendo sua expressão facial amistosa e seu tom de voz caloroso, imagine-se dirigindo os seguintes votos sinceros para essa pessoa:

- *Que você seja feliz e esteja bem,* [diga o nome dessa pessoa].
- *Que você esteja livre de sofrimento e dor,* [diga o nome dessa pessoa].
- *Que você experimente alegria e bem-estar,* [diga o nome dessa pessoa].

Ao repetir as afirmações, visualize essa pessoa em sua mente. Foque no seu desejo de que essa pessoa seja feliz e prospere, conectando-se com as frases à medida que as direciona para ela. Imagine-a vivenciando os estados positivos que está desejando para ela e observe os sentimentos que surgem em você ao imaginar isso. Observe como o exercício faz você se sentir. Você pode perceber um fluxo fácil de cuidado e preocupação ou pode se dar conta de ressentimento, raiva ou ausência de sentimentos. Observe como essas experiências ressoam em seu corpo. Não existe uma maneira certa ou errada de se sentir. Traga uma curiosidade aberta, bondosa e atenta ao que você está experimentando, talvez notando que seu próprio sistema de ameaça está se ativando para protegê-lo, reconhecendo como faz sentido que isso aconteça.

Reafirme sua intenção de abrir seu coração e sua mente para essa pessoa e se comprometa com sua intenção de que ela experimente compaixão. Concentre-se na humanidade da pessoa, nas semelhanças que ela tem com outros seres humanos e com você. Você pode optar por imaginar a pessoa livre da dor ou da mágoa que a leva a agir de forma prejudicial para si mesma e para os outros, inclusive você.

Permita que a imagem desapareça e foque na sua respiração de ritmo calmante.

Todos os seres vivos

A parte final do exercício pede a você que estenda a compaixão a todas as pessoas. Nas etapas anteriores, você se conectou com a humanidade básica comum a todas as pessoas: o mesmo anseio de ser livre de sofrimento; as mesmas esperanças de ser feliz; os medos, a dor, as emoções, as alegrias e os desejos semelhantes que fazem parte de ser humano; as mesmas experiências que conectam pessoas de todos os setores da vida.

Comece contemplando as pessoas com quem você se importa, como amigos e familiares, um por um, antes de passar para pessoas com quem tem menos conexão, como as pessoas com quem cruza no seu caminho para o trabalho. Amplie mais a sua consciência para incluir pessoas com quem você tem conflitos ou dificuldades. Lembre-se de que todas as pessoas, assim como você, querem ser felizes e evitar o sofrimento. Assim como você, todos os seres humanos querem ser amados e evitar a rejeição. Assim como você, eles querem estar seguros. Permita que a sua consciência se expanda para incluir pessoas da sua vizinhança e da sua cidade, pessoas que vivem no seu país e, finalmente, todos os seres humanos em toda a parte. Imaginando todos os seres humanos, expresse os seguintes desejos e aspirações:

- *Que todos os seres humanos sejam felizes e estejam bem.*
- *Que todos os seres humanos estejam livres de sofrimento e dor.*
- *Que todos os seres humanos experimentem alegria e bem-estar.*

Imagine seus desejos se espalhando por toda a humanidade, como se a sua compaixão pudesse crescer e tocar cada pessoa, inspirando compaixão nelas, a qual, por sua vez, se espalha para os outros. Permita-se apreciar a interconexão de todos os seres vivos. Imagine todos esses seres recebendo seus desejos de compaixão e sendo preenchidos com sentimentos de felicidade, liberdade do sofrimento e bem-estar.

Deixe que a visualização se dissipe e se conscientize da sensação em seu corpo, observando os pontos de contato entre ele e o que sustenta você. Quando estiver pronto, abra os olhos e se reajuste ao ambiente. Depois de praticar a meditação, escreva a sua experiência no espaço em branco disponibilizado mais adiante. No exemplo de Érica, ela focou especificamente nos clientes, mas sinta-se à vontade para focar nas pessoas que encontra no trabalho ou na sua vida familiar, dependendo da sua preferência.

> **EXEMPLO:** Reflexão de Érica sobre a focalização da compaixão nos outros

Como foi sua experiência? O que aconteceu na sua mente e no seu corpo durante o exercício? Que emoções você experimentou? Como o exercício fez você se sentir? Suas experiências mudaram durante o exercício?

Foi uma experiência muito interessante. Eu me peguei pensando no exercício em termos dos clientes que estou atendendo.

A primeira etapa foi fácil. Pensei em Paul, que fez muito progresso com sua agorafobia. Sinto que nosso relacionamento tem sido um fator importante para ajudá-lo a fazer mudanças. Quando pensei nele, consegui me conectar com as suas lutas e meu desejo de que ele fosse feliz e não sofresse mais. Consegui sentir prazer em pensar que ele estava bem, e notei um calor no meu peito.

Achei a segunda etapa mais difícil, pois me senti desconfortável ao reconhecer que me sinto de forma diferente em relação a outros clientes. Escolhi Sue, uma cliente que comecei a atender há pouco tempo. Ela tem depressão e, para ser honesta, acho frustrante a sua desesperança e falta de motivação. Ao iniciar o exercício com ela, percebi o quanto meu coração fica apertado quando vejo sua consulta marcada na minha agenda. Senti-me culpada por pensar assim, mas consegui voltar a me concentrar no exercício – e isso ajudou. Ao passar algum tempo focando nela e em como deve ser difícil para ela reunir energia para vir à sessão, senti-me tocada. Considerando minha experiência depois que minha mãe morreu, sua falta de energia e motivação fez sentido para mim. Parecia tão trágico tudo aquilo que ela havia passado que me senti triste e com um peso no corpo. Conectar-me com os seus anseios me pareceu afirmativo. Senti um desejo de que as coisas fossem diferentes para ela e de ajudá-la a encontrar maneiras de se sentir melhor.

A terceira pessoa que escolhi foi Sônia, uma cliente que acabei encaminhando para outra pessoa. Nós simplesmente não nos entendíamos, e ela parecia combativa e frustrada com meu estilo; ela parecia querer que alguém lhe dissesse o que fazer, e não é assim que eu faço terapia. Sinto-me muito envergonhada só de pensar nela. Durante o exercício, notei minha mente divagando – querendo me explicar e me justificar –, mas percebi isso e foquei nela como um ser humano: agindo com dor, com medo de não melhorar e se sentindo um fracasso novamente. O conflito permaneceu em mim; aquilo foi estranho, como duas forças lutando: uma desejando o bem dela e a outra se sentindo frustrada (e depois se sentindo culpada por se sentir assim). Notei meu corpo se contraindo e a tensão aumentando na minha mandíbula. Retomar as frases foi útil, e consegui me conectar com o desejo de que ela encontrasse paz – que a dor que causa sua atitude defensiva pudesse ser aliviada. Também consegui estender essa bondade a mim mesma e às minhas reações, o que foi surpreendente. Pude sentir meu corpo inteiro relaxando.

Adorei a última parte. Senti essas ondas de sentimento se expandindo cada vez mais em mim.

EXERCÍCIO. Minha experiência sobre a focalização da compaixão nos outros

Como foi sua experiência? O que aconteceu na sua mente e no seu corpo durante o exercício? Que emoções você experimentou? Como o exercício fez você se sentir? Suas experiências mudaram durante o exercício?

💭 PERGUNTAS PARA AUTORREFLEXÃO

Refletindo sobre sua experiência neste exercício, há alguma implicação na maneira como você se prepara para a terapia?

_____
_____
_____
_____
_____
_____
_____
_____
_____
_____
_____
_____

Como você acha que esse tipo de prática de meditação se traduzirá em seu trabalho com clientes que estão tendo dificuldade de ser compassivos com os outros? Pensando em seus clientes, para quem isso poderia servir? Para quem não serviria? Explique seu raciocínio.

_____
_____
_____
_____
_____
_____
_____
_____
_____
_____
_____
_____

Módulo 25

Compaixão do *self* pelos outros:
comportamento compassivo

O exercício final no fluxo da compaixão do *self* pelos outros envolve a prática e o registro do comportamento compassivo em relação a outras pessoas. Como já discutimos, os atos de cuidado e compaixão podem envolver o engajamento em situações que estimulam nossos sistemas de proteção e *drive*. Os atos compassivos não são específicos para situações e comportamentos que envolvem tranquilização e segurança. Na verdade, alguns dos atos mais corajosos de cuidado envolvem enfrentar ativamente o perigo e a ameaça; pense no bombeiro que entra em um prédio em chamas para salvar uma família, ou em uma criança que enfrenta um agressor para defender seu amigo. O que há de comum em tais atos é a motivação compassiva subjacente.

O modelo dos três sistemas fornece um enquadramento para considerarmos o impacto das nossas interações em outras pessoas (ou seja, qual sistema emocional poderia ser estimulado nelas como resultado da sua interação conosco). Isso é particularmente importante quando consideramos como interagimos com os clientes. A forma como nos relacionamos, pensamos sobre e nos aproximamos das outras pessoas também pode ter um impacto poderoso em nossos sistemas de regulação emocional e pode estimular comportamentos específicos (p. ex., o sistema de ameaça "prepara" comportamentos de ataque-evitação-apaziguamento). Se imaginamos a terapia sendo realizada por um terapeuta e um cliente que estão presos em seus sistemas de ameaça, podemos identificar uma dança de defensividade e evitação, em vez do fornecimento de uma base segura a partir da qual será possível fazer o trabalho difícil da terapia. Nesse sentido, o cultivo da compaixão pelos outros é de benefício mútuo, para si mesmo e para os outros, particularmente na forma como a compaixão influencia nossas interações (p. ex., Jutcherson et al., 2008).

A ideia de "habilidade" também deve ser considerada no contexto do comportamento compassivo. Podemos ter boas intenções, mas nossas ações podem ser errôneas, inadequadas ou carecerem de competência, provocando consequências indesejadas e que não ajudam. Por exemplo, quando nos aproximamos de um colega que acabou de retornar de uma licença por morte na família e que está prestes a começar sua primeira sessão com um cliente, a ação mais habilidosa seria *não* lhe perguntar como está se sentindo. Nossas ações compassivas mais habilidosas estão baseadas na empatia e na simpatia e demonstram nossa habilidade de sermos sensíveis e sintonizados com o que a outra pessoa precisa no momento. Nesse exemplo, o que é necessário pode envolver convidar esse colega para um café no fim do dia para permitir que ele fale mais livremente, ao mesmo tempo dando uma palavra amiga para lhe mostrar que ele está na sua mente de forma positiva. Usando o exemplo do luto, o comportamento habilidoso também pode exigir um reconhecimento de nossos próprios limites e uma disposição a não tentar "consertar" ou "resolver" a dor da pessoa, em especial quando o esforço para isso poderia aumentar o sofrimento dela. Por sua vez, esse reconhecimento pode exigir tolerância ao estresse por nossos próprios sentimentos de inadequação ou ansiedade por querermos ser úteis, mas não sabermos como. Como já exploramos em módulos anteriores, as ações compassivas requerem os componentes-chave de *sensibilidade* ao sofrimento e *motivação* para aliviá-lo, mas também envolvem *competências* e *discernimento* sobre quais ações são verdadeiramente habilidosas e úteis.

Uma Folha de atividade para registro das suas ações compassivas em relação a outras pessoas e das reflexões que as acompanham é disponibilizada mais adiante. Há sete fileiras em que é possível registrar uma ação compassiva para cada dia da semana, mas você pode usar a Folha de atividade como achar mais útil (p. ex., sinta-se à vontade para registrar mais de uma ação compassiva por dia). Tente criar um hábito diário de envolver-se em comportamentos compassivos e de refletir sobre eles, talvez reservando um tempo para essa reflexão.

EXEMPLO: Registro do comportamento compassivo de Érica

Data	Descrição da sua ação compassiva em relação a outras pessoas	Reflexão
	Descreva resumidamente sua ação compassiva (p. ex., o que você fez? Onde ela ocorreu? Qual era a situação? Quem estava envolvido?).	Comente sobre sua experiência (p. ex., como você se sentiu? Que impacto ela teve em você e/ou nos outros? Você faria isso novamente? Você aprendeu alguma coisa nova sobre si mesmo ou sobre os outros?).
Segunda-feira 11/3/2016	Meu colega de trabalho me contou sobre uma reunião difícil da qual havia participado. Eu o escutei sem julgamento.	Senti-me feliz porque meu colega estava mais calmo depois da conversa e conseguiu deixar de lado o que o estava chateando. Às vezes, simplesmente ouvir alguém pode fazer a diferença.
Terça-feira 12/3/2016	Ao realizar o trabalho de exposição com uma cliente que tinha medo de agulhas, eu a encorajei a permanecer na sala quando ela quis sair. Ela ficou zangada, mas trabalhamos isso juntas, e ela permaneceu na sala durante toda a sessão.	Pareceu difícil, inicialmente, e notei meu sistema de ameaça em ação: preocupação por estar perturbando a cliente, o que ela poderia pensar de mim e que tipo de pessoa eu estava sendo. Mas estou percebendo que compaixão não tem a ver com acalmar o mal-estar, mas sim ajudar a pessoa a enfrentar e a lidar com as causas do seu sofrimento. Pensei em mim mesma como alguém que estava cuidando dela – fazendo o que ela precisava, em vez de adotar uma opção fácil. Eu me senti mais forte pensando dessa maneira.

✍️ EXERCÍCIO. Registro do meu comportamento compassivo

Data	Descrição da sua ação compassiva em relação a outras pessoas	Reflexão
	Descreva resumidamente sua ação compassiva (p. ex., o que você fez? Onde ela ocorreu? Qual era a situação? Quem estava envolvido?).	Comente sobre sua experiência (p. ex., como você se sentiu? Que impacto ela teve em você e/ou nos outros? Você faria isso novamente? Você aprendeu alguma coisa nova sobre si mesmo ou sobre os outros?).

De *Experimentando a terapia focada na compaixão de dentro para fora: um manual de autoprática/autorreflexão para terapeutas*, de Russell L. Kolts, Tobyn Bell, James Bennett-Levy e Chris Irons (Artmed, 2025). Este formulário é gratuito para reprodução e uso pessoal. Aqueles que adquirirem este livro podem fazer o *download* de cópias adicionais deste material na página do livro em loja.grupoa.com.br.

PERGUNTAS PARA AUTORREFLEXÃO

Como foi focar especificamente em seu comportamento compassivo em relação aos outros durante a última semana? O que você notou? Alguma coisa o surpreendeu?

_____
_____
_____
_____
_____
_____
_____
_____
_____
_____
_____
_____

Você teve bloqueios ou dificuldades pessoais durante a última semana, ou com outros elementos dos três módulos de compaixão pelo outro? Como você entendeu e lidou com eles?

_____
_____
_____
_____
_____
_____
_____
_____
_____
_____
_____
_____

Quando reflete sobre suas experiências durante os módulos de compaixão pelos outros, os exercícios lhe trouxeram novas percepções sobre a natureza da compaixão? Há alguma implicação para você como terapeuta?

_____
_____
_____
_____
_____
_____
_____
_____
_____
_____
_____

Você consegue pensar em um cliente específico para quem o trabalho com o fluxo da compaixão pelos outros seria útil? Refletindo sobre sua própria experiência, qual seria a melhor maneira de apresentar esses exercícios aos seus clientes? Como você poderia ajudá-los a explorar a importância do fluxo da compaixão?

_____
_____
_____
_____
_____
_____
_____
_____
_____
_____
_____

O que você aprendeu durante este módulo que parece ser importante lembrar? Essa aprendizagem pode se aplicar a você na sua vida pessoal ou no seu papel como terapeuta. Há alguns pontos de aprendizagem que são importantes para você tanto pessoal quanto profissionalmente?

_____
_____
_____
_____
_____
_____
_____
_____
_____
_____
_____
_____
_____
_____
_____
_____

Módulo 26

Compaixão dos outros pelo *self*:
desenvolvimento de habilidades usando a memória

O segundo fluxo da compaixão envolve a compaixão que flui de outra pessoa para o *self*. Conversamos com vários terapeutas que relatam que, embora se sintam bem com sua capacidade de sentir compaixão pelos outros, têm dificuldade de receber e confiar na compaixão que lhes é dirigida por outras pessoas que se importam com eles, mesmo quando precisam muito disso. A abertura à compaixão dos outros pode, às vezes, ativar vários medos e bloqueios em nós, por razões compreensíveis. Os próximos módulos focam no cultivo da nossa receptividade à compaixão, da mesma forma que qualquer nova habilidade é cultivada: com treino, prática e paciência. Essa exploração também pode nos ajudar a entender melhor as dificuldades que nossos clientes podem ter de acreditar e aceitar a compaixão que lhes direcionamos na terapia.

COMPAIXÃO QUE FLUI DA MEMÓRIA

A primeira prática envolve focar em uma memória de receber bondade ou cuidado de outra pessoa. Como já experienciou no Módulo 23, você usará sua memória para estimular experiências de tranquilização, segurança e conexão com outras pessoas. O exercício também permite nos concentrarmos em sermos mantidos positivamente na mente de outra pessoa, preparando-nos para estarmos abertos e atentos a essas experiências no futuro. Por fim, oferece uma oportunidade para você observar a sua experiência de como é focar em receber compaixão dos outros e refletir sobre quaisquer bloqueios ou resistências que possam surgir ao fazer isso.

Ao escolher uma memória com a qual trabalhar, tente não escolher uma situação em que sentiu uma mistura complexa de emoções ou experimentou mal-estar significativo (caso contrário, a sua mente, cortesia do seu cérebro complicado focado na ameaça, pode ser levada a focar no mal-estar, em vez de na experiência de compaixão). Você pode começar escolhendo uma ocasião em que alguém saiu do próprio caminho para lhe ajudar (p. ex., quando um amigo se ofereceu para ajudar na sua mudança), antes de passar para memórias mais poderosas emocionalmente. À medida que progride no exercício, foque na mente da outra pessoa e no desejo e na motivação dela para ser útil e bondosa com você. Foque, também, em como você experimenta na sua mente e no seu corpo o que lhe está sendo oferecido, permitindo que surja um sentimento de afetuosidade, gratidão e prazer. Assim como nos exercícios anteriores, se achar que esses sentimentos estão ausentes ou são difíceis de acessar, você pode experimentar focar em como seria *se realmente* tivesse tais experiências.

EXERCÍCIO. Compaixão que flui de uma memória

1. Comece com a respiração de ritmo calmante, adotando uma postura ereta, confortável e alerta. Feche os olhos e crie uma expressão facial amistosa, como se estivesse se encontrando com alguém com quem você se importa.
2. Quado estiver pronto, traga à sua mente uma memória de uma situação em que alguém se comportou de uma maneira bondosa ou cuidadosa em relação a você. Recrie o acontecimento na sua mente, focando em seus vários sentidos: o que você viu, ouviu, cheirou ou sentiu?
3. Agora, concentre-se no desejo e na motivação da pessoa de ser útil, apoiadora e bondosa com você. Como essa bondade ou cuidado se mostra? Passe algum tempo focando no seguinte:
   - As expressões faciais de bondade ou cuidado da pessoa na sua memória.
   - As coisas que a pessoa disse e o tom da voz dela.
   - Os sentimentos da outra pessoa: o que ela sentiu por você e queria para você naquele momento.
   - A forma como a pessoa agiu ou se relacionou com você: o que ela fez para ser útil ou bondosa.
4. Ao recordar, permita-se sentir gratidão e prazer ao receber essa bondade. Se isso for difícil para você, tente apenas imaginar como seria *se fosse capaz* de sentir essa gratidão e alegria. Imagine a compaixão da pessoa se inscrevendo em você e imagine como seria ser mantido positivamente na mente dela. Experimente sua própria postura corporal e expressão facial para lhe dar uma noção da bondade e do cuidado que você está recordando.
5. No seu próprio tempo, permita gentilmente que a memória desapareça e volte o foco para a sua respiração. Abra os olhos e se reajuste ao ambiente presente.

Depois de concluir a prática, use o espaço fornecido no próximo exercício para refletir sobre a sua experiência. O exemplo de Fátima capta a maneira como nossa atenção, mesmo enquanto focamos em uma memória de bondade, pode ser atraída para aspectos ameaçadores da experiência (nesse caso, um sentimento de perda da sua avó e o pensamento de voltar para casa sozinha). O exemplo também demonstra como as distrações podem ser trabalhadas com a utilização de habilidades de *mindfulness* que exploramos nos módulos anteriores.

EXEMPLO: Experiência de Fátima da compaixão que flui de uma memória

Como foi sua experiência? O que você imaginou? O que você notou em seu corpo e nas suas emoções?

Imediatamente pensei na minha avó. Uma mistura de diferentes memórias me veio à mente, e me concentrei em como ela me recebia sempre que eu ia visitá-la. Um grande abraço, uma xícara de chá juntas... Eu sempre ficava emocionada com o quanto ela se lembrava do que eu estava fazendo e como era interessada. Durante o exercício, me concentrei no seu sorriso, no sentimento de ser valorizada e ouvida. E o aconchego e o cheiro da cozinha, o sentimento de estar segura e cuidada.

Isso começou a me deixar um pouco triste, porque agora não posso mais vê-la – ela morreu quando eu estava na universidade. Por alguns momentos, minha mente ficou vagando, mas mantive o foco na minha avó: vendo e sentindo seu sorriso, sentindo o aroma da sua comida, sentindo sua presença comigo.

EXERCÍCIO. Minha experiência da compaixão que flui de uma memória

Como foi sua experiência? O que você imaginou? O que você notou em seu corpo e nas suas emoções?

COMPARE E CONTRASTE

Uma maneira útil de explorar o impacto e o benefício potencial do foco compassivo é contrastar as experiências que você observou no exercício anterior com como se sentiria se focasse em alguém que está sendo *indelicado* com você. Você poderá experienciar isso ao brevemente trazer à mente uma discussão ou discordância recente e observar como essa memória influencia como se sente. Pode ser interessante considerar com que frequência, em um dia comum, imaginamos, lembramos ou prevemos que as pessoas nos tratarão de forma indelicada, lembrando que nossos cérebros evoluídos, tendenciosos como são para detectar e responder a ameaças potenciais, têm mais probabilidade de focar nossa atenção nessas experiências do que nas positivas. Felizmente, podemos optar por intencionalmente trazer à mente memórias que podem ajudar a estimular os tipos de estados emocionais que gostaríamos de ter.

TRABALHANDO COM BLOQUEIOS

Como no exemplo de Fátima, você pode ter descoberto que o exercício destacou bloqueios ou medos específicos em relação a receber compaixão dos outros. Como vemos com Fátima, esses bloqueios podem incluir um sentimento de solidão, dor ou tristeza por não ter o tipo de relacionamento que você gostaria na sua vida atual. Ou o exercício pode ter desencadeado lembranças de relacionamentos ou interações em que a qualidade da bondade estava ausente. O simples fato de imaginar que estamos na mente de outra pessoa pode gerar sentimentos de vulnerabilidade, constrangimento e vergonha, que podem ativar o sistema de ameaça e reduzir nossa receptividade à compaixão, particularmente se tivermos ansiedade de apego. É comum ter reações à compaixão que derivam de associações implicitamente mantidas, decorrentes da nossa experiência passada com figuras de apego (Gilbert, 2010). Dessa forma, abrir-se à compaixão ou à conexão envolve uma abertura à nossa história de apego – o que pode, compreensivelmente, ser doloroso para muitas pessoas (p. ex., ver Bowlby, 1980).

O ponto importante a ser observado é que nada está dando errado. Essas experiências não são um sinal de que a compaixão não é para você ou de que um exercício não está funcionando – na verdade, podem significar exatamente o contrário. Aprender a trabalhar com bloqueios, medos e resistências à compaixão é, em muitos aspectos, o foco da TFC como psicoterapia, e essas experiências podem nos indicar as áreas em que podemos crescer. Esses obstáculos para receber cuidados de outras pessoas (e, por sua vez, cuidar de nós mesmos) podem ser as mesmas coisas que bloqueiam o acesso dos nossos clientes ao seu sistema de segurança e ao seu sistema calmante (e ao nosso próprio). Entender por que esses bloqueios e medos surgiram e trabalhar habilmente com eles à medida que surgem (p. ex., conectando-se com a mentalidade do seu *self* compassivo e imaginando como essa versão de você se relacionaria com essas experiências) são partes integrantes do processo terapêutico.

💭 PERGUNTAS PARA AUTORREFLEXÃO

Você teve bloqueios ou resistências durante este exercício? O que você notou? Como você os experienciou?

_____
_____
_____
_____
_____
_____
_____
_____
_____
_____
_____
_____

Se notou algum bloqueio, como lidou com ele?

_____
_____
_____
_____
_____
_____
_____
_____
_____
_____
_____
_____

Tenha ou não experimentado algum bloqueio ao receber compaixão de outras pessoas, o que você aprendeu com este exercício que poderia ser útil em seu trabalho com os clientes?

_____
_____
_____
_____
_____
_____
_____
_____
_____
_____
_____
_____
_____
_____
_____
_____
_____

Módulo 27

Compaixão dos outros pelo *self*:
abrindo-se à bondade dos outros

O segundo exercício que visa ao fluxo da compaixão do outro para o *self* é uma prática diária que envolve abertura para a bondade e a compaixão dos outros. De muitas maneiras, essa é uma prática de atenção – chamar a atenção para esses atos de bondade dos outros e para as experiências que eles evocam em nós. Conforme discutido anteriormente, nosso cérebro tem um viés natural para a negatividade que ajudou a garantir a sobrevivência dos nossos ancestrais: ele dá alta prioridade ao rastreio, ao registro e à lembrança de ameaças e perigos. O objetivo do exercício atual não é suprimir ou ignorar experiências interpessoais negativas, mas ajudar nosso cérebro a equilibrar esse viés. Podemos intencionalmente escolher "absorver" as coisas boas que acontecem conosco, saboreando-as em nossa consciência, até que o evento se torne uma experiência completa e rica para nós (Hanson & Mendius, 2009).

Esse saborear pode envolver reconhecer e se concentrar na intenção da pessoa que foi compassiva conosco, abrindo-se para a sensação de ser mantido positivamente na mente dela. Também pode envolver a exploração das várias qualidades de sentimento e emoção que a interação criou em você, permitindo que as sensações se desenvolvam e se desdobrem em seu corpo (p. ex., uma sensação de calor no peito). Com a prática, essa focalização pode se tornar um hábito da mente; podemos aprender a prestar atenção a esses eventos, por menores que sejam, à medida que ocorrem em nossa vida diária. Em vez de se engajar em uma prática formal, como já fez com muitos dos outros exercícios, este envolverá que você passe uma semana (ou mais, se quiser) tentando perceber e registrar as experiências de receber bondade de outras pessoas. Fazer o registro dessas experiências pode nos ajudar a treinar nossa mente para percebê-las no futuro. Ao fazer isso, pode ser útil conectar-se com a perspectiva do seu *self* compassivo. Vamos dar uma olhada no exemplo da prática diária de Érica.

EXEMPLO: Folha de atividade de Érica de abertura para a bondade dos outros

Dia da semana	O que observei sobre o comportamento bondoso da outra pessoa em relação a mim (*externo*)	O que senti e no que foquei em minhas emoções, corpo e mente (*interno*)
Segunda-feira	Uma cliente me trouxe um cartão na sua última sessão. Suas palavras foram muito tocantes, e ela agradeceu o meu apoio e encorajamento.	Eu realmente tentei me conectar com as palavras dela. Posso ser rápida em passar por cima dos "obrigados", mas me permiti realmente ouvir. Li todas as palavras algumas vezes durante o dia. Isso me fez chorar, mas fiquei bem com isso.
Terça-feira	Um estranho sorriu para mim e segurou a porta para que eu passasse no centro de lazer.	Calor em meu corpo, um sentimento de gratidão.
Quarta-feira	Minha supervisora me ligou, verificando como eu estava me saindo com um cliente difícil. Ela reservou um tempo para mim e foi paciente e bondosa.	Eu me senti cuidada porque outra pessoa havia pensado em mim durante a semana. Ela é muito ocupada, então me senti comovida por ter me dedicado seu tempo. Eu me permiti respirar.
Quinta-feira	Minha amiga Suzanne deixou uma mensagem de voz me convidando para sair no fim de semana. Ela disse que estava ansiosa para me ver de novo. Sua voz era calorosa e genuína.	Eu estava planejando passar o fim de semana em casa e, inicialmente, me senti frustrada com a ligação. Mas fui capaz de ficar atenta a esses pensamentos e voltei o foco para a voz e as palavras de Suzanne. Me permiti ser grata e apreciar seu contato e me lembrei da minha intenção de me reengajar na minha vida social. Sorri quando me imaginei vendo o rosto dela. Senti meu corpo relaxar.

Dia da semana	O que observei sobre o comportamento bondoso da outra pessoa em relação a mim (*externo*)	O que senti e no que foquei em minhas emoções, corpo e mente (*interno*)
Sexta-feira	*Um dos meus colegas, Paul, me trouxe um mocha – meu café favorito – sem que eu pedisse. Ele gentilmente colocou a mão no meu ombro enquanto colocava o café sobre a minha mesa.*	*Eu realmente precisava daquilo! Interrompi meu trabalho e me permiti desfrutar a bebida. Foquei no calor do copo na minha mão e no afeto em relação a Paul.*
Sábado	*Encontrei-me com Suzanne na cidade, e ela pagou o almoço como uma gentileza. Perguntou sobre a minha mãe e sobre como eu estava, sem me pressionar. Ela parecia preocupada e interessada.*	*Eu me permiti ser bem tratada. Me senti bem! Suzanne me conhece bem, e foi importante conversar. Fiquei preocupada se não a tinha sobrecarregado, mas me senti segura em compartilhar meus sentimentos com ela. Notei uma sensação de leveza no meu peito. Me senti cuidada.*
Domingo	*Uma das vizinhas atravessou a rua para me cumprimentar quando eu estava saindo para fazer compras. Ela parecia muito satisfeita em me ver e me convidou para aparecer para um café durante a semana.*	*Quando eu a vi, fiquei ansiosa, pois não via ninguém o dia todo e estava no meu próprio mundo. Mas a sua cordialidade foi contagiante. Eu me senti melhor por sorrir e conversar. Então me concentrei no fato de fazer parte da comunidade local e de estar conectada com as pessoas da área.*

Utilize a Folha de atividade nas páginas a seguir para registrar sua prática diária de notar a bondade que as outras pessoas lhe oferecem e as experiências que surgem em você como resultado.

✍ **EXERCÍCIO.** Minha Folha de atividade de abertura para a bondade dos outros

Dia da semana	O que observei sobre o comportamento bondoso da outra pessoa em relação a mim (*externo*)	O que senti e no que foquei em minhas emoções, corpo e mente (*interno*)
Segunda-feira		
Terça-feira		
Quarta-feira		
Quinta-feira		

Dia da semana	O que observei sobre o comportamento bondoso da outra pessoa em relação a mim (*externo*)	O que senti e no que foquei em minhas emoções, corpo e mente (*interno*)
Sexta-feira		
Sábado		
Domingo		

De *Experimentando a terapia focada na compaixão de dentro para fora: um manual de autoprática/autorreflexão para terapeutas*, de Russell L. Kolts, Tobyn Bell, James Bennett-Levy e Chris Irons (Artmed, 2025). Este formulário é gratuito para reprodução e uso pessoal. Aqueles que adquirirem este livro podem fazer o *download* de cópias adicionais deste material na página do livro em loja.grupoa.com.br.

PERGUNTAS PARA AUTORREFLEXÃO

Como a experiência da compaixão de outra pessoa afetou você? Ou seja, quais foram suas reações emocionais ou físicas? Elas mudaram ou aumentaram durante o curso da sua prática?

Como foi anotar as experiências (caso as tenha anotado)? Você conseguiu fazer isso? Você se esqueceu? Algum bloqueio, medo ou reação difícil se colocou no caminho? Houve alguma inquietação? O que se destacou para você?

Se houve bloqueios, medos ou reações difíceis, como você lidou com eles? Como você trabalharia compassivamente com eles no futuro?

Os exercícios lhe deram alguma percepção dos seus próprios relacionamentos e de como você experimenta a compaixão e os cuidados de outras pessoas? O que essas percepções significam para você? O que você poderia tentar fazer de forma diferente no futuro?

À luz da sua experiência com os exercícios de fluxo da compaixão, como você os integraria à sua prática clínica? Você tem clientes para quem essas práticas poderiam ser úteis? Como você as apresentaria a esses clientes? Que justificativa daria?

Módulo 28

Compaixão fluindo para o *self*:
escrita de carta compassiva

Nos módulos anteriores, você explorou como direcionar a compaixão para os outros e receber compaixão direcionada dos outros para você. O terceiro fluxo de compaixão na terapia focada na compaixão (TFC) é a autocompaixão: a capacidade de sentirmos e direcionarmos compaixão para nós mesmos, bem como recebermos e nos beneficiarmos dela. Esperamos que isso lhe pareça familiar, pois tentamos preparar o terreno para a autocompaixão nos primeiros módulos, com uma introdução mais formal a algumas práticas de autocompaixão apresentadas no Módulo 7 (considerando como suas dificuldades fazem sentido à luz da história do seu desenvolvimento) e no Módulo 20 (direcionando a compaixão a partir da perspectiva de seu *self* compassivo para uma versão de seu *self* em dificuldades). Neste módulo, exploramos a autocompaixão por outro ângulo: a escrita de uma carta compassiva. A ideia é nos ajudar a desenvolver um repertório de métodos para podermos nos envolver de forma afetuosa e compassiva com nós mesmos (e ajudar nossos clientes a fazer o mesmo) quando nos defrontamos com problemas desafiadores.

ELABORANDO UMA CARTA COMPASSIVA

Há muitas maneiras de orientar a escrita de uma carta compassiva. Talvez uma das mais comuns seja escrever uma carta a partir da perspectiva do seu *self* compassivo para uma versão do *self* que está lutando ou sofrendo – talvez em torno de uma questão que você se viu enfrentando no passado ou está enfrentando na sua vida atual. Você começará revisitando a prática do *self* compassivo para ajudá-lo a se reconectar com essa perspectiva cuidadosa, sábia e corajosa, e, em seguida, escreverá uma carta compassiva criada para apoiá-lo e encorajá-lo a trabalhar com um problema ou desafio pessoal. Pode ser útil que agora você se recorde da dificuldade já familiar que identificou anteriormente (ou, se preferir, de uma que tenha surgido na sua vida mais recentemente).

Usando esse problema desafiador como ponto de ancoragem, vamos reservar um momento para nos familiarizarmos novamente com as duas psicologias da compaixão – *envolvimento com o sofrimento* e *preparação e ação para aliviá-lo e evitá-lo* – em que você se baseará ao escrever a carta. Primeiro, vamos revisitar as seis qualidades do envolvimento compassivo, bem como algumas possíveis linguagens por meio das quais essas qualidades podem ser expressas em uma carta:

- *Cuidado com o bem-estar*: "Quero que você saiba que me preocupo com você".
- *Sensibilidade*: "Se você está lendo isso, provavelmente está sofrendo ou passando por uma situação difícil neste momento".
- *Simpatia*: "É difícil saber que você está sofrendo, e quero que saiba que não está sozinho".
- *Empatia*: "Por experiência própria, sei que você provavelmente está sentindo muitas emoções diferentes, como frustração, ansiedade e vergonha. Dê a si mesmo permissão para notar o que está sentindo".
- *Não julgamento*: "Quero lembrá-lo de que não é culpa sua que esteja passando por um momento difícil agora e que essas dificuldades fazem parte de ter uma vida humana".
- *Tolerância ao mal-estar*: "Embora seja difícil, também quero lembrá-lo de que há coisas que você pode tentar fazer para tornar essa situação um pouco mais fácil de suportar".

Uma das coisas úteis sobre pedir aos nossos clientes que escrevam uma carta compassiva para si mesmos (e de nós mesmos fazermos isso) é que cada um de nós é um especialista no que mais precisamos e no que seria mais útil quando estamos com dificuldades. Portanto, ao elaborar uma carta compassiva, a ideia é usar essa sabedoria para comunicar compreensão, validação, apoio, encorajamento e sugestões que, com base em nossa experiência, provavelmente serão úteis para nós. Também é importante que o "tom de voz" da carta seja afetuoso.

Ao prosseguir com a carta, você pode passar para a segunda psicologia da compaixão: lembrar-se de coisas que podem ser úteis para essa versão de si mesmo que está lutando enquanto trabalha com essa dificuldade, bem como sugestões concretas sobre coisas que, com base na sua experiência, provavelmente serão úteis para prepará-lo para enfrentar esse desafio. Estes estão alguns exemplos de elementos que podem ser incluídos em uma carta compassiva:

- Lembretes de coisas que você considera calmantes ou úteis.
- Lembretes para se conectar com pessoas próximas a você ou que você sabe que o apoiarão.
- Lembretes que podem ajudar essa sua versão com dificuldades a mudar para uma mentalidade compassiva.
- Sugestões práticas de coisas que você achou úteis no passado (p. ex., dividir as coisas em pequenas etapas, comportamentos de enfrentamento específicos que funcionaram para você).
- Sugestões sobre comportamentos de autocuidado (p. ex., exercícios, respiração).
- Encorajamento e lembretes de esforços anteriores de enfrentamento que foram bem-sucedidos ("Eu sei que você pode fazer isso; você já enfrentou situações difíceis antes e as administrou bem") e de por que está se esforçando para melhorar – ancorando esse esforço em valores que são importantes para você.
- Sugestões que podem ampliar sua consciência sobre seus sentimentos e ajudá-lo a se tornar tolerante com eles e compreendê-los.

Como exemplo, vamos examinar a carta de Fátima:

> Querida Fátima,
>
> Se você está lendo isso, provavelmente está se sentindo muito mal neste momento. Talvez tenha acontecido alguma coisa com Alex ou outro cliente que tenha desencadeado em você sentimentos de inadequação, ou você está lutando com alguma outra coisa. Quero que saiba que me preocupo com você e que não sou a única. Dado o seu histórico de críticas, faz sentido que seja realmente perturbador quando você se depara com desaprovação ou quando as coisas não correm como esperava, não é mesmo? Você foi muito criticada enquanto crescia, o que a ensinou a se culpar primeiro, mesmo por coisas que não eram culpa sua.
>
> Mas a questão é a seguinte: você é uma terapeuta dedicada e comprometida, e até mesmo o fato de estar chateada com isso é uma prova do quanto se importa com seus clientes e que quer fazer um bom trabalho para ajudá-los. Veja se é possível usar a bondade, a compaixão e a compreensão que você demonstra aos seus clientes todos os dias e dar um pouco disso a si mesma. Mesmo que neste momento você sinta que não merece, saiba que fazer isso a ajudará a se sentir melhor para que possa estar presente para eles também.
>
> Veja se é possível olhar com bondade para os sentimentos que você está tendo e tente entender como eles fazem sentido, lembrando que todos lutam com sentimentos difíceis às vezes. Não há nada de errado com você. Tente dar espaço para esses sentimentos, aceite-os e, em seguida, pense no que poderia ser útil para trabalhar com eles e lidar com o problema que os desencadeou.
>
> Lembre-se de que há muitas coisas que você pode fazer e que já foram úteis no passado. Tente fazer uma respiração de ritmo calmante, a imagem mental de um lugar seguro, ouvir um pouco de hip-hop ou assistir a um episódio de "Friends" – isso sempre a ajuda a se sentir confortável e levanta seu ânimo. Você pode ligar para Rachel ou Ariel, ou mesmo para Érica – você sabe que elas a ouvirão, a entenderão e a ajudarão a se sentir melhor. Você também pode pensar em sair para correr ou se presentear com uma comida tailandesa ou fazer um bolinho indiano. Veja se consegue fazer funcionar esse sistema calmante para ajudá-la a equilibrar os sentimentos de ameaça que está tendo.
>
> Acima de tudo, saiba que você nem sempre se sentirá assim. Você tem trabalhado muito para se aperfeiçoar como terapeuta e aprender a ter compaixão por si mesma, e isso está funcionando. Alguns momentos difíceis na vida só precisam ser superados. Você consegue, e estou aqui para você!
>
> Com amor,
> Fátima

EXERCÍCIO. Escrita da carta compassiva

Comece criando um ambiente confortável e tranquilo onde possa ficar sem ser perturbado por algum tempo. Para escrever a carta, você pode usar sua caneta favorita, se tiver uma, e escolher algo em que possa escrever e que seja de fácil acesso no futuro – talvez um pedaço de papel que possa ser dobrado e colocado dentro da sua agenda ou um diário especial que possa ser acessado com facilidade. Centralize-se com uma respiração de ritmo calmante. Permita-se mudar para a perspectiva cuidadosa, sábia e confiante de seu *self* compassivo (revisitando a prática do Módulo 19, se for útil), selecione a situação desafiadora com a qual trabalhará e traga à sua mente uma imagem de si mesmo lutando com essa situação e as emoções que ela lhe desperta. Então, refletindo sobre as sugestões anteriores e o exemplo, escreva uma carta compassiva para si mesmo, incluindo tudo o que acha que pode lhe ser útil na próxima vez em que estiver com dificuldades. Faça da forma mais individualizada possível, aproveitando o que sabe sobre si mesmo, o que tende a achar útil nessas situações e o que seria mais útil para você ouvir nesses momentos de dificuldade. Quando apresentar este exercício aos clientes, lembre-se de que é importante entender que não há pressão para "fazer do jeito certo". Eles podem escrever quantas cartas quiserem, e você também.

Depois que a carta for concluída, é útil refletir sobre o processo. Para isso, dividimos as perguntas para reflexão em duas seções: uma para ser respondida imediatamente depois de a carta ser concluída e outra para ser respondida depois de reler a carta alguns dias mais tarde. Ao ler a carta (em voz alta ou silenciosamente), certifique-se de fazê-lo com um tom de voz compassivo que reflita o acolhimento do seu conteúdo. Vamos dar uma olhada no exemplo de Fátima.

EXEMPLO: Reflexão de Fátima: parte I – imediatamente após a escrita da carta

Como foi sua experiência ao escrever a carta? Que sentimentos surgiram em você? O que você notou em seu corpo? O que mais você percebeu?

Escrever a carta foi muito poderoso para mim. Inicialmente, me senti um pouco estranha e relutei um pouco. Cada vez que os exercícios me pediram para visualizar uma versão de mim mesma com dificuldades, foi um pouco estranho, mas foi ficando mais fácil. Com paciência, consegui fazer isso e descobri que, quando consegui me imaginar nos momentos em que me senti muito mal em relação ao meu trabalho com Alex, na verdade tive compaixão por essa versão de mim mesma – pude ver o quanto eu estava angustiada com isso e como esse mal-estar estava relacionado com o meu forte desejo de ajudá-la e com o medo de não estar conseguindo fazer isso. Essa percepção me ajudou a sentir carinho por mim mesma, e então a carta simplesmente fluiu. Depois que isso aconteceu, surgiu em mim uma sensação de contentamento e determinação – juntamente a uma sensação de calma e calor em meu corpo. Foi bom mudar para uma perspectiva compassiva e pensar em como eu poderia me ajudar. Também fiquei surpresa com o fato de que, quando comecei a tentar pensar no que poderia ser útil para mim quando estou nesse espaço, muitas coisas surgiram – quando penso nisso, há muitas coisas que considero calmantes e úteis. Também foi bom me lembrar de que tenho pessoas na minha vida que realmente me valorizam, que são compreensivas e estão presentes quando preciso delas.

Surgiram obstáculos enquanto você escrevia a carta? Em caso afirmativo, como você lidou com eles?

Quando escrevi, inicialmente me senti um pouco estranha. Mas descobri que, se continuasse, conseguiria escrever.

EXERCÍCIO. Refletindo sobre a escrita da carta compassiva: parte I – imediatamente após a prática

Depois de ter escrito sua carta compassiva, complete a breve reflexão a seguir.

Como foi sua experiência ao escrever a carta? Que sentimentos surgiram em você? O que você notou em seu corpo? O que mais você percebeu?

Surgiram obstáculos enquanto você escrevia a carta? Em caso afirmativo, como você lidou com eles?

Um ponto que sempre enfatizamos para os clientes é que não há problema em voltar atrás e acrescentar elementos à carta que talvez não tenham ocorrido enquanto a escreviam, ou até mesmo escrever quantas cartas adicionais quiserem (p. ex., para abordar diferentes desafios). Nos dias seguintes à redação da sua carta, sinta-se à vontade para modificá-la; o único critério é que as modificações estejam baseadas em uma motivação compassiva de tornar a carta mais útil (em vez de, digamos, autocriticismo ou perfeccionismo). Depois de alguns dias, você poderá ler a carta e refletir sobre ela, como Fátima faz a seguir.

EXEMPLO: Reflexão de Fátima: parte II – após a leitura da carta alguns dias depois

---

Como foi sua experiencia com a leitura da carta? Que sentimentos e experiências corporais surgiram para você enquanto a lia?

Foi surpreendentemente comovente. Fiquei com um nó na garganta e um pouco chorosa. Ao escrevê-la, ficou claro que me baseei em meu conhecimento de como as coisas acontecem em mim quando tenho dificuldades, porque a carta realmente falava dos meus pontos fracos. Foi interessante ver o quanto uma carta, especialmente uma escrita por mim para mim mesma, pode ser tão reconfortante, e pude sentir meu corpo relaxar enquanto a lia. Devo dizer que eu não estava terrivelmente angustiada quando a li (não queria esperar muito e perder o ritmo de trabalho nos módulos), mas acho que ela será muito útil da próxima vez que eu estiver com dificuldades.

Surgiram obstáculos enquanto você lia a carta? Em caso afirmativo, como você lidou com eles?

Inicialmente, aquilo pareceu um pouco tolo – "Oh, veja, uma carta de incentivo para mim escrita por mim!". Mas fiquei surpresa com a rapidez com que me senti envolvida por ela.

Quando estiver pronto, reserve um momento de silêncio para ler a sua carta compassiva para si mesmo, enfatizando a voz interior afetuosa e carinhosa de seu *self* compassivo. Ao lê-la, veja se é possível receber o carinho que sentiu quando escreveu essa carta para si mesmo – receba-o como uma mensagem bondosa de alguém que se preocupa com você e quer ajudá-lo. Enfatizar o "tom de voz" mental é importante, tanto porque queremos que o tom da carta corresponda ao do *self* compassivo, como também porque as vozes, tanto acolhedoras quanto rudes, têm efeitos muito poderosos sobre nossos sistemas de regulação emocional (Gilbert, 2010).

✍ **EXERCÍCIO.** Minha reflexão: parte II – leitura da carta compassiva

Qual foi sua experiencia com a leitura da carta? Que sentimentos e experiências corporais surgiram para você enquanto a lia?

Surgiram obstáculos enquanto você lia a carta? Em caso afirmativo, como você lidou com eles?

PERGUNTAS PARA AUTORREFLEXÃO

Como foi sua experiência em geral com o exercício de escrita da carta? Como foi dirigir compaixão a si mesmo e recebê-la de si mesmo? O que se destacou para você?

_____
_____
_____
_____
_____
_____
_____
_____
_____
_____
_____
_____

O exercício lhe deu alguma percepção sobre como você tende a se relacionar consigo mesmo e sobre sua capacidade de direcionar compaixão e cuidado para si? O que essas percepções significam para você? O que você aprendeu que pode afetar a maneira como fará as coisas no futuro?

_____
_____
_____
_____
_____
_____
_____
_____
_____
_____
_____
_____

Considerando suas próprias experiências, como você poderia integrar este exercício à sua prática clínica? Você tem clientes para quem essa prática poderia ser útil? Como poderia usá-la com eles?

Como suas experiências do fluxo da compaixão de si mesmo para si mesmo se relacionam com a sua compreensão da TFC?

PARTE IV

Envolvendo-se compassivamente com os múltiplos *selves*

025
Módulo 29

Conhecendo nossos múltiplos *selves*

Nos Módulos 18 e 19, exploramos como diferentes emoções e motivos podem organizar nossa mente e nosso corpo de formas muito diferentes, produzindo diferentes "versões" de nós que prestam atenção, pensam, sentem, imaginam e são motivadas para se comportar de diferentes maneiras. A prática dos múltiplos *selves* envolve conhecer as três emoções principais que se manifestam quando consideramos uma situação ameaçadora recente. Referimo-nos a essas emoções em termos de "*self* ansioso", "*self* zangado" e "*self* triste" à medida que exploramos como essas diferentes emoções/*selves* podem organizar nossa mente e nosso corpo quando estão no comando. A ciência moderna apoia a ideia de que, em vez de existir um único "*self*", nossos "*selves*" são compostos de múltiplos sistemas em interação: diferentes modos da mente moldados por vários estágios da evolução (Carter, 2008; Teasdale, 1999). Este exercício focaliza especificamente as mentalidades criadas pelas emoções que comumente experimentamos quando nossos sistemas de ameaça são ativados.

A primeira etapa do exercício envolve escolher uma situação recente em que você apresentou uma reação baseada em uma ameaça e utilizar a imagem mental para recriar a cena na sua mente. Depois, escolha uma emoção (tristeza, ansiedade ou raiva – pode começar com a que mais se destaca para você) e imagine-se assumindo a emoção como um personagem ou papel, como já fez anteriormente no exercício do *self* baseado na ameaça, no Módulo 18, e do *self* compassivo, no Módulo 19. Desta vez, seu papel é personificar e incorporar cada emoção como se ela estivesse habitando todo o seu ser, permitindo que você perceba, compreenda e considere como poderia responder à situação através das lentes dessa emoção. Não importa se você tinha ou não tinha consciência dessa emoção na hora do acontecimento; o objetivo do exercício é imaginar a situação a partir da mentalidade dessa emoção, *como se* realmente a experimentasse. Para facilitar esse processo, tente fazer esta pergunta a si mesmo: "Se eu me permitisse totalmente sentir minha ansiedade/raiva/tristeza nessa situação, como isso afetaria como penso, me sinto e ajo?". Uma pergunta adicional a ser feita, especialmente se você está tendo dificuldades, é: "Como eu pensaria, me sentiria e agiria *se eu pudesse* extravasar minha ansiedade/raiva/tristeza nessa situação?". A conexão emocional pode ser aprofundada se você assumir a postura corporal ou os movimentos do *self* emocional correspondente enquanto recorda a situação na sua mente. Por exemplo, o "*self* triste" poderia ter abaixado os ombros e inclinado a cabeça.

Enquanto faz o exercício, respire profundamente algumas vezes entre cada *self* emocional, talvez até fazendo uma reverência ou respeitosamente dizendo "adeus" na sua mente a cada emoção enquanto permite que ela regrida, agradecendo mentalmente a esse *self* emocional por compartilhar sua perspectiva com você. Não se preocupe se seus *selves* emocionais se esforçarem para permanecer; se isso acontecer, tente observá-los atentamente, reconhecendo compassivamente que faz sentido que isso aconteça, antes de gentilmente seguir para o próximo "*self*". Utilize o modelo em branco disponibilizado mais adiante para registrar suas experiências de cada *self* emocional. Na etapa final do exercício, você se imaginará trazendo o *self* compassivo para a situação e encarando os outros *selves* e a situação por uma perspectiva compassiva. O quadro final da grade pode, então, ser completado com as experiências do seu *self* compassivo, permitindo que você compare e contraste a mentalidade criada pela sua motivação compassiva com as associadas às emoções focadas na ameaça.

Vamos dar uma olhada na experiência de Joe com o exercício dos múltiplos *selves*.

EXEMPLO: Múltiplos *selves* de Joe

Joe optou por focar em uma sessão de supervisão difícil recente. Na supervisão, Joe havia trazido o caso de um cliente que tinha questionado o ritmo da sua recuperação. Ao revisitar o cenário em sua mente, Joe inicialmente acessou seu "*self* zangado", o *self* emocional que era mais proeminente no momento. Em sua mente, ele incorporou totalmente o *self* zangado, dando vazão com seu supervisor. Ele observou os sentimentos de raiva retornando à sua cabeça e aos seus ombros e, inclusive, cerrou os punhos enquanto recordava a cena. Depois de alguns minutos experimentando seu *self* zangado, ele abriu os olhos e se permitiu algumas respirações profundas. Joe se alongou, abriu os dedos, movimentou os ombros e anotou na grade suas experiências com seu *self* zangado.

Embora duvidando da presença de outras emoções na cena, imaginou como seu "*self* ansioso" teria experienciado a supervisão se tivesse prestado atenção a ele e lhe dado voz. Joe logo conseguiu identificar o temor do julgamento do seu supervisor e a sensação de um nó no estômago. Imaginando a cena pela perspectiva do seu "*self* ansioso", Joe se conectou com um desejo de fugir da sala. Ele notou sua respiração acelerar enquanto praticava o exercício. Joe continuou o exercício, vivenciando a cena pelas perspectivas dos seus *selves* triste e compassivo. Entre cada "*self*", ele alongou seu corpo e fez algumas respirações profundas antes de fazer as anotações na grade a seguir.

Situação desafiadora: Supervisão recente em que discuti um caso difícil.	
<u>**Meu *self* zangado**</u>	<u>**Meu *self* ansioso**</u>
Sensações corporais: Tensão subindo até minha cabeça e meus ombros. Agitação. Punhos cerrados.	**Sensações corporais:** Sinto um mal-estar no estômago, estou tonto e atordoado.
Pensamentos e imagens: É tão injusto que eu tenha que carregar esse fardo. Ele sabe disso, então por que ele prossegue como se tudo fosse possível? Como se ele pudesse fazer melhor. Eu não iria querer tê-lo como terapeuta – ele não escuta.	**Pensamentos e imagens:** Estou entendendo errado. Serei humilhado. Estou fora de controle. Imagem de mim mesmo tremendo e com os olhos fixos.
Impulsos para a ação: Criticar meu supervisor. Criticá-lo severamente.	**Impulsos para a ação:** Evitar falar sobre as dificuldades que estou tendo e mentir sobre o cliente. Sair da sala.
O que este *self* realmente quer? Defender-se e atacar.	**O que este *self* realmente quer?** Fugir. Esconder-se. Evitar.
<u>**Meu *self* triste**</u>	<u>**Meu *self* compassivo**</u>
Sensações corporais: Tudo parece pesado. Meu estômago está embrulhado. Minha cabeça pende. Sinto-me incomodado.	**Sensações corporais:** Firme, desacelerado. Forte.
Pensamentos e imagens: Não consigo entender direito. Sinto como se estivesse decepcionando todos o tempo todo. Eu não queria que fosse assim aqui. Meu supervisor me acha incompetente, e talvez ele tenha razão. Talvez eu não seja adequado para isso.	**Pensamentos e imagens:** Essa é uma situação difícil, e faz sentido que eu tenha esse sentimento. Esta foi uma semana dura. Há coisas que posso aprender com essa supervisão, e na verdade ele está tentando ajudar.
Impulsos para a ação: Voltar para casa e ir para a cama.	**Impulsos para a ação:** Ajudar a me sentir seguro abrandando minha respiração e abrindo meus ombros. Lembrar-me das boas intenções que me levam a fazer este trabalho. Voltar a me conectar com a supervisão.
O que este *self* realmente quer? Desistir. Ficar sozinho.	**O que este *self* realmente quer?** Ser atencioso. Trabalhar com a dificuldade (não se fechar).

Agora, tente o exercício você mesmo, trabalhando as emoções sucessivamente antes de acessar seu *self* compassivo. Você pode escolher um exemplo pessoal ou clínico, mas tente escolher uma situação em que sentiu um grau de emoção forte. O exercício funciona particularmente bem com situações interpessoais.

✍ EXERCÍCIO. Meus múltiplos *selves*

Situação desafiadora:	
Meu *self* zangado **Sensações corporais:** **Pensamentos e imagens:** **Impulsos para a ação:** **O que este *self* realmente quer?**	**Meu *self* ansioso** **Sensações corporais:** **Pensamentos e imagens:** **Impulsos para a ação:** **O que este *self* realmente quer?**
Meu *self* triste **Sensações corporais:** **Pensamentos e imagens:** **Impulsos para a ação:** **O que este *self* realmente quer?**	**Meu *self* compassivo** **Sensações corporais:** **Pensamentos e imagens:** **Impulsos para a ação:** **O que este *self* realmente quer?**

De *Experimentando a terapia focada na compaixão de dentro para fora: um manual de autoprática/autorreflexão para terapeutas*, de Russell L. Kolts, Tobyn Bell, James Bennett-Levy e Chris Irons (Artmed, 2025). Este formulário é gratuito para reprodução e uso pessoal. Aqueles que adquirirem este livro podem fazer o *download* de cópias adicionais deste material na página do livro em loja.grupoa.com.br.

EMOÇÕES SOBRE AS EMOÇÕES

Ao concluir o exercício, você pode ter notado que uma emoção surgiu com mais força que as outras. Isto aconteceu com Joe: a raiva dele foi imediatamente acessível e dominou sua reação à situação. Você também pode ter notado que outras emoções foram mais difíceis de acessar, ou que sintonizar com uma determinada emoção foi muito ameaçador. Durante o crescimento, muitos dos nossos clientes podem ter aprendido que determinadas emoções são inaceitáveis, e podem temer ou evitar vivenciar tais sentimentos. Para Joe, reconhecer e explorar a ansiedade que ele experimentou na situação pareceu ameaçador e estranho; ele não havia considerado o tipo de vulnerabilidade que sentiu durante a supervisão ou a forma como essa parte dele queria fugir e se esconder. Joe também percebeu que pensar sobre se sentir vulnerável desse modo o fez mudar rapidamente para a raiva – de si mesmo ("É idiota sentir-me assim") e do seu supervisor ("Não posso acreditar que ele fez com que eu me sentisse assim").

Uma maneira de pensar nesse tipo de resposta é que podemos ter emoções sobre as emoções. Podemos ter ansiedade por nos sentirmos tristes, raiva por nos sentirmos ansiosos, ansiedade por sentirmos raiva, e assim por diante (p. ex., Greenberg, 2002). Levar em consideração tais interações entre nossos *"selves"* emocionais também pode nos proporcionar uma janela através da qual explorar a dinâmica emocional do autocriticismo, considerando perguntas como: "Como seu *self* zangado se sente sobre seu *self* ansioso?" ou "O que seu *self* triste tem a dizer ao seu *self* zangado?" (Kolts, 2016).

COMPAIXÃO E OS MÚLTIPLOS *SELVES*

Compaixão, nesse sentido, não tem a ver com acalmar o mal-estar, mas sim como aprender a tomar consciência da natureza do nosso sofrimento e despertar uma intenção ou desejo de fazer alguma coisa a respeito. Isso pode, por exemplo, envolver trazer a sensibilidade consciente ao que o *"self* zangado" está *realmente* fazendo em nossa mente: nossas fantasias violentas, raivas, impulsos para atacar e a onda de energia que vai até os punhos e a cabeça. Ou pode envolver trazer a consciência para o *self* ansioso: para as coisas que tememos reconhecer, como o medo de rejeição ou fracasso ou impulsos para se esconder ou fugir. Pode envolver, também, o reconhecimento da versão triste do *self*, que é o desejo de se encolher, desistir e desaparecer. Com compaixão, esses aspectos do *self* que levamos dentro de nós podem ser tolerados, entendidos e trabalhados, em vez de serem evitados ou colocados em prática.

Uma metáfora útil ao trabalhar com múltiplos *selves* envolve retratar o *self* compassivo como o "capitão do navio" (Kolts, 2011). Na metáfora, o navio é nossa mente, que tem diferentes passageiros na forma do *self* ansioso, do *self* zangado e do *self* triste – passageiros que não foram convidados a embarcar, mas que cumprem papéis vitais para o funcionamento seguro da embarcação. Embora suas funções sejam parte integrante, nenhum desses *selves* emocionais é qualificado, por si só, como capitão do navio. O *self* ansioso é um ótimo sistema de alerta precoce, mas se concentra apenas no perigo e na fuga, escondendo-se em momentos de dificuldade e perdendo o controle de para onde o navio pretende ir. O *self* zangado é o sistema de ataque e defesa do navio, mas se enfurece e ataca sempre que está se sentindo vulnerável, ou critica quando as coisas dão errado. O *self* triste orienta o navio na direção das perdas e sinaliza o mal-estar, mas se encolhe e se fecha quando sobrecarregado. No entanto, o *self* compassivo – o capitão do navio – é bondoso, sábio, corajoso e competentemente capaz de entender todas as reações dos passageiros companheiros de viagem. O *self* compassivo entende que os passageiros estão simplesmente tentando fazer o melhor que podem, fazendo as únicas coisas que sabem fazer. Com essa compreensão e sensibilidade, o *self* compassivo é capaz de tranquilizar os passageiros emocionais, dando-lhes o que eles precisam para se sentirem seguros – validação, empatia, apoio, encorajamento – e é capaz de conduzir o navio em segurança, mesmo quando o mar está turbulento.

PERGUNTAS PARA AUTORREFLEXÃO

Como foi sua experiência com o exercício dos múltiplos *selves*? Houve alguma surpresa?

Você notou alguma reação intensa ou difícil a um *self* emocional em particular? Você notou alguma evitação? Você notou uma preferência por algum *self* emocional em particular? O que essas reações significam para você?

_____
_____
_____
_____
_____
_____
_____
_____
_____
_____
_____
_____
_____

Suas experiências com o exercício dos múltiplos *selves* tiveram algum impacto em como você entende a si mesmo? Esse novo entendimento tem alguma implicação em como você entende suas reações e experiências no dia a dia?

_____
_____
_____
_____
_____
_____
_____
_____
_____
_____
_____
_____
_____

Como terapeuta, como a exploração dos diferentes *selves* emocionais poderia influenciar a sua terapia ou a sua supervisão? Como você poderia explorar essa área no futuro? Usando suas experiências com os exercícios, como poderia trabalhar com o impacto das suas reações emocionais na terapia?

Módulo 30

Escrevendo a partir dos múltiplos *selves*

Este exercício é uma extensão do exercício de múltiplos *selves* apresentado no Módulo 29, mas também está baseado na vasta literatura que investiga a escrita em psicoterapia para auxiliar o processamento, a conexão e a expressão emocionais (p. ex., Pennebaker, 1997, 2004). Neste exercício, você escreverá sobre uma situação problemática a partir da perspectiva de cada um dos *selves* emocionais antes de usar o *self* compassivo para trazer compreensão e integração para essas perspectivas emocionais.

EXERCÍCIO. Escrevendo a partir dos múltiplos *selves*

1. Traga à sua mente um problema interpessoal. Pode ser uma discordância ou dificuldade experimentada com um cliente, colega de trabalho, supervisor ou gerente. Evite escolher um problema com um grau tão alto de emoção com o qual seria difícil lidar durante o exercício. Na sua imaginação, forneça detalhes sensoriais para a sua experiência da cena: o que você viu, ouviu, cheirou ou sentiu.
2. Em seguida, escolha o "*self*" emocional que foi mais proeminente na sua resposta à situação (seu *self* ansioso, *self* triste ou *self* zangado). Escreva sobre o problema a partir da perspectiva desse *self*, dando plena vazão à sua emoção por essa perspectiva. Continue escrevendo por 4 a 5 minutos, tentando não levantar a caneta da página. Não se preocupe se você se repetir ou se o que estiver escrevendo não fizer sentido. Não tem problema usar repetidos palavrões. (Este exercício de escrita é somente para seus olhos, e deve ser o seu "fluxo da consciência.") O objetivo é incorporar e expressar livremente esse *self* emocional na sua escrita sobre o problema. Tente se manter fiel ao *self* emocional que você escolheu: ou seja, o *self* zangado só está zangado com o objeto do seu foco. Sinta-se livre para focar tanto nos aspectos externos da situação problemática (p. ex., como as outras pessoas estão agindo) quanto em qualquer experiência interna difícil presente (p. ex., o *self* zangado pode estar zangado com *você* – como você se sentiu o ou que pensou na situação).
3. Agora, escreva sobre o problema pela perspectiva de um *self* emocional diferente. Se você começou com a raiva, escreva a partir da experiência do seu *self* triste ou ansioso. Mais uma vez, escreva como se estivesse expressando um fluxo da consciência.
4. Agora, escreva novamente sobre o problema a partir da última emoção remanescente.

5. Por fim, conecte-se com seu *self* compassivo, usando os métodos que você aprendeu anteriormente neste livro. Prepare o seu corpo; prepare a sua mente. Leve o tempo que precisar e, quando estiver pronto, escreva segundo a perspectiva do *seu self* compassivo, baseando-se nos vários atributos e habilidades que constituem a compaixão (p. ex., motivação de cuidado, sensibilidade, simpatia, empatia, tolerância ao mal-estar e engajando sua sabedoria, força e compromisso). Pela perspectiva do seu *self* compassivo, reflita a respeito e aborde os vários *selves* emocionais e suas reações antes de considerar como melhor trabalhar com a situação em si. Considere como a experiência e as respostas dessas versões emocionais de si mesmo fazem sentido no contexto da sua história e da situação (como é compreensível que você sinta raiva, ansiedade e/ou tristeza em relação a essa experiência difícil). Considere do que essas versões de você guiadas pela emoção precisariam para que você se sinta seguro, e como o *self* compassivo poderia apoiá-las e reassegurá-las. Finalmente, pela perspectiva do *self* compassivo, reflita sobre como você prosseguiria e trabalharia com a situação em si.

Agora, vamos considerar o exemplo de Érica (os palavrões foram excluídos [!], e o texto, editado).

EXEMPLO: Exercício de Érica de escrita dos múltiplos *selves*

Situação: Uma sessão difícil com Susan (uma cliente com depressão) que ocorreu algumas semanas atrás, no aniversário de 6 meses de morte da minha mãe.

Escolha a emoção que é mais proeminente (*self* ansioso/*self* triste/*self* zangado). Pela perspectiva do *self* emocional que você escolheu, escreva sobre o problema. Escreva sobre a situação externa, bem como sobre suas experiências internas (emoções, imagem mental, pensamentos, reações corporais, motivos, etc.).

Self escolhido: *Self* ansioso

A sessão na verdade não correu bem. Ela falava e falava, e eu estava distraída... tensa, com meus pensamentos correndo em todas as direções. Acho que ela podia perceber. Eu estava realmente com dificuldade naquele dia, e simplesmente não queria ouvir falar de novo sobre a mãe dela e seu pai. Achei que eu estava me saindo melhor com isso. E se eu voltar a me sentir como estava me sentindo logo depois que minha mãe morreu? Não tenho o direito de fazer terapia se nem mesmo consigo me concentrar na minha cliente.

E é nesse momento que fico triste e fico ansiosa por estar triste. Parece que isso vai tomar conta de tudo. Não posso chegar a isso, é demais. Não vou conseguir sair desse estado de espírito quando estiver nele. Tenho medo de me perder nele novamente. Isso arruinaria meu dia, minha semana, e não consigo me livrar dos pensamentos sobre a minha mãe. Não quero ficar pensando nisso agora...

E então volto a pensar – que tipo de terapeuta eu sou se estou me distraindo dessa forma? O que vou fazer?

Agora, escreva a partir de outro *self* emocional (ansioso/triste/zangado).

***Self* escolhido:** *Self zangado*

Fico tão incomodada por Susan falar tanto sobre a sua família quando estou me sentindo assim. Por que simplesmente ela não para de lamúrias e fala sobre outra coisa? Ela tem sorte de ter os pais ainda vivos. E ter que ouvir sobre o quanto é difícil para ela preparar seu café da manhã – bem que eu queria ter os problemas dela! Ela nem ao menos tentou concluir a tarefa de casa; ela não está nem mesmo tentando...

Estou zangada comigo até por escrever isso. Que tipo de terapeuta pensa coisas como essas sobre seu cliente? Eu deveria estar ajudando-a, e tudo o que quero é que ela se cale.

Agora, escreva a partir de outro *self* emocional (ansioso/triste/zangado).

***Self* escolhido:** *Self triste*

Minha tristeza parece tão grande, não sei por onde começar...

Sinto-me sozinha no momento. Estou sozinha com tudo o que estou sentindo, e tudo parece tão doloroso.

Estou triste por não ser a terapeuta que eu costumava ser. Às vezes, parece que não tenho energia para continuar ouvindo, e tenho vontade de desistir. Eu realmente me sinto triste por Susan e pela dor que ela está sentindo. Reconheço a desesperança que ela tem, mas sinto falta da minha família. Sinto falta do meu relacionamento. Estar com ela me torna consciente de tudo o que perdi, das coisas que nunca terei de volta.

Use o tempo que precisar para acessar e incorporar seu *self* compassivo. Quando estiver pronto, escreva a partir da perspectiva do seu *self* compassivo, abordando cada *self* emocional, bem como a situação externa. A partir dessa perspectiva compassiva, como você entenderia as perspectivas desses *selves* emocionais em relação a essa situação difícil? Como você poderia oferecer compreensão, apoio e encorajamento a cada um desses *selves* emocionais? Como essa versão bondosa, sábia, zangada e triste de você funcionaria com essa situação desafiadora?

É compreensível que eu fique ansiosa, zangada e triste. Passei por muita coisa no último ano. O ano foi realmente difícil, e trabalhar como terapeuta pode desencadear coisas para mim; esse é um trabalho incomum. Faz total sentido que eu me sinta ansiosa, zangada e triste – embora seja difícil admitir até para mim mesma. A verdade é que perder pessoas amadas é difícil para qualquer um, e tenho me sentido muito melhor nos últimos meses. Faz sentido que eu tenha dificuldade no aniversário da morte dela, e perceber que ainda tenho dificuldade algumas vezes não significa que eu seja uma má terapeuta – na verdade, o fato de estar preocupada com isso é uma prova do quanto estou comprometida com os meus clientes.

Posso entender minhas preocupações e ansiedade como parte do meu sistema de ameaça; minha mente está apenas monitorando o perigo e as coisas que temo, tentando me proteger. Não há nada de errado comigo. Não é minha culpa que a minha mente entre nesse estado, mas posso escolher como quero responder a ele.

> *A partir do meu self compassivo*, posso ver que, às vezes, ainda tenho a tendência a evitar minhas tristeza e dor. Talvez eu tema que a minha dor seja avassaladora, como foi logo depois que minha mãe morreu. Aquilo foi assustador – nunca tinha me sentido assim antes, e às vezes parecia que eu estava presa na dor e que nunca conseguiria sair dela. Faz sentido que eu tenha medo de ficar presa ali novamente. As coisas melhoraram muito com o tempo, e fiz um bom trabalho recentemente ao retomar as coisas das quais me afastei. Acho normal que às vezes eu sinta uma onda de tristeza, especialmente perto dos aniversários – eu não gostaria de ser aquele tipo de pessoa que não é afetada ao perder alguém que ama. A dor que estou sentindo em relação a isso é um sinal da minha capacidade de me preocupar com os outros e de me conectar com eles.
>
> Tenho me saído melhor ao me tratar como trataria alguém com quem me preocupo. Só preciso continuar assim. Tem sido útil falar com minha amiga Charlotte, que perdeu sua mãe no ano passado – talvez seja útil me reconectar com ela. Isso é difícil para todo mundo. Sobretudo, acho que seria útil dar a mim mesma a permissão de sentir o que estou sentindo e continuar fazendo o que tem sido útil. Isso é o que minha mãe iria querer para mim, e é a melhor maneira de honrar sua memória.

Quando estiver pronto, encontre um espaço silencioso e confortável onde você possa ficar sem ser interrompido por um tempo e explore a prática você mesmo.

✍️ **EXERCÍCIO.** Escrevendo a partir dos meus múltiplos *selves*

Situação:
Escolha a emoção que é mais proeminente (*self* ansioso/*self* triste/*self* zangado). Pela perspectiva do *self* emocional que você escolheu, escreva sobre o problema. Escreva sobre a situação externa, bem como sobre suas experiências internas (emoções, imagem mental, pensamentos, reações corporais, motivos, etc.). *Self* escolhido:
Agora, escreva a partir de outro *self* emocional (ansioso/triste/zangado). *Self* escolhido:

Agora, escreva a partir de outro *self* emocional (ansioso/triste/zangado).

Self escolhido:

Use o tempo que precisar para acessar e incorporar seu *self* compassivo. Quando estiver pronto, escreva a partir da perspectiva do seu *self* compassivo, abordando cada *self* emocional, bem como a situação externa. A partir dessa perspectiva compassiva, como você entenderia as perspectivas desses *selves* emocionais em relação a essa situação difícil? Como você poderia oferecer compreensão, apoio e encorajamento a cada um desses *selves* emocionais? Como essa versão bondosa, sábia, zangada e triste de você funcionaria com essa situação desafiadora?

Embora o espaço nos impeça de demonstrar, essa é outra prática para a qual a díade de coterapia limitada pode ser útil, com o "terapeuta" fornecendo estímulos para o indivíduo fazer o exercício para mudar de perspectiva e explorar as diferentes perspectivas emocionais, facilitando a capacidade do *self* compassivo de trazer compaixão para os vários *selves* emocionais e para a própria situação (um exemplo de como pode ser um diálogo como esse está incluído em Kolts, 2016, pp. 183-191).

PERGUNTAS PARA AUTORREFLEXÃO

Como foi sua experiência com este exercício de escrita dos múltiplos *selves*? Como foi se engajar na escrita livre? O processo de anotar seus pensamentos e suas experiências contribui para a conexão com cada emoção? Quais são as implicações clínicas disso?

Você notou alguma reação intensa ou difícil a um *self* emocional em particular? Você notou alguma evitação? Você notou uma preferência por algum *self* emocional em particular? O que essas reações significam para você?

Como é trazer compaixão para diferentes partes de si mesmo? Você notou bloqueios ou dificuldades? Em caso afirmativo, como lidou com eles?

Como terapeuta, como a presença de diferentes *selves* emocionais influencia a sua terapia ou a sua supervisão? Você consegue pensar em um cliente para quem essa exploração poderia ser útil? Como?

_____
_____
_____
_____
_____
_____
_____
_____
_____
_____
_____
_____
_____
_____
_____

Como sua experiência com a prática de múltiplos *selves* se relaciona com a sua compreensão do modelo da TFC?

_____
_____
_____
_____
_____
_____
_____
_____
_____
_____
_____
_____
_____
_____
_____

Módulo 31
Apego e o *self* profissional

Ao longo deste livro, concentramo-nos na utilização da autoprática/autorreflexão (AP/AR) para ajudá-lo a aprender a terapia focada na compaixão (TFC) de dentro para fora. Ao fazer isso, você trouxe sua atenção (e, esperamos, alguma compaixão) para aspectos tanto da sua vida pessoal quanto profissional. Muitas das práticas provavelmente o orientaram a explorar e trazer compaixão para questões que surgem na sua vida pessoal. Depois disso, tentamos utilizar perguntas de ligação nas reflexões para estimular a consideração de como você poderia fazer uso dessa experiência pessoal em seu trabalho profissional com os clientes e na sua compreensão mais geral da TFC. À medida que nos aproximamos do final deste livro, utilizaremos os módulos finais para focar mais especificamente no seu *self* profissional e em como podemos trazer a exploração compassiva para nos compreendermos e nos desenvolvermos como terapeutas.

O Módulo 10 focou na exploração da dinâmica do apego na sua vida pessoal. Neste módulo, usaremos as lentes do apego para considerar a dinâmica das relações na sua vida profissional. Vamos começar fazendo-o revisitar o questionário breve de apego que agora você já viu várias vezes. No entanto, você pode *observar que esta versão do questionário foi alterada para que as perguntas se refiram especificamente a relações profissionais* – suas relações com clientes, colegas, supervisores, supervisionandos e afins. Ao responder, concentre-se em um grupo desses relacionamentos (p. ex., clientes ou colegas) de cada vez. Use seu julgamento profissional quanto à adequação dos diferentes tipos de interações e interprete as perguntas como referentes a informações apropriadas ao respectivo relacionamento (p. ex., discutir com um cliente problemas e preocupações relevantes para a terapia seria apropriado, ao passo que não seria apropriado explorar problemas do ambiente de trabalho com os clientes – mas essa conversa seria apropriada se discutida com supervisores ou colegas). Além disso, provavelmente você se lembra de que a direção dos números muda no meio da medida, já que os quatro primeiros itens têm pontuação invertida, de modo que tudo o que você precisa fazer ao terminar é somar as pontuações que circulou.

ECR-RS

Por favor, leia cada afirmação a seguir e classifique até que ponto você acha que cada afirmação melhor descreve os seus sentimentos sobre suas **relações profissionais**.	Discordo totalmente						Concordo totalmente
1. Me ajuda recorrer às pessoas em momentos de necessidade.	7	6	5	4	3	2	1
2. Costumo discutir meus problemas e preocupações com os outros.	7	6	5	4	3	2	1
3. Costumo falar sobre as coisas com as pessoas.	7	6	5	4	3	2	1
4. Acho fácil depender dos outros.	7	6	5	4	3	2	1
5. Não me sinto à vontade para me abrir com os outros.	1	2	3	4	5	6	7
6. Prefiro não mostrar aos outros como me sinto no meu íntimo.	1	2	3	4	5	6	7
7. Preocupo-me frequentemente que os outros possam não gostar realmente de mim.	1	2	3	4	5	6	7
8. Tenho medo de que os outros me abandonem.	1	2	3	4	5	6	7
9. Preocupo-me que os outros não se preocupem comigo tanto quanto eu me preocupo com eles.	1	2	3	4	5	6	7

Adaptada de Mikulincer e Shaver (2016). Copyright © 2016 The Guilford Press. Reproduzida em *Experimentando a terapia focada na compaixão de dentro para fora: um manual de autoprática/autorreflexão para terapeutas*, de Russell L. Kolts, Tobyn Bell, James Bennett-Levy e Chris Irons (Artmed, 2025). Este formulário é gratuito para reprodução e uso pessoal. Aqueles que adquirirem este livro podem fazer o *download* de cópias adicionais deste material na página do livro em loja.grupoa.com.br.

> Evitação de apego (soma dos itens 1-6): _____
> Ansiedade de apego (soma dos itens 7-9): _____

Como já exploramos, um tema da TFC é que nossas experiências de vida nos moldam de maneiras que não podemos escolher ou planejar, mas que influenciam profundamente nosso funcionamento em vários domínios da vida – e, na vida profissional de um terapeuta, talvez seja difícil encontrar um exemplo mais relevante do que nossos padrões de apego. Embora muitos locais de trabalho envolvam a interação com outras pessoas, nossa capacidade de formar e manter relacionamentos de apoio com os outros é particularmente relevante para a vida profissional dos terapeutas, pois as evidências sugerem que a qualidade da relação terapêutica representa um determinante primário dos resultados dos clientes (Martin, Garske, & Davis, 2000). Embora haja menos pesquisas definitivas falando sobre o impacto direto das relações do terapeuta com seus colegas e supervisores, é seguro dizer que esses relacionamentos podem ter implicações significativas para o curso da nossa vida profissional. Iniciando pelas perguntas agora familiares sobre ansiedade e evitação do apego que você respondeu anteriormente neste módulo, o restante do módulo o orienta quanto à reflexão sobre suas experiências de apego e como elas influenciam os vários relacionamentos na sua vida profissional com clientes, colegas e supervisores. Vamos começar examinando o exemplo de Joe.

EXEMPLO: Apegos profissionais de Joe

Na sua posição profissional atual, como você vivencia seus relacionamentos? Você se sente confortável em estabelecer relações com os clientes, os colegas e os supervisores?

Essa é uma pergunta complicada. Anteriormente na minha carreira, eu teria dito que isso não era problema. Até o meu cargo anterior, sempre me senti bem com meu relacionamento com as pessoas no local de trabalho – clientes, colegas e supervisores. É claro que havia pessoas que eram mais difíceis de conhecer, mas isso era de esperar. Mas a dinâmica no meu novo trabalho é diferente e, definitivamente, me deixou no limite – principalmente com meu supervisor, mas também um pouco com os colegas e, até certo ponto, com os clientes.

Como é seu relacionamento com os clientes? Você acha fácil ou desafiador estabelecer relações com eles? Surgiu algum obstáculo nas suas relações com os clientes?

De modo geral, tenho sido bom no estabelecimento de relações com os clientes, e esse ainda é o caso, em sua maioria. Meus clientes são o mesmo que sempre foram, procurando-me em busca de ajuda. Então, ainda que as relações com meus clientes possam ser desafiadoras algumas vezes, isso na verdade não me incomoda, pois é fácil aceitar que lidar com essas relações faz parte do trabalho da terapia. No emprego novo, às vezes tive dificuldade para me manter tão focado quanto gosto na terapia se tinha interações frustrantes com meu supervisor um pouco antes, mas comecei a tirar alguns minutos antes das sessões para fazer um exercício de respiração e centrar minha mente no cliente que está chegando, e parece que isso ajudou.

Como é seu relacionamento com os colegas? Você tem colegas com quem se sente seguro para explorar problemas e dificuldades? Para você, é fácil ou difícil se sentir próximo de seus colegas?

As coisas com os colegas estão melhorando. Durante algum tempo, parecia haver uma dinâmica competitiva entre todos nós. Havia tanto foco na produtividade que o nível de estresse no trabalho parecia fazer as pessoas não confiarem ou não se conectarem umas com as outras, e por algum tempo era como se fosse um jogo paralelo – todos nós simplesmente baixávamos nossas cabeças, atendíamos nossos clientes e íamos para casa sem realmente interagirmos muito, nem mesmo durante as reuniões de equipe, em que Gary (meu supervisor) tende a dominar as coisas. Eu não gostava disso, pois era muito desconfortável, e precisávamos ser capazes de consultar uns aos outros sobre os casos. É muito mais agradável quando as pessoas estão se dando bem, como acontecia no último local onde trabalhei. Felizmente, todos nós saímos para tomar uns drinques há cerca de um mês e ficamos falando sobre Gary e o quanto a situação era frustrante para todos nós. Parecia que estávamos realmente ligados por esse tipo de trauma compartilhado que estávamos vivenciando no trabalho. Isso ajudou, e as coisas parecem estar muito melhores agora. Consultei alguns dos meus colegas sobre casos, e as coisas parecem muito mais confortáveis. Até saí para correr com uma delas, que pode acabar se tornando uma amiga próxima.

Como é seu relacionamento com seus supervisores? Você tem supervisores com quem se sente seguro para explorar problemas e dificuldades? Para você, é fácil ou difícil se sentir próximo dos seus supervisores?

Ainda há uma dificuldade. Historicamente, sempre me dei bem com meus supervisores e me senti muito próximo deles, ou pelo menos senti que eles me apoiavam. Gary com certeza não é assim, mas, considerando o que já ouvi dos meus colegas, isso tem a ver com ele, não comigo. Ele ainda insiste em falar sobre produtividade, mas todos os nossos números estão na faixa aceitável, então meio que aprendemos a ignorá-lo e a focar no trabalho. Trabalhar nesse programa me ajudou a parar de me apegar à minha raiva contra ele e a colocar mais energia em relações que são úteis, como com meus colegas e minha família. Isso tem me ajudado muito. Eu meio que espero que Gary acabe assumindo outra posição em algum momento – se isso acontecesse, acho que eu poderia ter um bom relacionamento com um novo supervisor.

Levando em consideração o que descreveu em suas respostas anteriores, como você poderia trazer compaixão para a sua compreensão das suas relações profissionais? Considerando esses relacionamentos e a dinâmica do seu histórico de apego, o que seu *self* compassivo – a versão mais bondosa, mais sábia e mais corajosa de você – gostaria que você entendesse sobre essas relações? Como esse *self* compassivo o validaria, apoiaria e encorajaria ao enfrentar relações desafiadoras na sua vida profissional?

Algumas coisas me vêm à mente. Primeiro, meu *self* compassivo me lembraria de que há muitas coisas sobre o meu trabalho – principalmente meu supervisor e seu comportamento – que estão fora do meu controle, não são culpa minha e é improvável que mudem. Diante disso, provavelmente faz mais sentido que eu me concentre em aceitar essas coisas e trabalhe com as coisas que posso influenciar para tornar o trabalho o mais gratificante possível. Tenho feito mais isso ultimamente. Tenho me preocupado muito menos com as coisas (os exercícios respiratórios e de imagem mental têm ajudado nisso). É importante que eu me lembre de que isso não tem a ver comigo, que outras pessoas estão tendo dificuldade com as mesmas coisas. Em relação a isso, sinto-me bem por finalmente ter algumas relações satisfatórias com meus colegas no trabalho, e quero investir mais nessas conexões. Mas estou me saindo melhor com isso – até minha esposa notou –, portanto acho que meu *self* compassivo me lembraria disso e me encorajaria a seguir em frente.

> **Você consegue identificar alguma área em que cresceu ou melhorou quando se trata de trabalhar compassivamente com essa situação? Que passo você poderia dar nessa direção?**
>
> *Sobretudo, quero manter o progresso que fiz e continuar a desenvolvê-lo. Acho que vou perguntar à Alison [colega de trabalho] se ela gostaria que corrêssemos juntos com mais regularidade. Além disso, em meu emprego anterior, tivemos um clube de revistas científicas por um tempo – aquela era uma boa maneira de acompanhar um pouco a literatura e ter conexões divertidas com meus colegas. Seria bom ter um clube de revistas ou clube de livros. Isso me ajudaria a sentir que estou fazendo algo a mais para estar no meu auge para meus clientes também. Cabe salientar que também pensei em procurar supervisão externa, uma ou duas vezes por mês. A de Gary não é útil nesse aspecto, mas isso não significa que eu não possa encontrar uma maneira de receber uma supervisão significativa.*

Depois de ter examinado a experiência de Joe, talvez você precise de alguns minutos para se acomodar. Reserve um momento para revisar suas respostas na escala Experiences in Close Relationships (ECR) e, depois, reflita sobre suas próprias experiências de apego na sua vida profissional.

✍ EXERCÍCIO. Explorando meus apegos profissionais

Na sua posição profissional atual, como você vivencia seus relacionamentos? Você se sente confortável em estabelecer relações com os clientes, os colegas e os supervisores?

Como é seu relacionamento com os clientes? Você acha fácil ou desafiador estabelecer relações com eles? Surgiu algum obstáculo nas suas relações com os clientes?

Como é seu relacionamento com os colegas? Você tem colegas com quem se sente seguro para explorar problemas e dificuldades? Para você, é fácil ou difícil se sentir próximo de seus colegas?

Como é seu relacionamento com seus supervisores? Você tem supervisores com quem se sente seguro para explorar problemas e dificuldades? Para você, é fácil ou difícil se sentir próximo dos seus supervisores?

Levando em consideração o que descreveu em suas respostas anteriores, como você poderia trazer compaixão para a sua compreensão das suas relações profissionais? Considerando esses relacionamentos e a dinâmica do seu histórico de apego, o que seu *self* compassivo – a versão mais bondosa, mais sábia e mais corajosa de você – gostaria que você entendesse sobre esses relacionamentos? Como esse *self* compassivo o validaria, apoiaria e encorajaria ao assumir relacionamentos desafiadores na sua vida profissional?

Você consegue identificar alguma área em que cresceu ou melhorou quando se trata de trabalhar compassivamente com essa situação? Que passo você poderia dar nessa direção?

PERGUNTAS PARA AUTORREFLEXÃO

Como foi focar na forma como seu estilo de apego se manifesta na sua vida profissional? Que pensamentos e sentimentos passaram pela sua mente enquanto considerava essas questões? Que sistemas motivacionais foram despertados?

Se surgiu algum obstáculo enquanto fazia os exercícios, como você lidou com eles?

Como sua experiência com as relações de apego na sua vida profissional coincide com as da sua vida pessoal? Como você entende isso?

_____
_____
_____
_____
_____
_____
_____
_____
_____
_____
_____
_____

Foi fácil ou difícil sentir compaixão por si mesmo no contexto profissional? Como você se sente agora em comparação com o que pode ter sentido no início do programa de AP/AR? Há alguma implicação para o seu trabalho com seus clientes?

_____
_____
_____
_____
_____
_____
_____
_____
_____
_____
_____
_____

Como sua experiência com este módulo afeta sua compreensão da teoria do apego?

Módulo 32

O supervisor interno compassivo

Como mencionado anteriormente, é útil ancorar a terapia em alvos dos níveis do processo (p. ex., aumentar a consciência atenta, cultivar a motivação compassiva, construir tolerância ao mal-estar), em vez de baseá-la em técnicas específicas. Com base na observação de que muitos dos terapeutas que eles encontraram identificaram que se sentiam confortáveis quando estendiam a compaixão *aos* outros, mas frequentemente tinham dificuldade para receber e fazer uso da compaixão oferecida *pelos* outros, Bell, Dixon e Kolts (2016) desenvolveram o exercício do supervisor interno compassivo para direcionar o fluxo da compaixão do outro para si mesmo de uma maneira que se relacione especificamente com os terapeutas. Esse exercício é uma adaptação do exercício do "nutridor perfeito", desenvolvido pela psicóloga Deborah Lee (2005; uma adaptação da prática de imagem compassiva de Paul Gilbert), em que o cliente imagina estar sendo nutrido por um ser compassivo ideal que é acolhedor, compreensivo e prestativo. Esse exercício de visualização é semelhante às práticas utilizadas em várias tradições espirituais, nas quais um ser espiritual é focalizado e conectado por meio da oração (p. ex., Leighton, 2003). Na terapia focada na compaixão (TFC), entendemos que nossa herança evolutiva moldou nosso cérebro para responder positivamente quando somos cuidados e apoiados por outras pessoas. A prática do nutridor perfeito usa a imagem mental para acessarmos e aproveitarmos a experiência de sermos cuidados, incondicionalmente, como um meio de ajudar a nos sentirmos seguros, apoiados e tranquilizados.

O termo *supervisor interno* foi usado pela primeira vez por Patrick Casement (1985) para descrever como um supervisionando forma uma representação internalizada do seu supervisor e do processo de supervisão (ou seja, como as ideias e os pontos de vista do supervisor são integrados aos do supervisionando). Neste exercício, focamos na utilização da imagem mental para criar um supervisor *compassivo*. Seu supervisor interno compassivo será ideal para você, incorporando e expressando qualidades compassivas para apoiá-lo no seu trabalho clínico como terapeuta. Essas qualidades podem incluir força e tolerância ao mal-estar para ajudá-lo a enfrentar, tolerar e trabalhar com as questões que você pode preferir evitar na terapia, ou você pode escolher uma sensação de afetuosidade e bondade para ajudá-lo a se sentir seguro e encorajado. Seu supervisor interno pode incorporar qualidades de sabedoria, ajudando-o a adotar uma perspectiva compassiva em relação às dificuldades que você encontrar como um profissional preocupado. É importante lembrar que seu supervisor compassivo é uma criação sua e, portanto, é perfeito para você – sabendo exatamente do que você precisa e o que seria útil para você. Durante o exercício, pode ser benéfico concentrar-se no compromisso e na intenção compassivos do seu supervisor interno, imaginando que essa criação interna está motivada unicamente para ser útil, para entendê-lo completamente e para nunca o decepcionar ou criticar. Se você perceber que a sua imagem está se tornando crítica ou rude, sem autoridade ou adotando qualidades que não são úteis para você, concentre-se novamente em tentar criar as qualidades que você *consideraria* úteis em seu supervisor.

Antes de iniciarmos o exercício de imagem mental, use as perguntas no quadro a seguir (adaptado de Gilbert, 2010) para considerar o que tornaria seu supervisor ideal para você.

MEU SUPERVISOR INTERNO COMPASSIVO

Como você gostaria que o seu supervisor compassivo fosse (p. ex., aparência física, expressões faciais)?

Como você gostaria que seu supervisor compassivo soasse (p. ex., tom de voz)?

Que tipo de qualidades e atitudes você gostaria que seu supervisor compassivo incorporasse e expressasse para você quando estiver experimentando dificuldades como terapeuta (p. ex., não julgamento, força e sabedoria, atenção, autenticidade)?

Como você gostaria que seu supervisor compassivo se relacionasse ou interagisse com você?

Como você gostaria de se relacionar com seu supervisor compassivo?

Como você gostaria de interagir com seu supervisor compassivo?

De *Experimentando a terapia focada na compaixão de dentro para fora: um manual de autoprática/autorreflexão para terapeutas*, de Russell L. Kolts, Tobyn Bell, James Bennett-Levy e Chris Irons (Artmed, 2025). Este formulário é gratuito para reprodução e uso pessoal. Aqueles que adquirirem este livro podem fazer o *download* de cópias adicionais deste material na página do livro em loja.grupoa.com.br.

Agora, encontre um lugar tranquilo onde provavelmente não seja incomodado. O exercício a seguir leva cerca de 15 minutos. Sinta-se à vontade para interromper o exercício e fazer uma respiração de ritmo calmante a qualquer momento, pelo tempo que precisar, antes de voltar sua atenção para o foco da prática.

🖐 EXERCÍCIO. Criando seu supervisor interno compassivo

1. Comece adotando uma postura ereta, aberta, confortável e alerta. Feche os olhos (ou abaixe o olhar), relaxe o rosto e permita que sua boca forme um sorriso leve e afetuoso. Passe 1 minuto praticando sua respiração de ritmo calmante.
2. Traga à sua mente um lugar seguro e confortável onde gostaria de encontrar seu supervisor compassivo.
3. Quando se sentir tranquilo em seu local seguro, imagine seu supervisor aparecendo diante de você. Como anotou anteriormente, imagine a aparência física do seu supervisor – sua expressão facial, postura e movimentos compassivos. Imagine-se ouvindo seu tom de voz compassivo (talvez dizendo seu nome de forma tranquilizadora). Imagine seu supervisor sentado ou em pé ao seu lado. Concentre-se em como você se sentiria na presença dessa pessoa verdadeiramente compassiva, permitindo-se estar aberto à sua atenção e ao seu interesse bondosos.
4. Imagine seu supervisor incorporando todas as qualidades que seriam ideais para você e que ajudariam a validar, apoiar e encorajar seu trabalho como terapeuta. Imagine como seu supervisor se expressaria e demonstraria essas qualidades para você e como você se sentiria recebendo essa compaixão dele.
5. Agora, vamos nos concentrar em algumas qualidades e atributos específicos do seu supervisor interno e como estão relacionados com o seu papel como terapeuta:
   - *Sabedoria*. Imagine que seu supervisor compassivo tem uma sabedoria profunda, talvez devido às suas próprias experiências pessoais de dor e sofrimento, ou devido ao seu desenvolvimento como terapeuta ao longo de muitos anos. Seu supervisor compreende verdadeiramente as dificuldades que você experimenta como terapeuta, e sempre o ajudará a adotar uma perspectiva sábia e compassiva. Esse supervisor verá as suas experiências em um contexto mais amplo, com a percepção de que, como humanos, estamos simplesmente presos no fluxo da vida, com uma mente e emoções que são difíceis de gerenciar. Imagine a empatia do seu supervisor e seu sentimento de ser profundamente compreendido.
   - *Afetuosidade*. Seu supervisor também é muito gentil, bondoso e tem um cuidado incondicional com você. Imagine como seria se sentir completamente seguro e aceito na presença do seu supervisor (não se preocupe se você se sente ou não seguro e aceito; a chave para o exercício é imaginar como seria *se você se sentisse assim*). Observe os sentimentos que surgiriam em você.
   - *Força*. Imagine que seu supervisor também incorpora maturidade, autoridade e confiança. Seu supervisor não fica sobrecarregado pelas suas experiências difíceis ou seus medos ou frustrações, mas se mantém presente e responsivo a tudo o que você trouxer. Imagine-se sentindo a confiança do seu supervisor em você e na sua capacidade de se voltar para as coisas que você acha difíceis na terapia e trabalhar com elas. Concentre-se na força que seu supervisor lhe dá para ser o melhor terapeuta que puder.
   - *Compromisso*. Imagine que seu supervisor está profundamente comprometido em ajudá-lo a lidar com suas experiências difíceis e em lhe oferecer compreensão, apoio e encorajamento para ajudá-lo a fazer isso.

6. Imagine seu supervisor falando com você com uma voz afetuosa e apoiadora, transmitindo seu cuidado e compromisso com você na forma dos seguintes desejos:
   - *"[Seu nome], que você seja livre de sofrimento."*
   - *"[Seu nome], que você seja feliz."*
   - *"[Seu nome], que você prospere."*
   - *"[Seu nome], que você encontre paz."*
   - Imagine-se ouvindo esses desejos e esperanças expressos para você durante o próximo minuto.
7. Quando estiver pronto, permita que a imagem do seu supervisor desapareça. Conclua o exercício, reconectando-se com sua respiração de ritmo calmante. Abra os olhos e reajuste-se à sala.

Depois de concluir o exercício, registre suas experiências a seguir. No exemplo de Joe, ele identifica suas experiências automáticas primárias (p. ex., sentir-se ansioso e com as mãos ficando tensas) e como ele reagiu e, depois, se relacionou com essas experiências (p. ex., inicialmente sendo crítico, mas depois mudando a atenção e usando seu corpo para se reconectar com o exercício). Você poderá desejar refletir sobre estas duas camadas: experiência automática primária (p. ex., sensações corporais, emoções/sentimentos, pensamentos ou imagens iniciais) e, depois, sua resposta a essas experiências.

EXEMPLO: Reflexão de Joe sobre a prática do supervisor interno compassivo

Como foi a sua experiência? O que você imaginou? O que você notou em seu corpo e em suas emoções? Como você reagiu ou se relacionou com suas experiências?

Achei que este exercício seria muito difícil, já que não acho meu supervisor atual tão apoiador assim. No início, a palavra supervisor foi um pouco dissonante por causa dessa associação. Mas, durante o exercício, comecei a pensar sobre o que eu precisava de um supervisor – o que eu precisava para me sentir seguro o suficiente para falar sobre as coisas que acho difíceis ao fazer terapia. Meu antigo supervisor me veio à mente, mas então a imagem se transformou em outra pessoa que tinha muitas das suas qualidades. Não ser julgado era a principal. Comecei a sentir que tudo o que eu dissesse, pensasse ou sentisse estaria bem e seria compreendido. Senti-me livre. Depois, ouvir aqueles desejos pareceu estranho – um pouco intenso quando a imagem realmente disse meu nome. Percebi meu corpo se contraindo e minhas mãos ficando tensas, e me senti ansioso. Comecei a ficar um pouco crítico comigo mesmo, mas pratiquei o retorno da minha atenção, abrindo os ombros e as mãos e levantando a cabeça. Isso é algo que quero voltar a fazer.

✍ **EXERCÍCIO.** Minha reflexão sobre a prática do supervisor interno compassivo

Como foi a sua experiência? O que você imaginou? O que você notou em seu corpo e em suas emoções? Como você reagiu ou se relacionou com suas experiências?

💭 **PERGUNTAS PARA AUTORREFLEXÃO**

Em que contextos você consegue se imaginar usando seu supervisor interno compassivo no futuro?

Há alguma coisa que você poderia fazer de maneira diferente nesses diferentes contextos?

Módulo 33

Usando seu supervisor interno compassivo para trabalhar com uma dificuldade

No módulo anterior, você conheceu a prática do supervisor interno compassivo. Agora, nós nos concentraremos em colocar seu supervisor interno para trabalhar. Antes de tentar este exercício, vale a pena repetir o exercício do Módulo 32 quantas vezes forem necessárias para ter uma boa noção do seu supervisor compassivo. Como em todos os exercícios de imagem mental na terapia focada na compaixão (TFC), o objetivo não é criar uma imagem com clareza fotográfica, mas sim uma *experiência mental* – concentrando-se na sensação que a imagem gera e na sua intenção e disposição para desenvolver essas experiências de compaixão.

Neste exercício, você trará à sua mente uma dificuldade que teve como terapeuta. Essa dificuldade pode ser o trabalho com um cliente específico, a aplicação de uma determinada intervenção na terapia ou alguma coisa mais geral sobre seu papel como terapeuta. Se estiver praticando o exercício pela primeira vez, escolha uma dificuldade que não lhe cause altos níveis de mal-estar ou desconforto.

EXERCÍCIO. O supervisor interno compassivo: trabalhando com a dificuldade

1. Tal como o exercício anterior, feche os olhos e comece sua respiração de ritmo calmante. Adote uma expressão facial amistosa e uma postura aberta, confortável e alerta.

    Traga à sua mente a imagem do seu supervisor compassivo. Passe o tempo que precisar imaginando como ele se parece, soa, move-se e interage com você em um contexto da sua escolha.

2. Agora, traga à sua mente uma dificuldade em particular que você está experienciando em seu trabalho como terapeuta. Pode ser seu trabalho com um cliente em particular ou uma experiência de terapia em que você se sente um pouco travado ou reativo.

    Imagine-se compartilhando sua dificuldade com seu supervisor: compartilhando a natureza do problema e os detalhes do que ocorreu, bem como suas experiências internas (seus pensamentos, sentimentos e impulsos). Você pode observar uma mistura de diferentes emoções sobre a situação, como ansiedade, raiva, dor ou decepção. Veja se consegue se permitir compartilhar todas elas.

Você pode imaginar seu supervisor ajudando-o, gentilmente fazendo as seguintes perguntas:
- *O que você considera perturbador ou ameaçador na situação?*
- *O que você teme?*
- *Que parte de você se sente mais vulnerável?*
- *O que você acha que essa dificuldade diz sobre você e sobre suas habilidades como terapeuta?*
- *Que parte de você ou da sua experiência precisa de aceitação?*

Imagine-se compartilhando as coisas que você acha difíceis ou assustadoras acerca desse determinado problema ou cenário. Permita-se sentir-se ouvido pelo seu supervisor com sensibilidade profunda, aceitação e encorajamento. Imagine-se sentindo que você pode contar ao seu supervisor qualquer aspecto da sua experiência – fantasias, medos, desejos e frustrações – e que seu supervisor interno ouve tudo com apoio e sem julgamento.

3. Depois disso, imagine seu supervisor compassivo demonstrando *bondade*, *cuidado* e *afetuosidade* em relação às dificuldades que você está vivenciando. Como você gostaria que ele expressasse esse cuidado? Tenha em mente a motivação compassiva do supervisor: estar presente unicamente para apoiar você e seu trabalho. Imagine o tom de voz gentil e a expressão facial do seu supervisor ao falar com você e expressar palavras de cuidado e apoio genuínas. Observe como se sentiria ao receber essa bondade e cuidado. Se tiver dificuldade para aceitar esse cuidado e bondade, imagine como seria *se você pudesse aceitá-los*. Você também pode imaginar seu supervisor trazendo uma sensação de calor e aceitação para alguma parte de você que se sinta resistente a esse cuidado.

4. Agora, imagine seu supervisor demonstrando uma *compreensão profunda* das suas experiências. Ele entende que a dor e as dificuldades fazem parte de ser humano: parte de ter um cérebro humano, de ter emoções e motivações da natureza fluindo através de você; parte de ser um profissional interessado e envolvido com o sofrimento dos outros; e parte do nosso condicionamento como indivíduos. Seu supervisor compreende os desafios que podem surgir na terapia e as emoções que esses desafios podem desencadear em nós e tem um respeito profundo pelo fato de que você escolheu uma carreira em que entraria diretamente em contato com o sofrimento das pessoas para poder ajudá-las. Imagine seu supervisor expressando empatia por você, entendendo as reações do seu sistema de ameaça e as maneiras pelas quais essas reações podem se entrelaçar com as de seus clientes ou colegas. Imagine como seu supervisor pode ver suas dificuldades por uma perspectiva profundamente compassiva.

5. Em seguida, concentre-se na *força*, *autoridade* e *maturidade* que ele incorpora e compartilha com você. Imagine seu supervisor compassivo ajudando-o a tolerar e abordar as coisas que estão lhe causando mal-estar, satisfazendo essas dificuldades com um senso de estabilidade e força. Você pode imaginar que estar com seu supervisor compassivo lhe dá maturidade e confiança para aceitar e ouvir ainda mais atentamente a verdade da sua experiência, sua dor ou sua vulnerabilidade, dando-lhe força e confiança para aprender com essa luta. Imagine-se tendo a autoridade pessoal para reconhecer áreas da sua prática que você quer melhorar. Seu supervisor confia nas suas capacidades e na sua resiliência e pode ver seu crescimento a partir dessa experiência.

6. Agora, com uma sensação de afetuosidade, compreensão e força, imagine-se refletindo com seu supervisor sobre *o que você precisa*. Talvez você se imagine falando a partir de

seus medos pessoais ou vulnerabilidades que identificou: o que esses medos ou ameaças precisam para encontrar paz ou aceitação? O que você precisa para se sentir cuidado e seguro? Que emoções ou experiências podem exigir atenção cuidadosa? Imagine seu supervisor oferecendo o cuidado de que você precisa e se permita experimentar esse cuidado da forma mais completa possível. Se encontrar alguma resistência em suas emoções ou seus pensamentos, o que essa parte de você precisa para se sentir segura? Que mensagem compassiva você precisaria ouvir para se sentir aceito e apoiado? Imagine seu supervisor compassivo transmitindo essa mensagem para você.

7. Por fim, imagine-se discutindo com seu supervisor a *ação mais habilidosa* que você poderia tomar. Seu supervisor tem um respeito profundo pelo seu compromisso de ajudar outras pessoas e está motivado unicamente para ajudá-lo a se tornar o terapeuta que você quer ser. Imagine-se refletindo com seu supervisor sobre a ação que você poderia tomar para apoiar a si mesmo e aos seus clientes na terapia ou para apoiar seu desenvolvimento contínuo como terapeuta. Essa ação pode envolver um foco em como você pode trabalhar compassivamente com essas dificuldades na próxima vez que ocorrerem. Você pode refletir sobre como abordar essas dificuldades com seu cliente. Essa ação também pode envolver autocuidado para você pessoalmente, aprendendo a apoiar a si mesmo na criação de experiências de segurança e conexão fora do consultório. Passe os próximos 30 segundos refletindo sobre ações potenciais que você pode tomar para seu desenvolvimento compassivo como terapeuta.

8. Termine o exercício, reconectando-se com sua respiração de ritmo calmante e retornando aos desejos incondicionais do seu supervisor para você:
   - *Que você esteja livre de sofrimento.*
   - *Que você seja feliz.*
   - *Que você prospere.*
   - *Que você encontre paz.*

   Dê a si mesmo o tempo que precisar para descansar com sua respiração de ritmo suave. Quando estiver pronto, permita que a imagem do seu supervisor desapareça. Abra os olhos e se reajuste ao ambiente.

Depois que tiver praticado o exercício anterior, dê uma olhada na Folha de atividade do supervisor compassivo de Fátima, a seguir, para ver como ela se engajou no exercício. Depois, utilize a Folha de atividade do supervisor compassivo disponibilizada mais adiante para documentar e explorar melhor a perspectiva e o apoio do seu supervisor interno compassivo. Participantes anteriores em um programa de pesquisa relacionado (Bell et al., 2016) relataram maiores benefícios quando praticaram alternativamente os exercícios "Criando seu supervisor interno compassivo" e "Trabalhando com a dificuldade", deste módulo e do Módulo 32, diariamente durante 2 semanas. Depois de 2 semanas, os participantes foram capazes de acessar o supervisor interno de forma rápida e independente, integrando, assim, o exercício à sua rotina de trabalho (p. ex., utilizando as folhas de atividades depois ou antes de atender um cliente com que encontraram dificuldade). Portanto, sugerimos que você pratique um dos exercícios do supervisor interno diariamente durante 2 semanas e, depois, os utilize conforme a sua conveniência. Se decidir fazer isso, recomendamos que complete uma Folha de atividade do supervisor compassivo após praticar os exercícios de imagem mental por alguns dias, antes ou depois da sua prática clínica.

FOLHA DE ATIVIDADE DO SUPERVISOR COMPASSIVO DE FÁTIMA

Situação ou dificuldade	Sua reação à ameaça, medos relacionados e pensamentos autocríticos	
Trabalhando com um cliente com transtorno de ansiedade generalizada [TAG] e ficando perdida em todas as preocupações.	*Não levei essa cliente para a supervisão porque fico muito constrangida por já ter realizado tantas sessões e ainda não ter descoberto como ajudá-la.* *Não gosto de trabalhar com TAG. Eu devia ter lido mais e ter me preparado melhor. Senti-me ansiosa por interrompê-la durante a sessão – parecia rude, e, depois, era tarde demais, e eu simplesmente me desliguei.*	Traga à mente o seu supervisor interno compassivo e permita-se sentir seu apoio, cuidado e motivação compassiva. Imagine seu supervisor compartilhando sua perspectiva compassiva e sabedoria, ajudando-a a entender suas experiências e reações a partir de uma posição de segurança e força. Use seu supervisor compassivo para reestruturar seus pensamentos críticos e ajudá-lo a focar em seu potencial para se desenvolver – para ser o melhor terapeuta que puder ser. Imagine que seu supervisor está absorvendo todos os aspectos da sua prática, ampliando sua atenção para captar elementos e possibilidades positivas. *Lamento saber que as coisas têm sido difíceis com a sua cliente. Considerando o quanto você tem estado ocupada, tanto dentro quanto fora do trabalho, faz sentido que seus recursos pareçam insuficientes no momento, não é?* *Faz sentido que a sua mente tenha sido atraída para as coisas que você acha que estão dando errado. Lembre-se de que este é o seu sistema de ameaça trabalhando para ajudá-la, monitorando as coisas que ameaçam como terapeuta, por exemplo, quando você se compara com outros terapeutas. Você se preocupa com a sua cliente e com seu bem-estar, e fico satisfeita que esteja preocupada com os cuidados e o progresso dela – essa é uma prova da sua compaixão e do seu compromisso. Há muitas coisas que você está fazendo bem, tanto com esta cliente quanto com muitos outros, mas, quando está se sentindo ansiosa e ameaçada, essas coisas, naturalmente, podem ser difíceis de lembrar. Você se envolveu bem com essa cliente, e ela começou a fazer mudanças.*

(Continua)

FOLHA DE ATIVIDADE DO SUPERVISOR COMPASSIVO DE FÁTIMA *(Continuação)*

Fico pensando se ela não estaria melhor com outro terapeuta. Preocupo-me com o fato de não estar lidando bem com a situação.	Você foi capaz de identificar áreas que gostaria de mudar em seu trabalho com essa cliente. Reconhecer isso, e como você se sente com isso, é o começo da compaixão – você está mostrando força e honestidade reais ao fazer isso. Você se sentiu insegura anteriormente com outros clientes, e aprendeu e cresceu com essas experiências. Que passos você poderia dar para desenvolver sua confiança nessa área? Você se perguntou se seus sentimentos de estar sobrecarregada e "desligada" são semelhantes a como sua cliente pode estar se sentindo – você pode usar essa percepção em seu trabalho. Você também pode falar com um colega sobre as dificuldades que está experimentando. Embora seja difícil fazer isso quando está insegura sobre como o tratamento está progredindo, seus colegas entenderão; eles já tiveram experiências parecidas como terapeutas. Na verdade, você já os ajudou exatamente com esse tipo de situação no passado, não é verdade? Trabalhar com pessoas angustiadas pode ser perturbador e estressante. Você se importa muito com seu trabalho e com as pessoas que apoia. Você também precisa de apoio. Pode ser importante pensar no que você precisa, também – nos próximos minutos, dias e semana. Confio plenamente na sua capacidade de continuar a crescer e se desenvolver como terapeuta. Não há nada de errado com você.

FOLHA DE ATIVIDADE DO MEU SUPERVISOR COMPASSIVO

Situação ou dificuldade	Sua reação à ameaça, medos relacionados e pensamentos autocríticos	Traga à mente o seu supervisor interno compassivo e permita-se sentir seu apoio, cuidado e motivação compassiva. Imagine seu supervisor compartilhando sua perspectiva compassiva e sabedoria, ajudando-o a entender suas experiências e reações a partir de uma posição de segurança e força. Use seu supervisor compassivo para reestruturar seus pensamentos críticos e ajudá-lo a focar em seu potencial para se desenvolver – para ser o melhor terapeuta que puder ser. Imagine que seu supervisor está absorvendo todos os aspectos da sua prática, ampliando sua atenção para captar elementos e possibilidades positivas.

De Experimentando a terapia focada na compaixão de dentro para fora: um manual de autoprática/autorreflexão para terapeutas, de Russell L. Kolts, Tobyn Bell, James Bennett-Levy e Chris Irons (Artmed, 2025). Este formulário é gratuito para reprodução e uso pessoal. Aqueles que adquirirem este livro podem fazer o download de cópias adicionais deste material na página do livro em loja.grupoa.com.br.

PERGUNTAS PARA AUTORREFLEXÃO

Como você experienciou o desenvolvimento e o uso do seu supervisor interno compassivo? Houve alguma surpresa? Você teve alguma dificuldade?

_____
_____
_____
_____
_____
_____
_____
_____
_____
_____
_____
_____

A partir da sua experiência com o desenvolvimento e a utilização do seu supervisor interno compassivo, você consegue identificar alguma ameaça importante, medo ou insegurança que frequentemente experimenta como terapeuta? Os exercícios o tornaram mais consciente deles?

_____
_____
_____
_____
_____
_____
_____
_____
_____
_____

Como você poderia usar seu supervisor interno compassivo para apoiá-lo durante, antes ou depois das sessões de terapia?

_____
_____
_____
_____
_____
_____
_____
_____
_____
_____

A partir da sua experiência com os exercícios, como você poderia ajudar os clientes ou os supervisionandos a desenvolverem seus próprios "nutridores perfeitos" ou imagens compassivas ideais? Como você pode ajudá-los a trabalhar com as dificuldades que eles encontrarem ao criar ou usar as práticas de imagem mental?

_____
_____
_____
_____
_____
_____
_____
_____
_____
_____
_____

Muitos dos exercícios nos módulos recentes usaram imagem mental. Como você vivenciou isso? A partir dessa experiência, na sua opinião, qual é o valor de usar imagem mental para desenvolver a compaixão? Como isso se relaciona com sua compreensão da TFC?

PARTE V

Refletindo sobre sua jornada de autoprática/autorreflexão na terapia focada na compaixão

Módulo 34

Mantendo e aprimorando o crescimento compassivo

O objetivo primário da terapia focada na compaixão (TFC) envolve capacitar os clientes a desenvolverem pontos fortes de compaixão para ajudá-los a trabalhar tanto seus problemas atuais quanto o que enfrentarão no futuro. Como discutimos, a TFC na verdade não tem a ver com ensinar técnicas de compaixão, mas sim com ajudar os clientes a cultivarem uma *vida compassiva* – maneiras de ser no mundo caracterizadas por curiosidade bondosa, consciência atenta, sabedoria compassiva e disposição corajosa para se envolver e trabalhar com a sua experiência, mesmo quando ela é desafiadora e desconfortável. *Especialmente* quando é desafiadora e desconfortável.

Quando a terapia chega ao fim, é importante refletir com o cliente sobre a jornada e criar um plano para trabalhar compassivamente com possíveis obstáculos e desafios que possam surgir no futuro, para que possa prepará-lo para continuar o processo de crescimento compassivo, mesmo quando a terapia tiver terminado. Neste módulo final, espelharemos esse processo para que você revisite as medidas que tem usado para acompanhar o progresso, reflita sobre o problema desafiador que identificou e considere como pode aproveitar o crescimento que observou durante o programa.

Um segundo objetivo deste módulo final envolve refletir sobre sua experiência de autoprática/autorreflexão (AP/AR) em relação ao seu desenvolvimento profissional na TFC. Você escolheu se envolver na TFC "de dentro para fora" por várias razões, talvez tanto profissionais quanto pessoais. O que você observou em relação à sua experiência? Alguns aspectos da experiência foram valiosos para você? Como esse processo poderia informar sua vida profissional e/ou pessoal no futuro? Esperamos que você possa tirar ensinamentos com a sua experiência de AP/AR com a TFC que contribuam para o seu desenvolvimento profissional e a sua vida pessoal como um ser humano que, como todos os outros, quer ser feliz e não sofrer.

✍️ EXERCÍCIO. Revisitando as medidas

Tal como fez anteriormente, avalie-se novamente nas medidas a seguir, da mesma forma que pediria a um cliente no final da terapia.

ECR-RS: PÓS-AP/AR

Por favor, leia cada afirmação a seguir e classifique até que ponto você acha que cada afirmação melhor descreve os seus sentimentos sobre as **relações íntimas em geral**.	Discordo totalmente						Concordo totalmente
1. Me ajuda recorrer às pessoas em momentos de necessidade.	7	6	5	4	3	2	1
2. Costumo discutir meus problemas e preocupações com os outros.	7	6	5	4	3	2	1
3. Costumo falar sobre as coisas com as pessoas.	7	6	5	4	3	2	1
4. Acho fácil depender dos outros.	7	6	5	4	3	2	1
5. Não me sinto à vontade para me abrir com os outros.	1	2	3	4	5	6	7
6. Prefiro não mostrar aos outros como me sinto no meu íntimo.	1	2	3	4	5	6	7
7. Preocupo-me frequentemente que os outros possam não gostar realmente de mim.	1	2	3	4	5	6	7
8. Tenho medo de que os outros me abandonem.	1	2	3	4	5	6	7
9. Preocupo-me que os outros não se preocupem comigo tanto quanto eu me preocupo com eles.	1	2	3	4	5	6	7

Adaptada de Mikulincer e Shaver (2016). Copyright © 2016 The Guilford Press. Reproduzida em *Experimentando a terapia focada na compaixão de dentro para fora: um manual de autoprática/autorreflexão para terapeutas*, de Russell L. Kolts, Tobyn Bell, James Bennett-Levy e Chris Irons (Artmed, 2025). Este formulário é gratuito para reprodução e uso pessoal. Aqueles que adquirirem este livro podem fazer o *download* de cópias adicionais deste material na página do livro em loja.grupoa.com.br.

> Evitação de apego (soma dos itens 1-6): _____
> Ansiedade de apego (soma dos itens 7-9): _____

ITENS DA FOCS: PÓS-AP/AR

Por favor, utilize esta escala para classificar seu grau de concordância com cada afirmação.	Discordo totalmente		Concordo em parte		Concordo totalmente
1. Pessoas muito compassivas se tornam ingênuas e fáceis de se tirar proveito.	0	1	2	3	4
2. Eu receio que ser muito compassivo torna as pessoas um alvo fácil.	0	1	2	3	4
3. Eu receio que, se eu for compassivo, algumas pessoas se tornarão muito dependentes de mim.	0	1	2	3	4
4. Percebo que estou evitando sentir e expressar compaixão pelos outros.	0	1	2	3	4
5. Eu tento manter distância das outras pessoas mesmo quando eu sei que elas são bondosas.	0	1	2	3	4
6. Sentimentos de bondade por parte dos outros são, de certo modo, assustadores.	0	1	2	3	4
7. Se eu acho que alguém está se importando e sendo bondoso comigo, eu levanto uma barreira e me fecho.	0	1	2	3	4
8. Tenho dificuldade em aceitar a bondade e o cuidado dos outros.	0	1	2	3	4
9. Eu me preocupo que, se eu começar a desenvolver compaixão por mim mesmo, vou ficar dependente disso.	0	1	2	3	4
10. Receio que, se eu me tornar muito compassivo comigo mesmo, perderei minha autocrítica e os meus defeitos aparecerão.	0	1	2	3	4
11. Receio que, se eu me tornar mais bondoso e menos crítico comigo mesmo, meus níveis de exigência vão cair.	0	1	2	3	4
12. Tenho dificuldade para me relacionar de forma gentil e compassiva comigo mesmo.	0	1	2	3	4

Nota. Esta adaptação envolve uma seleção limitada de itens da FOCS, além de itens adicionais resumidos desenvolvidos para este livro. Ela foi desenvolvida para que os leitores deste livro pudessem ter uma forma breve de acompanhar seu progresso no trabalho ao longo dos módulos. Como tal, esta seleção de itens não foi validada e não é apropriada para uso em pesquisa ou no trabalho clínico. Os leitores podem adquirir uma cópia da versão completa e validada da escala, em inglês, que é apropriada para fins de pesquisa clínica, em https://compassionatemind.co.uk/resources/scales.

Adaptada de Gilbert, McEwan, Matos e Rivis (2011). Copyright © 2011 The British Psychological Society. Reproduzida, com permissão, de John Wiley & Sons, Inc., em *Experimentando a terapia focada na compaixão de dentro para fora: um manual de autoprática/autorreflexão para terapeutas*, de Russell L. Kolts, Tobyn Bell, James Bennett-Levy e Chris Irons (Artmed, 2025). Este formulário é gratuito para reprodução e uso pessoal.

> Medos de estender a compaixão (soma dos itens 1-4): _____
> Medos de receber compaixão (soma dos itens 5-8): _____
> Medos de autocompaixão (soma dos itens 9-12): _____

Agora, vamos para uma breve medida final da Compassionate Engagement and Action Scales (CEAS-SC).

CEAS-SC: PÓS-AP/AR

Quando fico angustiado ou perturbado por coisas...	Nunca									Sempre
1. Fico *motivado* para me engajar e trabalhar com o meu mal-estar quando ele surge.	1	2	3	4	5	6	7	8	9	10
2. *Noto* e sou *sensível* aos meus sentimentos de mal-estar quando eles surgem em mim.	1	2	3	4	5	6	7	8	9	10
3. Sou *emocionalmente tocado* pelos meus sentimentos ou situações de mal-estar.	1	2	3	4	5	6	7	8	9	10
4. *Tolero* os vários sentimentos que fazem parte do meu mal-estar.	1	2	3	4	5	6	7	8	9	10
5. *Reflito* e *dou sentido* aos meus sentimentos de mal-estar.	1	2	3	4	5	6	7	8	9	10
6. *Aceito*, não critico e *não julgo* meus sentimentos de mal-estar.	1	2	3	4	5	6	7	8	9	10
7. Dirijo minha *atenção* para o que provavelmente será útil para mim.	1	2	3	4	5	6	7	8	9	10
8. *Penso* e encontro formas úteis de lidar com o meu mal-estar.	1	2	3	4	5	6	7	8	9	10
9. Tomo as *medidas* e faço as coisas que serão úteis para mim.	1	2	3	4	5	6	7	8	9	10
10. Crio sentimentos internos de *apoio*, *ajuda* e encorajamento.	1	2	3	4	5	6	7	8	9	10

Subescalas extraídas de Gilbert et al. (2017). Copyright © 2017 Gilbert et al. Reproduzida, com permissão, dos autores (ver https://creativecommons.org/licenses/by/4.0) em *Experimentando a terapia focada na compaixão de dentro para fora: manual de autoprática/autorreflexão para terapeutas*, de Russell L. Kolts, Tobyn Bell, James Bennett-Levy e Chris Irons (Artmed, 2025). Este formulário é gratuito para reprodução e uso pessoal. Aqueles que adquirirem este livro podem fazer o *download* de cópias adicionais deste material na página do livro em loja.grupoa.com.br.

> Engajamento compassivo (soma dos itens 1-6): _____
> Ação compassiva (soma dos itens 7-10): _____

Se você escolheu outras medidas que se encaixam mais especificamente no seu desafio ou problema identificado, talvez queira preenchê-las novamente também. Agora, refletindo sobre sua experiência com o programa de AP/AR com a TFC, vamos revisitar formalmente seu problema identificado.

EXERCÍCIO. Refletindo sobre meu problema desafiador

Meu problema desafiador:

Que diferenças você notou em como experimenta este problema desafiador (ou outros desafios na sua vida)?

Que estratégias ou práticas baseadas na compaixão você achou mais úteis durante o programa? Como?

Como você apoiará, desenvolverá e fortalecerá sua motivação e sua habilidade de se engajar na vida compassivamente no futuro?

Que fatores internos (pensamentos, emoções) ou externos (pessoas, desafios ou crises na vida) podem atrapalhar seu modo de ser compassivo?

Que apoios, recursos ou práticas poderiam ajudá-lo a trabalhar como esses bloqueios ou obstáculos?

Além desse desafio ou problema, que outros efeitos da sua participação no programa de AP/AR na TFC você identificou na sua vida pessoal?

Agora que refletiu sobre a sua experiência de AP/AR na sua vida pessoal, vamos considerar o que você aprendeu com isso em termos da sua vida profissional.

EXERCÍCIO. Trazendo a compaixão para a minha vida profissional

Como o envolvimento neste programa de dentro para fora influenciou a sua compreensão das experiências dos seus clientes (ou colegas) no trabalho com seus próprios problemas e desafios?

Refletindo sobre sua experiência no programa de AP/AR na TFC, o que você aprendeu que poderia ser útil em seu trabalho com os clientes ou em outros aspectos da sua vida profissional?

Que estratégias ou práticas do programa poderiam ser úteis no seu trabalho contínuo com os clientes?

CONSIDERAÇÕES FINAIS

Obrigado por escolher juntar-se a nós nesta jornada de experimentar a TFC de dentro para fora. Esperamos que tenha achado o processo útil e informativo. A compaixão se baseia na percepção de que a vida é difícil e de que, às vezes, todos nós teremos dificuldades e sofreremos. Esperamos que você tenha encontrado algo que possa ajudá-lo a enfrentar as partes mais desafiadoras da sua vida pessoal e profissional com bondade, coragem, disposição de aceitar e acolher todos os aspectos de si mesmo e a confiança de que, independentemente do que surgir, *você poderá trabalhar com isso, também*. Também esperamos que, ao explorar a TFC dessa maneira, você tenha levado consigo algumas experiências que serão úteis em seu trabalho com seus clientes. Finalmente, gostaríamos de oferecer uma última sugestão prática: segundo a perspectiva do seu *self* compassivo bondoso, sábio e corajoso, honre o belo compromisso que assumiu de ajudar os outros com seu sofrimento – o compromisso que o trouxe até este livro e ao seu trabalho. Esse compromisso corajoso é a essência da compaixão, e vale a pena celebrá-lo!

PERGUNTAS PARA AUTORREFLEXÃO

Como você resumiria a sua experiência com *Experimentando a terapia focada na compaixão de dentro para fora*?

Ao refletir sobre sua experiência de conclusão do programa, quais mensagens você considera mais importantes para "levar para casa"?

Para a sua vida profissional:

Para a sua vida pessoal:

Você acha que seria útil continuar a usar uma abordagem de AP/AR no futuro? Como? O que poderia fazer para incluí-la na sua vida profissional? Que obstáculos podem surgir no caminho, e como você poderia lidar com eles?

Referências

Bandura, A. (1977). *Social learning theory*. Englewood Cliffs, NJ: Prentice Hall.

Bell, T., Dixon, A., & Kolts, R. (2016). Developing a compassionate internal supervisor: Compassion-focused therapy for trainee therapists. *Clinical Psychology and Psychotherapy, 24*, 632–648.

Bennett-Levy, J. (2006). Therapist skills: A cognitive model of their acquisition and refinement. *Behavioural and Cognitive Psychotherapy, 34*, 57–78.

Bennett-Levy, J., Butler, G., Fennell, M., Hackmann, A., Mueller, M., & Westbrook, D. (Eds.). (2004). *The Oxford guide to behavioural experiments in cognitive therapy*. Oxford, UK: Oxford University Press.

Bennett-Levy, J., & Finlay-Jones, A. (in press). The role of personal practice in therapist skill development: A model to guide therapists, educators, supervisors and researchers. *Cognitive Behavior Therapy*.

Bennett-Levy, J., & Haarhoff, B. (in press). Why therapists need to take a good look at themselves: Self-practice/self-reflection as an integrative training strategy for evidence--based practices. In S. Dimidjian (Ed.), *Evidence-based behavioral practice in action*. New York: Guilford Press.

Bennett-Levy, J., & Lee, N. (2014). Self-practice and self-reflection in cognitive behaviour therapy training: What factors influence trainees' engagement and experience of benefit? *Behavioural and Cognitive Psychotherapy, 42*, 48–64.

Bennett-Levy, J., Lee, N., Travers, K., Pohlman, S., & Hamernik, E. (2003). Cognitive therapy from the inside: Enhancing therapist skills through practising what we preach. *Behavioural and Cognitive Psychotherapy, 31*, 145–163.

Bennett-Levy, J., McManus, F., Westling, B., & Fennell, M. J. V. (2009). Acquiring and refining CBT skills and competencies: Which training methods are perceived to be most effective? *Behavioural and Cognitive Psychotherapy, 37*, 571–583.

Bennett-Levy, J., Thwaites, R., Chaddock, A., & Davis, M. (2009). Reflective practice in cognitive behavioural therapy: The engine of lifelong learning. In J. Stedmon & R. Dallos (Eds.), *Reflective practice in psychotherapy and counselling* (pp. 115–135). Maidenhead, UK: Open University Press.

Bennett-Levy, J., Thwaites, R., Haarhoff, B., & Perry, H. (2015). *Experiencing CBT from the Inside Out: A self-practice/self-reflection workbook for therapists*. New York: Guilford Press.

Bennett-Levy, J., Turner, F., Beaty, T., Smith, M., Paterson, B., & Farmer, S. (2001). The value of self-practice of cognitive therapy techniques and self-reflection in the training of cognitive therapists. *Behavioural and Cognitive Psychotherapy, 29*, 203–220.

Berntson, G. G., Cacioppo, J. T., & Quigley, K. S. (1993). Respiratory sinus arrhythmia: Autonomic origins, physiological mechanisms, and psychophysiological implications. *Psychophysiology, 30*, 183–196.

Berry, K., & Danquah, A. (2016). Attachment-informed therapy for adults: Towards a unifying perspective on practice. *Psychology and Psychotherapy, 89*, 15–32.

Black, S., Hardy, G., Turpin, G., & Parry, G. (2005). Self-reported attachment styles and therapeutic orientation of therapists and their relationship with reported general alliance quality and problems in therapy. *Psychology and Psychotherapy, 78*, 363–377.

Bolton, G. (2010). *Reflective practice: Writing and professional development* (3rd ed.). London: SAGE.

Bowlby, J. (1980). *Attachment and loss: Vol. 3. Loss, sadness and depression*. London: Hogarth Press.

Bowlby, J. (1982) *Attachment and loss: Vol.1. Attachment*. London: Hogarth Press and the Institute of Psycho-Analysis. (Original work published 1969)

Bowlby, J. (1988). *A secure base: Clinical applications of attachment theory*. London: Routledge.

Brown, R. P., & Gerbarg, P. L. (2005). Sudarshan Kriya yogic breathing in the treatment of stress, anxiety, and depression: Part I—neurophysiologic model. *Journal of Alternative and Complementary Medicine, 11*, 189–201.

Burns, D. D. (1980). *Feeling good: The new mood therapy*. New York: New American Library.

Cameron, K., Mora, C., Leutscher, T., & Calarco, M. (2011). Effects of positive practices on organizational effectiveness. *Journal of Applied Behavioral Science, 47*, 266–308.

Carter, R. (2008). *Multiplicity: The new science of personality*. London: Little Brown.

Casement, P. (1985). *On learning from the patient*. London: Tavistock.

Chaddock, A., Thwaites, R., Bennett-Levy, J., & Freeston, M. (2014). Understanding individual differences in response to self-practice and self-reflection (SP/SR) during CBT training. *The Cognitive Behaviour Therapist, 7*, e14.

Davis, M. L., Thwaites, R., Freeston, M. H., & Bennett-Levy, J. (2015). A measurable impact of a self-practice/self-reflection programme on the therapeutic skills of experienced cognitive-behavioural therapists. *Clinical Psychology and Psychotherapy, 22*, 176–184.

Desbordes, G., Negi, L. T., Pace, T. W., Wallace, B. A., Raison, C. L., & Schwartz, E. L. (2012). Effects of mindful-attention and compassion meditation training on amygdala response to emotional stimuli in an ordinary, non-meditative state. *Frontiers in Human Neuroscience, 6*, 292.

Farrand, P., Perry, J., & Linsley, S. (2010). Enhancing self-practice/self-reflection (SP/SR) approach to cognitive behaviour training through the use of reflective blogs. *Behavioural and Cognitive Psychotherapy, 38*, 473–477.

Feeney, B. C., & Thrush, R. L. (2010). Relationship influences upon exploration in adulthood: The characteristics and function of a secure base. *Journal of Personality and Social Psychology, 98*, 57–76.

Finlay-Jones, A. L., Rees, C. S., & Kane, R. T. (2015). Self-compassion, emotion regulation and stress among Australian psychologists: Testing an emotion regulation model of self--compassion using structural equation modeling. *PLOS ONE, 10*, e0133481.

Fraley, R. C., Hefferman, M. E., Vicary, A. M., & Brumbaugh, C. C. (2011). The Experiences in Close Relationships—Relationship Structures Questionnaire: A method for assessing attachment orientations across relationships. *Psychological Assessment, 23*, 612–625.

Frederickson, B. L., Cohn, M. A., Coffee, K. A., Pek, J., & Finkel, S. M. (2008). Open hearts build lives: Positive emotions, induced through loving-kindness meditation, build consequential personal resources. *Journal of Personality and Social Psychology, 95*, 1045–1062.

Gale, C., & Schröder, T. (2014). Experiences of self-practice/self-reflection in cognitive behavioural therapy: A meta-synthesis of qualitative studies. *Psychology and Psychotherapy: Theory, Research and Practice, 87*, 373–392.

Gale, C., Schröder, T., & Gilbert, P. (2017). "Do you practice what you preach?": A qualitative exploration of therapists' personal practice of compassion focused therapy. *Clinical Psychology and Psychotherapy, 24*, 171–185.

Germer, C. K., & Neff, K. (2013). Self-compassion in clinical practice. *Journal of Clinical Psychology: In Session, 69*, 856–867.

Germer, C. K., & Neff, K. (2017). *Mindful self-compassion teacher guide*. San Diego: Center for MSC.

Gilbert, P. (1984). *Depression: From psychology to brain state*. Mahwah, NJ: Erlbaum.

Gilbert, P. (2009). *The compassionate mind*. London: Constable & Robinson.

Gilbert, P. (2010). *Compassion-focused therapy: Distinctive features*. London: Routledge.

Gilbert, P. (2014). The origins and nature of compassion focused therapy. *British Journal of Clinical Psychology, 53*, 6–41.

Gilbert, P. (2015). The evolution and social dynamics of compassion. *Social and Personality Psychology Compass, 9*, 239–254.

Gilbert, P., Caterino, F., Duarte, C., Matos, M., Kolts, R., Stubbs, J., et al. (2017). The development of compassionate engagement and action scales for self and others. *Journal of Compassionate Health Care, 4*.

Gilbert, P., & Choden. (2013). *Mindful compassion*. London: Robinson.

Gilbert, P., & Irons, C. (2005). Focused therapies and compassionate mind training for shame and self-attacking. In P. Gilbert (Ed.), *Compassion: Conceptualisations, research and use in psychotherapy* (pp. 9–74). London: Routledge.

Gilbert, P., McEwan, K., Catarino, F., Baião, R., & Palmeira, L. (2014). Fears of happiness and compassion in relationship with depression, alexithymia, and attachment security in a depressed sample. *British Journal of Clinical Psychology, 53*, 228–244.

Gilbert, P., McEwan, K., Matos, M., & Rivis, A. (2011). Fears of compassion: Development of three self-report measures. *Psychology and Psychotherapy: Theory, Research and Practice, 84*, 239–255.

Gillath, O., Shaver, P. R., & Mikulincer, M. (2005). An attachment-theoretical approach to compassion and altruism. In P. Gilbert (Ed.), *Compassion: Conceptualisations, research, and use in psychotherapy* (pp. 121–147). London: Routledge.

Greenberg, L. S. (2002). *Emotion-focused therapy: Coaching clients to work through their feelings*. Washington, DC: American Psychological Association.

Greenberger, D., & Padesky, C. A. (2015). *Mind over mood* (2nd ed.). New York: Guilford Press.

Haarhoff, B. (2006). The importance of identifying and understanding therapist schema in cognitive therapy training and supervision. *New Zealand Journal of Psychology, 35*, 126–131.

Haarhoff, B., Gibson, K., & Flett, R. (2011). Improving the quality of cognitive behaviour therapy case conceptualization: The role of self-practice/self-reflection. *Behavioural and Cognitive Psychotherapy, 39*, 323–339.

Haarhoff, B., & Thwaites, R. (2016). *Reflection in CBT*. London: Sage.

Haarhoff, B., Thwaites, R., & Bennett-Levy, J. (2015). Engagement with self-practice/self-reflection as professional development: The role of therapist beliefs. *Australian Psychologist, 50*, 322–328.

Hanson, R., & Mendius, R. (2009). *Buddha's brain: The practical neuroscience of happiness, love and wisdom*. Oakland, CA: New Harbinger.

Hutcherson, C. A., Seppälä, E. M., & Gross, J. J. (2008). Loving-kindness meditation increases social connectedness. *Emotion, 8*, 720–724.

Hutcherson, C. A., Seppälä, E. M., & Gross, J. J. (2015). The neural correlates of social connection. *Cognitive, Affective, and Behavioral Neuroscience, 15*, 1–15.

Irons, C., & Beaumont, E. (2017). *The compassionate mind workbook*. London: Robinson.

Jazaieri, H., McGonigal, K., Jinpa, T., Doty, J. R., Gross, J. J., & Goldin, P. R. (2013). A randomized controlled trial of compassion cultivation training: Effects on mindfulness, affect, and emotion regulation. *Motivation and Emotion, 38*, 23–35.

Jerath, R., Edry, J. W., Barnes, V. A., & Jerath, V. (2006). Physiology of long pranayamic breathing: Neural respiratory elements may provide a mechanism that explains how slow deep breathing shifts the autonomic nervous system. *Medical Hypotheses, 67*, 566–571.

Kabat-Zinn, J. (2013). *Full catastrophe living: How to cope with stress, pain and illness using mindfulness meditation* (2nd ed.). London: Piatkus.

Kaeding, A., Sougleris, C., Reid, C., van Vreeswijk, M. F., Hayes, C., Dorrian, J., et al. (2017). Professional burnout, early maladaptive schemas, and physical health in clinical and counseling psychology trainees. *Journal of Clinical Psychology, 73*, 1782–1796.

Kaushik, R. M., Kaushik, R., Mahajan, S. K., & Rajesh, V. (2006). Effects of mental relaxation and slow breathing in essential hypertension. *Complementary Therapies in Medicine, 14*, 120–126.

Kemeny, M. E., Foltz, C., Cavanagh, J. F., Cullen, M., Giese-Davis, J., Jennings, P., et al. (2012). Contemplative/emotion training reduces negative emotional behavior and promotes prosocial responses. *Emotion, 12*, 338–350.

Knox, J. (2010). *Self-agency in psychotherapy: Attachment, autonomy, and intimacy*. New York: Norton.

Kok, B. E., & Frederickson, B. L. (2010). Upwards spirals of the heart: Autonomic flexibility, as indexed by vagal tone, reciprocally and prospectively predicts positive emotions and social connectedness. *Biological Psychology, 85*, 432–436.

Kolts, R. L. (2011). *The compassionate mind approach to managing your anger*. London: Robinson.

Kolts, R. L. (2016). *CFT made simple*. Oakland, CA: New Harbinger.

LeDoux, J. (1998). *The emotional brain*. London: Weidenfeld & Nicolson.

Lee, D. A. (2005). The perfect nurturer: A model to develop compassionate mind within the context of cognitive therapy. In P. Gilbert (Ed.), *Compassion: Conceptualisations, research and use in psychotherapy* (pp. 236–251). Hove, UK: Routledge.

Leiberg, S., Limecki, O., & Singer, T. (2011). Short-term compassion training increases prosocial behavior in a newly developed prosocial game. *PLOS ONE, 6*, e17798.

Leighton, T. (2003). *Faces of compassion: Classic Bodhisattva archetypes and their modern expression*. Boston: Wisdom.

Lutz, A., Brefczynski-Lewis, J., Johnstone, T., & Davidson, R. J. (2008). Regulation of the neural circuitry of emotion by compassion meditation: Effects of meditative expertise. *PLOS ONE*, e1897.

Martin, D. J., Garske, J. P., & Davis, K. M. (2000). Relation of the therapeutic alliance with outcome and other variables: A meta-analytic review. *Journal of Consulting and Clinical Psychology, 68*, 438–450.

Mascaro, J. S., Rilling, J. K., Negi, L. T., & Raison, C. I. (2013). Compassion meditation enhances empathic accuracy and related neural activity. *Social Cognitive and Affective Neuroscience, 8*, 48–55.

McMillan, D., & Lee, R. (2010). A systematic review of behavioral experiments vs. exposure alone in the treatment of anxiety disorders: A case of exposure while wearing the emperor's new clothes? *Clinical Psychology Review, 30*, 467–478.

Mikulincer, M., Gillath, O., Halevy, V., Avihou, N., Avidan, S., & Eshkoli, N. (2001). Attachment theory and reactions to others' needs: Evidence that activation of the sense of attachment security promotes empathic responses. *Journal of Personality and Social Psychology, 81*, 1205–1224.

Mikulincer, M., & Shaver, P. R. (2005). Attachment security, compassion, and altruism. *Current Directions in Psychological Science, 14*, 34–38.

Mikulincer, M., & Shaver, P. R. (2007). *Attachment in adulthood: Structure, dynamics, and change.* New York: Guilford Press.

Mikulincer, M., & Shaver, P. R. (2012). An attachment perspective on psychopathology. *World Psychiatry, 11*, 11–15.

Mikulincer, M., & Shaver, P. R. (2016). *Attachment in adulthood: Structure, dynamics, and change* (2nd ed.). New York: Guilford Press.

Mikulincer, M., Shaver, P. R., & Berant, E. (2013). An attachment perspective on therapeutic processes and outcomes. *Journal of Personality, 81*, 606–616.

Neff, K. (2011). *Self-compassion: The proven power of being kind to yourself.* New York: William Morrow.

Neff, K. D., Kirkpatrick, K., & Rude, S. S. (2007). Self-compassion and its link to adaptive psychological functioning. *Journal of Research in Personality, 41*, 139–154.

Neff, K. D., & McGehee, P. (2010). Self-compassion and psychological resilience among adolescents and young adults. *Self and Identity, 9*, 225–240.

Pace, T. W. W., Negi, L. T., Adame, D. D., Cole, S. P., Sivilli, T. I., Brown, T. D., et al. (2009). Effect of compassion meditation on neuroendocrine, innate immune and behavioral responses to psychological stress. *Psychoneuroendocrinology, 34*, 87–98.

Pace, T. W. W., Negi, L. T., Dodson-Lavelle, B., Ozawa-de Silva, B., Reddy, S. D., Cole, S. P., et al. (2013). Engagement with cognitively-based compassion training is associated with reduced salivary C-reactive protein from before to after training in foster care program adolescents. *Psychoneuroendocrinology, 38*, 294–299.

Pakenham, K. I. (2015). Effects of acceptance and commitment therapy (ACT) training on clinical psychology trainee stress, therapist skills and attributes, and ACT processes. *Clinical Psychology and Psychotherapy, 22*, 647–655.

Pal, G. K., & Velkumary, S. (2004). Effect of short-term practice of breathing exercises on autonomic functions in normal human volunteers. *Indian Journal of Medical Research, 120*, 115–121.

Panksepp, J., & Biven, L. (2012). *The archaeology of mind: Neuroevolutionary origins of human emotions.* New York: Norton.

Patsiopoulos, A. T., & Buchanan, M. J. (2011). The practice of self-compassion in counseling: A narrative inquiry. *Professional Psychology: Research and Practice, 42*, 301–307.

Pennebaker, J. W. (1997). Writing about emotional experiences as a therapeutic process. *Psychological Science, 8*, 162–166.

Pennebaker, J. W. (2004). *Writing to heal: A guided journal for recovering from trauma and emotional upheaval.* Oakland, CA: New Harbinger.

Pepping, C. A., Davis, P. J., O'Donovan, A., & Pal, J. (2014). Individual difference in self-compassion: The role of attachment and experiences of parenting in childhood. *Self and Identity, 14*, 104–117.

Porges, S. W., Doussard-Roosevelt, J. A., & Maiti, A. K. (1994). Vagal tone and the physiological regulation of emotion. *Monographs of the Society for Research in Child Development, 59*, 167–186.

Raab, K. (2014). Mindfulness, self-compassion, and empathy among health care professionals: A review of the literature. *Journal of Health Care Chaplaincy, 20*, 95–108.

Ramnerö, J., & Törneke, N. (2008). *The ABCs of human behavior: Behavioral principles for the practicing clinician*. Oakland, CA: New Harbinger.

Reese, R. J., Norsworthy, L. A., & Rowlands, S. R. (2009). Does a continuous feedback system improve psychotherapy outcome? *Psychotherapy: Theory, Research, Practice, and Training, 4*, 418–431.

Rogers, C. R. (1951). *Client-centred therapy*. Boston: Houghton Mifflin.

Rønnestad, M. H., & Skovholt, T. M. (2003). The journey of the counselor and therapist: Research findings and perspectives on professional development. *Journal of Career Development, 30*, 5–44.

Salkovskis, P. M., Hackmann, A., Wells, A., Gelder, M. G., & Clark, D. M. (2007). Belief disconfirmation versus habituation approaches to situational exposure in panic disorder with agoraphobia: A pilot study. *Behaviour Research and Therapy, 45*, 877–885.

Salzberg, S. (2002). *Lovingkindness: The revolutionary art or happiness*. Boston: Shambhala.

Sanders, D., & Bennett-Levy, J. (2010). When therapists have problems: What can CBT do for us? In M. Mueller, H. Kennerley, F. McManus, & D. Westbrook (Eds.), *The Oxford guide to surviving as a CBT therapist* (pp. 457–480). Oxford, UK: Oxford University Press.

Schön, D. A. (1983). *The reflective practitioner*. New York: Basic Books.

Segal, Z. V., Williams, J. M. G., & Teasdale, J. D. (2012). *Mindfulness-based cognitive therapy for depression*. New York: Guilford Press.

Seppälä, E. (2016). *The happiness track*. New York: HarperCollins.

Skinner, B. F. (1953). *Science and human behavior*. New York: Macmillan.

Spafford, S., & Haarhoff, B. (2015). What are the conditions needed to facilitate online self-reflection for CBT trainees? *Australian Psychologist, 50*, 232–240.

Spendelow, J. S., & Butler, L. J. (2016). Reported positive and negative outcomes associated with a self-practice/self-reflection cognitive-behavioural therapy exercise for CBT trainees. *Psychotherapy Research, 26*, 602–611.

Stott, R. (2007). When head and heart do not agree: A theoretical and clinical analysis of rational-emotional dissociation (RED) in cognitive therapy. *Journal of Cognitive Psychotherapy: An International Quarterly, 21*, 37–50.

Teasdale, J. D. (1996). Clinically relevant theory: Integrating clinical insight with cognitive science. In P. M. Salkovskis (Ed.), *Frontiers of cognitive therapy* (pp. 26–47). New York: Guilford Press.

Teasdale, J. D. (1999). Metacognition, mindfulness and the modification of mood disorders. *Clinical Psychology and Psychotherapy, 6*, 146–155.

Thwaites, R., Bennett-Levy, J., Cairns, L., Lowrie, R., Robinson, A., Haarhoff, B., et al. (2017). Self-practice/self-reflection (SP/SR) as a training strategy to enhance therapeutic empathy in low intensity CBT practitioners. *New Zealand Journal of Psychology, 46*, 63–70.

Thwaites, R., Bennett-Levy, J., Davis, M., & Chaddock, A. (2014). Using self-practice and selfreflection (SP/SR) to enhance CBT competence and meta-competence. In A. Whittington & N. Grey (Eds.), *How to become a more effective CBT therapist: Mastering meta-competence in clinical practice* (pp. 241–254). Chichester, UK: Wiley-Blackwell.

Thwaites, R., Cairns, L., Bennett-Levy, J., Johnston, L., Lowrie, R., Robinson, A., et al. (2015). Developing metacompetence in low intensity CBT interventions: Evaluating a self-practice/self-reflection program for experienced low intensity CBT practitioners. *Australian Psychologist, 50*, 311–321.

Villatte, M., Villatte, J. L., & Hayes, S. C. (2016). *Mastering the clinical conversation*. New York: Guilford Press.

Wallin, D. J. (2007). *Attachment in psychotherapy*. New York: Guilford Press.

Welford, M. (2016). *Compassion focused therapy for dummies*. Chichester, UK: Wiley.

Índice

Nota: *f* ou *t* após o número de página indica uma figura ou tabela.

A

Abordagem de ação para cultivar a compaixão, 192-194
Abrindo-se à bondade dos outros, 259-266
    e foco na atenção, 259
    exemplo: Folha de atividade de Érica, 260-261
    exercício: Minha Folha de atividade, 262-263
    perguntas para autorreflexão, 264-266
Ambiente social, comportamento e, 83-84
Ameaça
    como prioridade do cérebro, 259
    e organização da experiência, 181-182, 181*f*
    exemplo: Reflexões de Joe, 183-185
    exercício: Como a ameaça organiza minha mente e meu corpo, 185-186
    perguntas para autorreflexão, 187-189
Análise funcional compassiva, 91-97
    exemplo: Reflexão de Joe, 91-92
    exercício: Minha análise funcional, 93-94
    perguntas para autorreflexão, 95-97
Apegos profissionais, 297-306
    exemplo: Apegos de Joe, 299-301
    exercício: Explorando meus apegos profissionais, 302-303
    perguntas para autorreflexão, 304-306
Atenção, aos atos de bondade dos outros, 259
Autocompaixão, falta de, do terapeuta, 12-13
Autoprática/autorreflexão (AP/AR), 3
    aplicativos de, 14
    avaliação inicial na, 37-42
        medidas na linha de base e, 37-42
    diferentes contextos para, 19-22
        em *workshops*, 22
        grupos, 20-21
        grupos de coterapia limitada, 21-22
        individual, 19-20
        na supervisão, 22
    e estrutura das perguntas para autorreflexão, 16
    e identificação do desafio/problema, 41-44
    elementos essenciais da, 23-28
        criando um sentimento de segurança, 23-25
        facilitador de AP/AR, 24-26, 25*t*
        fóruns de discussão *on-line*, 26-28
        gerenciamento do tempo, 27-28
        reflexões por escrito, 25-27
    escolha dos módulos, 27-29
    estratégia de proteção pessoal na, 23-25

formas de, individual *versus* coterapia limitada, 14
impacto nas habilidades da terapia focada na compaixão, 15*f*
impacto nos participantes, 14-16, 15*f*
justificativa para, 11-13
pesquisa sobre, 14-16
preparando-se para, 5-6
problemas a serem evitados, 23-24
valor para o terapeuta da terapia focada na compaixão, 16-17
versus terapia pessoal, 16
Autoprática/autorreflexão (AP/AR) em coterapia limitada
desafios e benefícios da, 21-22
Autoprática/autorreflexão (AP/AR) em grupo
criando segurança na, 24-25
elementos-chave da, 20-21
Autoprática/autorreflexão (AP/AR) individual
vantagens e desvantagens da, 19-20
Autoprática compassiva, 193-196
Avaliação
aplicando aos clientes, 45
inicial, 37-42
perguntas autorreflexivas na, 44-45
Avaliação na metade do programa, 169-177
da CEAS-SC, 172
da ECR-RS, 169-170
da FOCS, 170-172
exemplo: Revisitando o problema desafiador de Érica, 173-174
exemplo: Revisitando o problema desafiador de Fátima, 173-174
exemplo: Revisitando o problema desafiador de Joe, 173-174
exercício: Revisitando meu problema desafiador, 174-175
perguntas para autorreflexão, 175-177

B
Bondade, atos de, abertura à, 259-266

C
Casement, Patrick, 307
Cérebro; *ver também* Loops do cérebro antigo-cérebro novo; Respostas do cérebro antigo a ameaças; Respostas do cérebro novo a ameaças
antigo *versus* novo, 10, 63
emoções e motivos do cérebro antigo, 63-64
entendendo, 63-70
evolução do, 9
viés negativo do, 259
Cérebro antigo, funções do, 71*f*
Cérebro novo, funções do, 71*f*
Checagem consciente, 145-152
definição, 145
e aprendizagem sobre o movimento da mente, 145-146
exemplo: Registro de checagem consciente de Érica, 147
exercício: Minha checagem consciente durante a ativação da ameaça, 149
exercício: Prática de checagem consciente, 145-146
exercício: Registro da minha checagem consciente, 147-148
perguntas para autorreflexão, 150-152
Compaixão; *ver também* Cultivando a compaixão; Desvendando a compaixão
como estilo de vida *versus* técnica, 191, 327
compromisso e, 7, 153, 193-194, 205-207, 333
coragem e, 161
cultivando, 8-9
definição da terapia focada na compaixão de, 7
definindo, 153-154
e nossos múltiplos *selves*, 283-284
e organização da experiência, 181-182, 181*f*
medos de (*ver* Explorando os medos da compaixão)

modelando o fluxo da, 12-13
preparando o terreno para, 9-10
primeira psicologia da, 207-218, 208f (ver também Envolvimento compassivo)
    qualidades associadas à, 208-209, 208f
psicologias da, 268
segunda psicologia da, 215, 216f
simpatia e, 208
tolerância ao mal-estar e, 208
três fluxos da, 8

Compaixão do *self* pelos outros; *ver* Comportamento compassivo; Desenvolvimento de habilidades usando a memória; Desenvolvimento de habilidades usando imagem mental

Compaixão dos outros pelo *self*, 253-266; *ver também* Abrindo-se à bondade dos outros; Desenvolvimento de habilidades usando a memória; Supervisor interno compassivo

Compaixão fluindo para o *self*, 267-275; *ver também* Escrita de carta compassiva

Compassionate Engagement and Action Scales (CEAS-SC), 37
    avaliação na metade do programa, 172
    exercício: Revisitando no fim da terapia, 330-331
    pontuação pré-teste, 37, 40-41

Comportamento, ambiente social e, 83-84

Comportamento compassivo, 245-251
    exemplo: Registro do comportamento compassivo de Érica, 246-247
    exercício: Registro do meu comportamento compassivo, 248
    habilidade e, 245-247
    modelo dos três círculos/três sistemas da emoção, 245
    perguntas para autorreflexão, 249-251

Compromisso, de aliviar e prevenir o sofrimento, 7, 153, 193-194, 205-207, 333

Conhecendo nossos múltiplos *selves*, 279-286
    compaixão e, 283-284
    e emoções sobre as emoções, 283
    emoções principais e, 279
    exemplo: Múltiplos *selves* de Joe, 280-281
    exercício: Meus múltiplos *selves*, 282
    exercício para, 279-280
    perguntas para autorreflexão, 284-286

Consciência, cultivo da, 9

Consequências indesejadas, das estratégias de segurança, 134-137

Crescimento compassivo, mantendo e aprimorando, 327-335
    exercício: Refletindo sobre meu problema desafiador, 331-332
    exercício: Trazendo compaixão para minha vida profissional, 332-333
    perguntas para autorreflexão, 334-335
    revisitando as medidas do, 328-331

Criação de significado, exercício para, 67-68

Crítico interno, coragem para ouvir, 161

Cuidado com o bem-estar
    e escrita de carta compassiva, 268
    e primeira psicologia da compaixão, 208

Cultivando a compaixão, 191-197
    abordagem de ação ao, 191-194
    como estilo de vida *versus* técnica, 191, 327
    exemplo: Reflexão de Joe, 194
    exercício: Autoprática compassiva, 193-194
    exercício: Refletindo sobre minha autoprática compassiva, 195-196
    perguntas para autorreflexão, 196-197

D

Desenvolvimento de habilidades usando a memória, 231-235, 253-258
    com memórias bondosas *versus* rudes, 256

e compaixão fluindo da memória,
    253-254
e o trabalho com bloqueios/medos, 256
exemplo: Experiência de Fátima, 255
exemplo: Reflexão de Érica sobre, 233
exercício: Compaixão fluindo da
    memória, 254
exercício: Minha experiência, 255
exercício: Minha reflexão, 233
perguntas para autorreflexão, 234-235,
    257-258
Desenvolvimento de habilidades usando
    imagem mental, 237-244
    exemplo: Reflexão de Érica, 242
    exercício: Focando a compaixão nos
        outros, 238-241
        alguém de quem você seja próximo,
            238-239
        alguém que seja neutro, 239
        alguém que você ache difícil,
            239-240
        todos os seres vivos, 241
    exercício: Minha reflexão, 243
    meditação da bondade amorosa e,
        237-238
    perguntas para autorreflexão, 244
Desvendando a compaixão, 153-160
    exemplo: Reflexão de Joe, 154
    exercício: Como me relaciono com o
        sofrimento e as dificuldades, 156-157
    perguntas para autorreflexão, 158-160
    relacionada com o sofrimento e as
        dificuldades, 153-154
Diagramas de aranha, 181-182, 181f
Diário de Mindfulness do Autocriticismo
    (MSCD), 161-168
    exemplo: Diário de Mindfulness do
        Autocriticismo de Érica, 152-164
    exercício: Meu Diário de Mindfulness do
        Autocriticismo, 164-165
    perguntas para autorreflexão, 166-168
    propósito do, 161
Dificuldades, relação com, 153-154

E
Emoção
    cérebro antigo, 63-64
    modelo dos três círculos da (ver Modelo
        dos três círculos/três sistemas da
        emoção)
    na resposta a ameaças percebidas, 10
    sobre as emoções, 283
Empatia
    e escrita de uma carta compassiva, 268
    e primeira psicologia da compaixão,
        209
Envolvimento compassivo
    atributos do, 207-209, 208f
    exemplo: Explorações de Fátima e
        Érica, 209-213
    exercício: Explorando meu
        envolvimento compassivo, 212-215
    perguntas para autorreflexão, 216-218
Escrevendo a partir dos múltiplos *selves*,
    287-295
    exemplo: Exercício dos múltiplos *selves*
        de Érica, 288-290
    exercício: Escrita a partir de múltiplos
        selves, 287-289, 291-293
    perguntas para autorreflexão, 293-295
Escrita de carta compassiva, 267-275
    e duas psicologias da compaixão,
        268-269
    elaborando a carta, 267-269
    exemplo: Carta e reflexão de Fátima,
        268-270, 272
    exercício: Escrita e reflexão, 269-273
    perguntas para autorreflexão, 274-275
Estados emocionais
    e organização da experiência, 181-182,
        181f
    escrita a partir das perspectivas dos,
        287-289, 291-293
    exemplo: Reflexões de Joe sobre,
        183-185
    exercício: Como a ameaça organiza
        minha mente e meu corpo, 185-186

perguntas para autorreflexão, 187-189
Estados motivacionais, e organização da experiência, 181-182
Estilo de apego, explorando; *ver* Explorando o estilo de apego
Estratégia de proteção pessoal, 23-25
Estratégias compensatórias, 133-134
Estratégias de segurança, 133-134
    consequências indesejadas das, 134-137
    relação de *self* para *self* e, 134-137
Estratégias protetivas, 133-134
Exercício do nutridor perfeito, 307
Experiences in Close Relationships – Relationship Structures (ECR-RS)
    exercício: Revisitando no final da terapia, 328
    relacionamentos pessoais e, 37-39
    na avaliação na metade do programa, 169-170
    pontuação da, 38-39, 108-109
    relações profissionais e, 298
Experiência, sendo moldado pela; *ver* Moldado pela experiência
Experiência humana, forma livre de vergonha de compreender, 9
Experimentos comportamentais, 219-227
    abordagens aos, 219-220
    desenvolvendo, 222-225
    exemplo: Elaborando um experimento, 220-222
    exemplo: Folha de registro do experimento comportamental de Fátima, 223
    exercício: Folha de registro dos meus experimentos comportamentais, 224-225
    perguntas para autorreflexão, 225-227
Explorando o estilo de apego, 107-116
    exemplo: No par de coterapia limitada, 110-113
    exercício: Explorando minha história de apego, 113-115

    perguntas para autorreflexão, 114-116
Explorando os medos da compaixão, 117-117
    exemplo: Refletindo sobre meus medos da compaixão, 120
    exemplo: Reflexões de Fátima, 119
    perguntas para autorreflexão, 121-117

F

Facilitador, da autoprática/autorreflexão, 24-26, 25*t*
Fears of Compassion Scale (FOCS), 37-40
    exercício: Revisitando no fim da terapia, 329-330
    itens selecionados da, 118-119
    pontuação pré-teste, 39-40
    site para versão completa e validada, em inglês, 117
Formulação focada na ameaça na terapia focada na compaixão
    estratégias de segurança e consequências indesejadas, 133-143
    exemplo: Técnica da flecha descendente de Joe, 130
    exercício: Explorando minhas estratégias de segurança, consequências inesperadas, relacionando, 139
    exercício: Folha de atividade de Fátima da formulação de caso na terapia focada na compaixão, 138
    exercício: Minha Folha de atividade da formulação de caso na terapia focada na compaixão, 129, 141
    exercício: Minhas influências históricas e meus medos principais, 128
    influências históricas e medos principais, 123
    perguntas para autorreflexão, 130-132, 142-143
    principais medos e ameaças, 124
        exemplo: Explorando as influências históricas e os medos principais de Fátima, 124-126

Folha de atividade da formulação de caso de Fátima, 127
técnica da flecha descendente, 130
Fóruns de discussão *on-line*, 26-28

G
Gerenciamento do tempo, na autoprática/autorreflexão, 27-28
Gilbert, Paul, 4, 7, 117, 207, 219, 307

I
Imagem mental; *ver também* Desenvolvimento de habilidades usando imagem mental; Imagem mental de um lugar seguro; Supervisor interno compassivo
    cérebro novo e, 66-67
    exercício experiencial para, 99-100
    introdução à, 99-100
Imagem mental de um lugar seguro, 99-105
    exemplo: Imagem mental de um lugar seguro de Fátima, 102-103
    exemplo: Prática de imagem mental de Joe, 99-100
    exercício: Imagem mental de um lugar seguro, 101-103
    exercício: Minha imagem de um lugar seguro, 103
    exercício: Minha prática de imagem mental, 99-102
    perguntas para autorreflexão, 103-105
Insegurança no apego, relações interpessoais e, 107-108
Intenção, foco na, 259

J
Julgamentos
    sobre os outros, 237
    sobre si mesmo, 7, 9, 51, 149, 192

L
Lee, Deborah, 307

Loops do cérebro antigo-cérebro novo, 71*f*, 99
    exemplo: Reflexões de Fátima sobre, 72
    exemplo: Reflexões de Joe sobre, 73-74
    exercício: Explorando os *loops* do cérebro antigo-cérebro novo, 74-75
    explorando, 71-76
    perguntas para autorreflexão, 75-76

M
Meditação da bondade amorosa, 237
Medos/bloqueios, trabalhando com, 256
Medos da compaixão, 8; *ver também* Explorando os medos da compaixão na avaliação na metade do programa, 170-172
Medos, sobre autoprática/autorreflexão, 23-24
Memória; *ver também* Desenvolvimento de habilidades usando a memória
    compaixão fluindo da, 231-232
Metáfora do capitão do navio, 283
Mindfulness, não julgamento e, 51, 77, 145, 161, 209
Modelo dos três círculos/três sistemas da emoção, 47-54, 107
    e o impacto de nossas interações nos clientes, 245
    exemplo: Reflexão de Fátima, 48-50
    exercício: Reflexões, 49-50
    perguntas para autorreflexão, 52-54
    verificando com, 51
Moldado pela experiência, 83-89
    exemplo: Reflexão de Joe, 84-85
    exercício: Refletindo sobre a experiência, 86-87
    perguntas para autorreflexão, 88-89
Motivação para aliviar e prevenir o sofrimento, 8
    compaixão e, 153
    exercício: Como me relaciono com, 157
    modelo dos "três círculos" de, 10

reflexão de Joe sobre, 155
Motivos, cérebro antigo, 63-64
Múltiplos *selves*, 181-182; *ver também*
  Conhecendo nossos múltiplos *selves*;
  Escrevendo a partir dos múltiplos *selves*

N
Não julgamento
  e escrita de carta compassiva, 268
  e primeira psicologia da compaixão, 209
  mindfulness e, 51, 77, 145, 161, 209

P
Pares de coterapia limitada, explorando o estilo de apego e, 110-113
Pontuações na evitação do apego, 108-109
Prática da *Metta Bhavana*, 237
Problemas desafiadores
  exercício: Refletindo sobre, 331-332
  identificando
    a relevância para os clientes, 45
    perguntas para autorreflexão para, 44-45
  identificando e priorizando, 41-44
Psicoterapia, foco na compaixão em, 9

R
Recompensas, 10
Reflexões por escrito, 25-27
Relação de *self* para *self*, estratégias de segurança e, 134-137
Relação terapêutica, terapia focada na compaixão e, 11-12
Relações de apego; *ver também* Apegos profissionais
  seguras, 12
  terapeuta-cliente, 12
Relações pessoais, ECR-RS e, 37-39, 169-170
Relações profissionais, ECR-RS e, 298
Relações, profissionais, 297; *ver também* Apegos profissionais
Respiração consciente, 77-82
  descrição da, 77-78
  diretrizes para praticar, 78-80
  exemplo: Registro da respiração consciente de Érica, 78-80
  perguntas para autorreflexão, 81-82
Respiração de ritmo calmante, 55-82
  alternativas à, 58
  exercício para, 56-57
  perguntas para autorreflexão para, 59-61
  plano de prática para, 58-59
Respostas à ameaça
  cérebro antigo, 63-64
    exemplo: Reflexões de Fátima, 64
    exercício para exploração, 65
  cérebro novo, 66-70
    exemplo: Reflexões de Fátima, 66-67
    exercício: Reflexões sobre pensamentos, imagem mental e criação de significado no cérebro novo, 67-68
    perguntas para autorreflexão, 68-70
Respostas do cérebro antigo a ameaças, 63-64
  exemplo: Reflexões de Fátima, 64
  exercício para explorar, 65
Respostas do cérebro novo a ameaças, 66-70
  exemplo: Reflexões de Fátima, 66-67
  exemplo: Reflexões sobre pensamentos, imagem mental e criação de significado do cérebro novo, 67-68
  perguntas para autorreflexão e, 68-70

S
Segurança
  criando sentimento de, 23-25
  em fóruns de discussão *on-line*, 26-27
Self
  compaixão fluindo para, 267-275
  diferentes versões do, 181-189 (*ver Self* baseado na ameaça; *Self* compassivo)

Self ansioso, 279-281, 283
Self baseado na ameaça, 181-189
Self compassivo, 191-206, 281, 284
    abordagem de ação para o desenvolvimento do, 192-194
    aprofundando, 207-218
    cultivando (*ver* Cultivando a compaixão)
Self compassivo em ação, 199-201
    exemplo: Reflexão sobre a prática de Joe, 200-202
    exercício: Meu *self* compassivo em ação, 202-205
    memória do, 231-232 (*ver também* Desenvolvimento de habilidades usando a memória)
    perguntas para autorreflexão, 205-201
Self triste, 279, 281, 283-284
Self zangado, 279-281, 283-284
Sensibilidade ao sofrimento
    compaixão e, 153
    e escrita de carta compassiva, 268
    e primeira psicologia da compaixão, 208
    exercício: Como eu me relaciono com, 156
    reflexão de Joe sobre, 154
Simpatia e escrita de carta compassiva, 268
    e primeira psicologia da compaixão, 208
Sistema de ameaça, 10
    checagem consciente e, 149
    efeitos de regulação do, 55 (*ver também* Respiração de ritmo calmante)
    impactos do sistema nervoso central no, 55
    respostas do cérebro antigo ao, 64-65
Sistema de segurança, 10
Sistema *drive*, aquisição de recursos e recompensa e, 10
Sistema nervoso parassimpático
    como foco da terapia focada na compaixão, 10
    pesquisa sobre os efeitos da "frenagem", 55

Sistemas de regulação emocional, perspectivas da terapia focada na compaixão sobre, 181-182
Sofrimento
    e motivação, compromisso de aliviar e prevenir, 7-8
    envolvimento com, 268
    mudando a relação com, 207-209
    preparando-se e agindo para aliviar e prevenir, 268
    relacionando-se com, 153-154
    sensibilidade e motivação ao responder ao, 154-155
Supervisor
    interno, 307-308 (*ver também* Supervisor interno compassivo)
    relação com (*ver* Apegos profissionais)
Supervisor interno compassivo, 307-313
    exemplo: Folha de atividade do supervisor compassivo de Fátima, 317-319
    exemplo: Reflexões de Joe sobre, 310-311
    exercício: Criando, 310-311
    exercício: E trabalhando com a dificuldade, 315-317
    exercício: Folha de atividade do meu supervisor compassivo, 320
    exercício: Minha reflexão sobre, 310-311
    perguntas para autorreflexão, 311-312, 321-323
    traços ideais do, 308-309
    usando para trabalhar com as dificuldades, 315-323

T

Técnica da flecha descendente, 130
Terapeuta da terapia focada na compaixão (TFC)
    benefícios da autoprática/autorreflexão para, 15-17, 15*f*
    e modelagem do fluxo da compaixão, 12
    estilo de apego do, 12

exemplos de combinações de, 31-33
prática pessoal do, 13-14
qualidades do, 11-13
Terapia focada na compaixão (TFC), 4-5
  abordagem à, 4-5
  avaliação na metade do programa
    da (*ver* Avaliação na metade do
    programa)
  exercício: Revisitando as medidas da,
    328-331
  experimentos comportamentais na (*ver*
    Experimentos comportamentais)
  formulação focada na ameaça na
    (*ver* Formulação focada na ameaça
    na terapia focada na compaixão,
    influências históricas e medos
    principais)
  mensagem de "não é culpa minha" da, 83
  orientação para, 3-4
  prática pessoal do terapeuta da, 13-14
  preparando o terreno para, 8-9
  sessão final da, 327-335
  versus outras abordagens de
    autocompaixão, 83
  versus terapia cognitivo-
    -comportamental tradicional, 4
Tolerância ao mal-estar
  e envolvimento com o sofrimento, 208
  e escrita de carta compassiva, 268
  e primeira psicologia da compaixão,
    208

V

Vergonha, desfazendo, 9
Verificação; *ver* Checagem consciente

W

Workshops, autoprática/autorreflexão em,
  22